"十四五"高等教育机械类专业系列教材

SolidWorks
三维建模项目教程

张伟华 ◎ 主　编
王霞琴　寇宗锋 ◎ 副主编

中国铁道出版社有限公司
CHINA RAILWAY PUBLISHING HOUSE CO., LTD.

内 容 简 介

本书基于 SolidWorks 2021 机械设计软件,讲解了零件特征建模、装配体建模、工程图、曲线曲面建模、钣金建模、焊件建模,以及使用配置、方程式设计系列零件,供学习者根据专业或个人需求选择学习。本书案例典型,建模思路清晰,建模过程详细,SolidWorks 软件主要功能涵盖全面,内容丰富、难易适中、实用性强。

本书适合作为普通高等院校机械类专业教材,也可作为三维数字建模师取证、SolidWorks 全球专业认证 CSWP 考试、全国大学生先进成图技术与产品信息建模创新大赛培训辅导用书。

本书章节例题已录制视频教程,扫码即可观看视频讲解。

图书在版编目(CIP)数据

SolidWorks 三维建模项目教程/张伟华主编. —北京:
中国铁道出版社有限公司,2022.8
"十四五"高等教育机械类专业系列教材
ISBN 978-7-113-28691-0

Ⅰ.①S… Ⅱ.①张… Ⅲ.①机械设计-计算机辅助设计-
图形软件-高等学校-教材 Ⅳ.①TH122

中国版本图书馆 CIP 数据核字(2021)第 261967 号

书　　名:	SolidWorks 三维建模项目教程
作　　者:	张伟华

策　　划:曾露平		编辑部电话:(010)63551926
责任编辑:曾露平　包　宁		
封面设计:高博越		
责任校对:孙　玫		
责任印制:樊启鹏		

出版发行:中国铁道出版社有限公司(100054,北京市西城区右安门西街 8 号)
网　　址:http://www.tdpress.com/51eds/

印　　刷:三河市兴达印务有限公司

版　　次:2022 年 8 月第 1 版 2022 年 8 月第 1 次印刷
开　　本:787 mm×1 092 mm 1/16 印张:22 字数:561 千
书　　号:ISBN 978-7-113-28691-0
定　　价:65.00 元

版权所有　侵权必究

凡购买铁道版图书,如有印制质量问题,请与本社教材图书营销部联系调换。电话:(010)63550836
打击盗版举报电话:(010)63549461

前 言

随着产品设计效率的飞速提高，计算机辅助制造技术、产品数据管理技术、计算机集成制造系统及计算机辅助测试已融于一体。CAD 三维建模技术作为辅助工程技术人员完成工程或产品设计和分析的一种技术，已经经历了线框模型、表面模型、实体模型方法，正在发展特征建模、行为建模方法，并广泛应用于机械、电子、建筑、化工、航天航空以及能源交通等领域。目前市场上有许多优秀的三维设计软件，其中 SolidWorks 机械设计自动化软件作为一个基于特征、参数化、实体建模的设计工具，以其优异的性能、易用性、创新性，极大地提高了设计效率和质量，成为主流 3D CAD 软件市场的标准。熟练掌握 SolidWorks 软件可极大提升工程或产品设计人员的设计技能。

本书的编写思路及特色如下：

1. 基于 SolidWorks 2021 机械设计自动化软件，选用案例典型，建模过程涵盖 SolidWorks 软件主要功能，体现了建模工具的使用方法，反映了产品建模的设计思路。

2. 本书案例均来源于 SolidWorks 三维建模典型示例、中国图学学会三维数字建模师取证历年试题、全国大学生先进成图技术与产品信息建模创新大赛历年试题、SolidWorks 全球专业认证 CSWP 考试历年试题。

3. 本书内容除了介绍常规的零件特征建模、装配体及工程图外，还介绍了曲线曲面、钣金、焊件建模，以及使用配置、方程式设计系列零件的方法。

4. 本书介绍项目案例时，首先对工作任务进行建模思路分析，然后讲解工作任务中所涉及的知识点，再按步骤详细讲解工作任务建模过程，最后根据案例难易程度，补充技能拓展和综合练习，以便巩固训练。

5. 书中章节例题已录制视频教程，扫码即可观看视频讲解。

6. 书中前 7 章的例题、综合练习题及第 8 章的模拟试题，也可作为其他三维建模软件的练习题。

本书由兰州石化职业技术大学的教师和 SolidWorks 兰州和创信达信息科技有限公司的工程师共同编写。兰州石化职业技术大学张伟华任主编，编写第 1 章，第 2 章，第 3 章的 3.3 节、3.8 节、3.9 节、3.10 节、3.11 节、3.12 节、3.13 节、3.14 节，

第 5 章和第 6 章；兰州石化职业技术大学王霞琴编写第 3 章的 3.1 节、3.2 节、3.4 节、3.5 节、3.6 节、3.7 节，第 4 章和第 7 章；SolidWorks 兰州和创信达信息科技有限公司寇宗锋编写第 8 章。全书由张伟华统稿，由 SolidWorks 兰州和创信达信息科技有限公司蔡华主审。

由于编者水平有限，书中的不妥之处，敬请广大读者批评指正！

编　者

2022 年 2 月

目　录

第1章 SolidWorks 软件简介 ... 1
1.1 初识 SolidWorks ... 1
1.2 SolidWorks 用户界面 ... 3
1.3 SolidWorks 基本操作 ... 6

第2章 SolidWorks 草图绘制 ... 12
【工作任务1】绘制简单草图 ... 12
【工作任务2】绘制平面图形 ... 32

第3章 零件特征建模 ... 35
3.1 拉伸及拉伸切除 ... 35
【工作任务1】绘制上盖 ... 35
【工作任务2】绘制斜面块 ... 42
【工作任务3】绘制棘轮 ... 44
3.2 旋转特征 ... 51
【工作任务1】绘制波纹喇叭 ... 51
【工作任务2】绘制轴套 ... 55
3.3 基准面创建和筋（肋） ... 60
【工作任务1】绘制法兰过渡体 ... 60
【工作任务2】绘制支架1 ... 66
3.4 扫描 ... 73
【工作任务1】绘制压缩弹簧 ... 73
【工作任务2】绘制螺栓 ... 80
3.5 放样 ... 86
【工作任务1】绘制变截面圆锥螺旋弹簧 ... 86
【工作任务2】绘制异形块 ... 90
3.6 抽壳 ... 94
【工作任务1】绘制壳体1 ... 94
【工作任务2】绘制壳体2 ... 99
3.7 阵列 ... 103
【工作任务1】绘制壳体3 ... 103
【工作任务2】绘制直尺 ... 107
3.8 3D 曲线 ... 112
【工作任务1】绘制红酒木塞螺旋起子 ... 112
【工作任务2】绘制螺旋弹簧 ... 120
3.9 配置 ... 129
【工作任务1】绘制基座 ... 129
【工作任务2】绘制基体 ... 140
3.10 多实体零件 ... 144
【工作任务1】绘制支架2 ... 144

I

【工作任务2】绘制香水瓶 ······ 150
【工作任务3】绘制手柄 ······ 153
3.11 方程式 ······ 157
【工作任务】绘制叉架 ······ 157
3.12 曲面 ······ 165
【工作任务1】绘制吊钩 ······ 165
【工作任务2】绘制鱼缸 ······ 176
3.13 钣金 ······ 180
【工作任务1】绘制钣金件 ······ 180
【工作任务2】绘制配电柜 ······ 197
3.14 焊件 ······ 205
【工作任务1】绘制方形钢架 ······ 205
【工作任务2】绘制钢管椅子 ······ 215

第4章 零件建模综合训练 ······ 221
4.1 轴套类零件 ······ 221
【工作任务】绘制轴 ······ 221
4.2 轮盘类零件 ······ 224
【工作任务】绘制端盖 ······ 225
4.3 叉架类零件 ······ 228
【工作任务】绘制支架3 ······ 229
4.4 箱体类零件 ······ 234
【工作任务】绘制蜗轮箱体 ······ 235

第5章 装配体建模 ······ 242
5.1 虎钳装配体 ······ 242
【工作任务】虎钳装配体 ······ 242
5.2 齿轮油泵装配体 ······ 258
【工作任务】齿轮油泵 ······ 258

第6章 工程图 ······ 267
6.1 零件工程图 ······ 267
【工作任务1】绘制偏心柱塞泵泵体 ······ 267
【工作任务2】绘制阶梯轴 ······ 282
6.2 装配体工程图 ······ 292
【工作任务】绘制虎钳工程图 ······ 292

第7章 三维建模师取证模拟试卷 ······ 302
7.1 三维建模师模拟试卷（一） ······ 302
7.2 三维建模师模拟试卷（二） ······ 305

第8章 SolidWorks取证模拟试卷 ······ 310
8.1 CSWA认证参考题例 ······ 310
8.2 CSWP认证参考题例 ······ 318

参考文献 ······ 346

SolidWorks软件简介

学习目标

1. 了解 SolidWorks 软件及其设计意图；
2. 学习 SolidWorks 用户界面；
3. 学习 SolidWorks 常用操作。

1.1 初识 SolidWorks

SolidWorks 机械设计自动化软件是一款基于特征、参数化、实体建模的设计工具。该软件是基于 Windows 界面开发的三维 CAD 软件,功能强大,易学易用。

SolidWorks 将产品置于三维空间环境中进行设计,设计师根据设计意图绘制草图,然后生成模型实体及装配体。设计过程中,实体之间可以存在或不存在约束关系;同时,还可以利用自动的或者用户定义的约束关系体现设计意图。另外,还可运用 SolidWorks 自带的辅助功能对设计的模型进行模拟功能分析,根据分析结果修改设计模型,最后输出工程图,进行产品生产。

SolidWorks 强大的建模及辅助分析功能,通常用于产品的机械设计中,比如零部件设计、装配体设计、钣金设计、焊件设计及模具设计等,大大提高了产品的设计效率。

SolidWorks 中常用的术语介绍如下：

1. 基于特征

正如装配体由许多单个独立零件组成一样,SolidWorks 中的模型是由许多单独的元素组成的。这些元素称为特征。

在进行零件或装配体建模时,SolidWorks 使用智能化的、易于理解的几何体(如凸台、切除、孔、肋板、圆角、倒角和拔模等)创建特征,特征创建后可直接应用于零件中。

SolidWorks 中的特征可以分为草图特征和应用特征。

①草图特征:基于二维草图的特征,通常该草图可以通过拉伸、旋转、扫描或放样转换为实体。

②应用特征:直接创建在实体模型上的特征,如圆角、倒角等。

模型特征结构可在 SolidWorks 软件界面左侧的 FeatureManager 设计树窗口中显示。FeatureManager 设计树不仅显示了特征的创建顺序,而且还可以让设计人员很容易看到所有特征的相关信息。

2. 参数化

用于创建特征的尺寸和几何关系。参数化不仅可以使模型能够充分体现设计者的设计意图,而且能够快速简单地修改模型。

①驱动尺寸:指创建特征时所用的尺寸,包括绘制草图特征的尺寸和创建应用特征的尺寸。

②几何关系:是指草图几何体之间的平行、相切和同心等信息。

通过驱动尺寸和草图几何关系,SolidWorks 可以在模型设计中体现设计意图。

3. 实体建模

实体模型是 CAD 系统中所使用最完整的几何模型类型。它包含了完整描述模型的边和表面所必须的所有线框和表面等信息。除了几何信息外,它还包括把这些几何体关联到一起的拓扑信息。

4. 全相关

SolidWorks 模型与它的工程图及参考它的装配体是全相关的。对模型的修改会自动反映到与之相关的工程图和装配体中。同样,对工程图和装配体的修改也会自动反映到模型中。

5. 约束

SolidWorks 支持如平行、垂直、水平、竖直、同心和重合等几何约束关系。此外,还可以使用方程式来创建参数之间的数学关系。通过使用约束和方程式,设计者可以保证设计过程中实现和维持如"通孔"或"等半径"之类的设计意图。

6. 设计意图

为了在 SolidWorks 中有效地实现参数化建模,设计者必须在建模前考虑好设计意图。

设计意图是指模型影响因素变化后,模型如何表现的规划。

①自动草图几何关系、尺寸、添加几何约束关系和方程式,这些因素的变化引起的模型变化,体现了设计人员的设计意图。如图 1-1-1 所示,在平板图形中,平板上的两孔添加了"相等"几何关系,因此,改变其中一个孔的大小,另一孔也随之变化,以保持两孔大小相等;两孔的定位尺寸,长度方向两孔分别以左右侧边为基准标注尺寸 20,高度方向以底边为基准标注尺寸 40,当平板的总长或总高发生变化时,两孔各自与左右侧边、底边的相对位置尺寸保持不变。

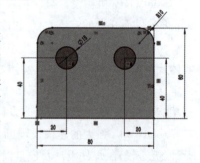

图 1-1-1 草图中的设计意图

②模型的创建方式决定它将来怎么被修改,也体现了设计人员的设计意图。如图 1-1-2(a)所示的轴承座,用以下两种不同的建模方法,分别如图 1-1-2(b)和 1-1-2(c)所示,体现了不同的设计意图。

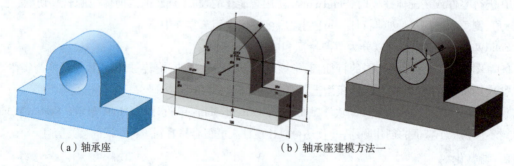

(a)轴承座　　　　　　(b)轴承座建模方法一

图 1-1-2 轴承座建模

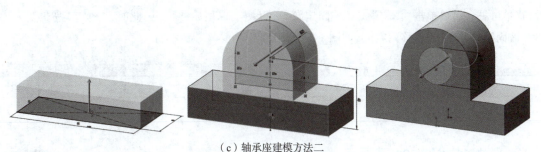

（c）轴承座建模方法二

图 1-1-2　轴承座建模(续)

1.2　SolidWorks 用户界面

安装好 SolidWorks 程序后，双击计算机桌面上的 SolidWorks 软件图标，即可打开 SolidWorks 软件。在菜单中选择"文件"/"新建"命令，弹出图 1-2-1 所示的"新建 SolidWorks 文件"对话框，选择"零件"、"装配体"或"工程图"选项，单击"确定"按钮，即可创建一个新的 SolidWorks 文件，进入相应的操作界面。

下面，以图 1-2-2 所示的 SolidWorks 零件设计窗口为例，介绍 SolidWorks 用户界面。

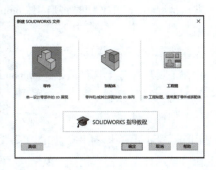

图 1-2-1　"新建 SolidWorks 文件"对话框

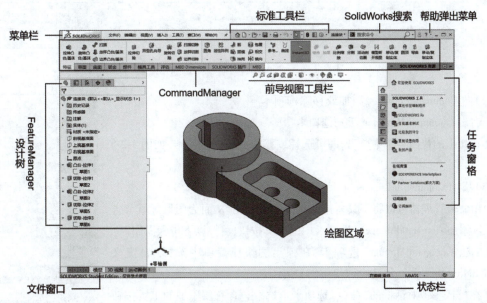

图 1-2-2　SolidWorks 零件设计窗口

1. 菜单栏

菜单栏包含标准工具栏、SolidWorks 菜单、SolidWorks 搜索中的一组最常用的工具按钮以及一个帮助弹出菜单。菜单栏一般都是隐藏的，将鼠标移动到 SolidWorks 徽标旁的三角形按钮▶或单击它时,菜单可见。可以单击"图钉"按钮固定菜单,以使菜单栏始终可见,此时,"图钉"按钮变为。菜单被固定时,工具栏将移到右侧,如图1-2-3所示。

图1-2-3　菜单栏

2. CommandManager 选项卡

"CommandManager"是一个上下文相关工具栏,它可以根据所要使用的工具栏进行动态更新。默认情况下,它根据文档类型嵌入相应的工具栏。

（1）使用 CommandManager

默认情况下,打开文档时将启用 CommandManager。如果其未出现,可从"自定义"对话框将其重新启用。

①在菜单中选择"工具"/"自定义"命令。

②在工具栏标签上选择激活 CommandManager。

③单击"确定"按钮。

一个零件文件在默认设置下会显示5个 CommandManager 选项卡:"特征""草图""评估""MBD Dimensions""SolidWorks 插件",如图1-2-4所示。当单击位于 CommandManager 下面的选项卡时,它将更新以显示该工具栏。例如,单击"草图"选项卡,则"草图"工具栏将出现。

注意:零件、装配体和工程图文件的选项卡组合是不同的。

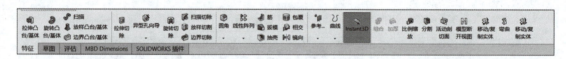

图1-2-4　CommandManager 选项卡

（2）向 CommandManager 添加或移除选项卡

①右击 CommandManager 任一选项卡。

②在弹出的快捷菜单中单击,即可选择或移除相应的选项卡,如图1-2-5所示。

（3）添加 CommandManager 工具按钮

使用命令管理器可以将工具栏按钮集中起来使用,从而为图形区域节省空间。欲添加 CommandManager 选项卡中的工具按钮,可按以下步骤操作:

①右击 CommandManager 选项卡,在弹出的快捷菜单中选择"自定义 CommandManager…"命令,如图1-2-6(a)所示。

②在"自定义"对话框的"命令"选项卡上选取包含有要添加的工具按钮的类别。比如需要添加一个"圆顶"特征命令,首先选择"命令"选项卡,选择"特征"类别,找到"圆顶"按钮,如图1-2-6(b)所示。

③将按钮拖动到 CommandManager 选项卡,如图1-2-6(c)所示。

④单击"确定"按钮。

图1-2-5　添加或删除 CommandManager 选项卡

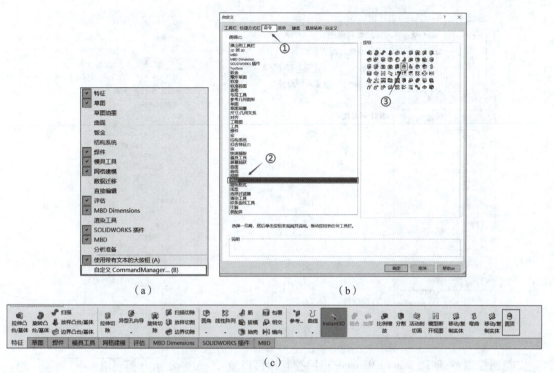

图 1-2-6　添加 CommandManager 工具按钮

3. FeatureManager 设计树

FeatureManager 是 Solidworks 软件中一个独特的部分。它形象地显示出零件或装配体中的所有特征。当一个特征创建好后,就被添加到 FeatureManager 设计树中,因此,FeatureManager 设计树显示出建模操作的先后顺序。通过 FeatureManager 设计树,可以编辑零件中包含的任一特征。FeatureManager 设计树的构成如图 1-2-7 所示。

FeatureManager 设计树中各部分的功能如下:

①FeatureManager 设计树:使选择和过滤器操作变得更为方便,提供激活零件、装配体或工程图的大纲视图。

②属性管理器(PropertyManager):是为许多 SolidWorks 命令设置属性和其他选项的一种手段。属性管理器和 FeatureManager 设计树处于相同的位置,如图 1-2-8 所示。当属性管理器运行时,它自动替代 FeatureManager 设计树。在属性管理器顶部有"确定"按钮✓和"取消"按钮×,在顶部按钮的下面是一个或多个包含相关选项的选项组,可根据需要将它们扩展或折叠,激活或不激活。

③配置管理器(ConfigurationManager):提供了在文件中生成、选择和查看零件及装配体的多种配置方法。

④DimXpertManager(尺寸标注公差管理器):列举由零件的 DimXpert 所定义的公差特征。它还显示 DimXpert 工具,用户可用来插入尺寸和公差到零件中。用户可以将这些尺寸和公差导入工程图中。

⑤DisplayManager(模型显示):列举并提供对应用到当前模型的外观、贴图、布景、光源及相机的编辑访问权。

⑥FeatureManager 设计树过滤器:使用 FeatureManager 设计树过滤器,用户可以搜索特定的零件特征和装配体零部件。

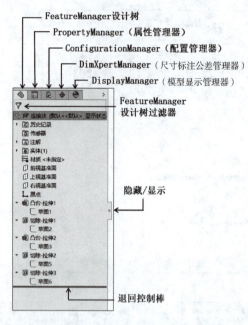

图 1-2-7　FeatureManager 设计树

图 1-2-8　属性管理器

⑦退回控制棒：使用 FeatureManager 退回控制棒可以暂时退回到早期状态。当模型处于退回控制状态时，可以增加新的特征或编辑已有的特征。

4. 前导视图工具栏

前导视图工具栏是一个透明的工具栏，它包含许多常用的视图操作命令。许多弹出工具按钮包含其他弹出工具，弹出工具按钮可通过一个下拉按钮访问其他命令，如图 1-2-9 所示。

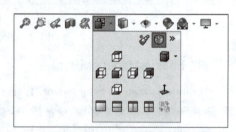

图 1-2-9　前导视图工具栏

在菜单中选择"视图"/"工具栏"/"视图（前导）"命令来显示或隐藏前导视图工具栏。

5. 任务窗格

任务窗格提供了访问 SolidWorks 资源、可重用设计元素库、可拖到工程图图纸上的视图以及其他有用项目和信息的方法。打开"任务窗格"，包含以下标签："SolidWorks 资源"、"设计库"、"文件探索器"、"视图调色板"、"外观、布景和贴图"、"自定义属性"、"SolidWorks 论坛"选项等，如图 1-2-10 所示。

1.3　SolidWorks 基本操作

1. 设置文档模板

文档模板是包含用户定义参数的零件、工程图和装配体文

图 1-2-10　任务窗格

档,创建自己的模板,可用作新建零件、工程图和装配体文档的基础。

用户可以创建众多不同的文档模板。例如,可以创建:一个以 mm(毫米)为单位的文档模板,以及一个以 in(英寸)为单位的模板;也可以创建一个采用 ANSI 标准的文档模板,一个采用 ISO 标注标准的模板。

创建好模板后,可通过将文档模板放置在"新建 SolidWorks 文件"对话框"高级"显示中的不同选项卡上,以便创建新文件时使用文档模板。

下面以创建一个"零件模板"为例,讲解如何创建文档模板。

①单击"标准"工具栏中的"新建"按钮,或在菜单中选择"文件"/"新建"命令。在弹出的"新建 SolidWorks 文件"对话框中,双击想生成的模板类型:零件、装配体或工程图,如图 1-3-1 所示。

②单击"标准"工具栏中的"选项"按钮,或在菜单中选择"工具"/"选项"命令。弹出"文档属性—绘图标准"对话框,包括"系统选项"和"文档属性"两个选项卡,如图 1-3-2 所示。

图 1-3-1　新建零件

图 1-3-2　"文档属性—绘图标准"对话框

③在"系统选项"和"文档属性"选项卡中,按表 1-3-1 所示选择选项以自定义新文档模板后,单击"确定"按钮。

表 1-3-1　自定义设置

系统选项	文档属性
工程图显示类型: 　显示样式:☑隐藏线可见 　相切边线:☑移除	绘图标注: 　总绘图标准:GB
颜色: 　颜色方案设置:工程图,隐藏的模型边线 = 黑色	尺寸: 　文本:字体 = 仿宋体 　主要精度 = 0.123 　☑默认添加括号
—	表格: 　材料明细表:☑自动更新材料明细表
—	出详图: 　显示过滤器:☑上色的装饰螺纹线
—	单位: 　单位系统:MMGS

④在菜单中选择"文件"/"另存为"命令,"文件名"为"零件模板"(也可自定义名称),"文件类

型"为"Part Templates(＊.prtdot)",为另存为类型选择模板后,目标路径将自动更改到默认模板文件夹,如图 1-3-3 所示。完成后单击"保存"按钮。

要使用创建好的文档模板,可在"新建"文件时,单击图 1-3-1 左下角的"高级"按钮,弹出"新建 SolidWorks 文件"对话框,选择"模板"选项卡中对应的模板文档"零件模板",如图 1-3-4 所示。

图 1-3-3　创建"零件模板"　　　　　　图 1-3-4　使用"零件模板"

2. 鼠标的应用

（1）鼠标基本操作

在 SolidWorks 中,鼠标的左键、右键和中键有完全不同的意义。

①左键:用于选择对象,如几何体、菜单、按钮和 FeatureManager 设计树中的内容。另外,在零件或装配体状态下,单击会弹出关联工具栏,可用于快速获取常见命令,如图 1-3-5(a)所示。

②右键:用于激活关联的快捷菜单,快捷菜单中的内容取决于光标所处的位置,其中也包含常用的命令菜单。图 1-3-5(b)所示为零件特征建模状态下,右击后弹出的关联工具栏。在快捷菜单顶部是右击时弹出的关联工具栏,它包含最常用的按钮图标;关联工具栏下面是快捷菜单,它包含其他前后相关的一些命令。

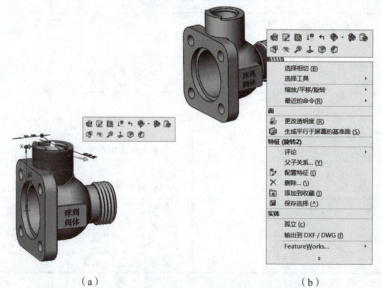

（a）　　　　　　　　　　　　　　（b）

图 1-3-5　关联工具栏和快捷菜单

③中键:用于动态旋转、平移和缩放零件或装配体,平移工程图。具体操作见表1-3-2。

表 1-3-2　使用鼠标中键进行视图操作

旋转视图(仅限于零件和装配体)	按住鼠标中键拖动
平移视图	按住【Ctrl】键+鼠标中键拖动
缩放视图	滚动鼠标中键

(2)鼠标笔势

除了鼠标左、中、右键的基本操作,SolidWorks还提供了一种特殊的鼠标操作——鼠标笔势。鼠标笔势可作为快速执行命令或宏的一个快捷键,类似于键盘快捷键。

①自定义鼠标笔势:

➢ 打开文档后,在菜单中选择"工具"/"自定义"命令,弹出"自定义"对话框,选择"鼠标笔势"选项卡。在"鼠标笔势"选项卡上,选择或消除选择启用鼠标笔势,如图 1-3-6(a)所示。

➢ 设置鼠标笔势的数量:2、3、4、8 或 12。一般设置为 8 笔势。

➢ 指派鼠标笔势:SolidWorks 中分别对草图、零件、装配体和工程图设置了鼠标笔势,用户可以自定义鼠标笔势,如图 1-3-6(b)所示。将工具从命令列表中拖动到任何鼠标笔势,将发生以下行为:如果将工具拖动到一个空位置,则该工具将被添加到笔势指导;如果将工具拖动到一个已被占用的位置,则它将替换笔势指导上的工具;如果在按住【Ctrl】键的同时将工具从一个笔势指导位置拖动到另一个位置,则它将被复制到第二个位置;如果将鼠标笔势中的一个笔势工具拖出笔势指导,则此笔势将被删除。

➢ 完成笔势设置后,单击"确定"按钮,保存鼠标笔势设置。

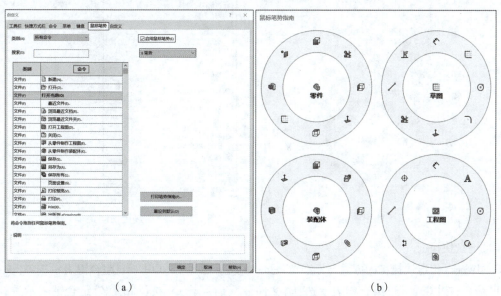

图 1-3-6　自定义鼠标笔势

②使用鼠标笔势:

➢ 在图形区域中,按照工具或宏所对应的笔势方向以右键拖动。鼠标笔势指导随即出现,笔势方向所对应工具或宏的图标将高亮显示。继续按住鼠标右键并拖过工具图标,直至完全穿过鼠标笔势指导的工具区域后松开鼠标,工具或宏已被调用。如图 1-3-7 所示,在零件打开时,右键拖动到右下方,拖动到高亮显示的工具。

注意：要对装配体使用鼠标笔势,请在图形区域中选四个方向之一用右键拖动,但操作时需在远离零部件的位置进行以免旋转零部件,或者按【Alt】键 + 右键拖动。
➢ 要取消鼠标笔势,在鼠标笔势指导范围内释放鼠标。

3. 键盘快捷键

SolidWorks 软件中的快捷键是热键或键盘快捷键。

（1）热键

热键可用于许多菜单项和对话框中。热键由带下画线的字母表示。这些键无法自定义。

热键的使用方法如下：

①要显示菜单或在对话框中显示下画线的字母：按【Alt】键。

②要访问菜单：按【Alt】键以及带下画线的字母。例如,按【Alt + F】组合键用于访问"文件"菜单,如图 1-3-8 所示。

③要执行命令：在显示菜单后,继续按住【Alt】键,按下画线字母。例如,按【Alt + F】组合键,然后按【C】键可关闭活动文档。

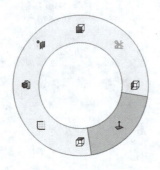

图 1-3-7　使用鼠标笔势

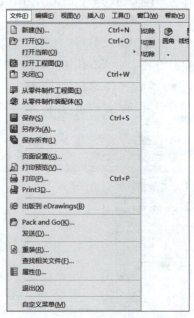

图 1-3-8　使用热键访问菜单

（2）键盘快捷键

SolidWorks 指定快捷键的方式与标准 Windows 约定一致。按【Ctrl + O】组合键表示选择"文件"/"打开"命令；按【Ctrl + S】组合键表示选择"文件"/"保存"命令；按【Ctrl + Z】组合键表示选择"文件"/"撤销"命令。SolidWorks 中常用的快捷键见表 1-3-3。

表 1-3-3　常用快捷键

快捷键	功能	快捷键	功能
Ctrl + O	打开文件	S	快捷工具
Ctrl + S	保存文件	F	整屏显示

续表

快捷键	功能	快捷键	功能
Ctrl + Z	撤销	空格键	打开视图选择器和方向对话框
Ctrl + C	复制	Enter	重复上一条命令
Ctrl + V	粘贴	Delete	删除
Ctrl + X	剪切	Ctrl + B	重建模型
Ctrl + Tab	在打开的文档之间切换	Ctrl + R	重绘屏幕
Ctrl + 拖动	草图:复制草图实体。 零件:复制特征。 装配体:复制零件和子装配体。 工程图:复制工程图视图	Tab	隐藏/显示。隐藏位于指针下的所有零部件。 绘制 3D 草图时:更改 XYZ 平面。 插入零部件时:旋转零部件 90°

此外,用户可以创建自己的快捷键,步骤如下:

①在菜单中选择"工具"/"自定义"命令,弹出"自定义"对话框,选择"键盘"选项卡;

②选择一个命令,按一个键或组合键,字母以大写显示。比如指定"Ctrl + K"表示"浏览最近文件夹",如图 1-3-9 所示。如果已指定快捷键,将有一信息通知。如果选择为新命令使用快捷键,该快捷键将从旧命令中移除。

③单击"确定"按钮保存快捷键设置。

图 1-3-9 自定义快捷键

第2章 SolidWorks草图绘制

学习目标

绘制简单草图

1. 学习使用草图绘制实体和工具绘制参数化草图;
2. 学习使用尺寸标注对草图进行参数化定义;
3. 学习添加几何关系确定草图图形之间的约束。

【工作任务1】绘制简单草图

在 SolidWorks 软件中绘制图 2-1-1 所示草图。

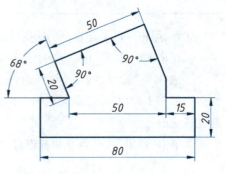

图 2-1-1 简单草图

任务分析

该草图由多段直线顺次围成。绘图时,可选择某一点(比如左下角点)为起点,用直线命令从原点开始绘制,该草图绘制过程见表 2-1-1。

表 2-1-1 简单草图绘制过程

第一阶段:绘制草图轮廓	第二阶段:完全定义草图
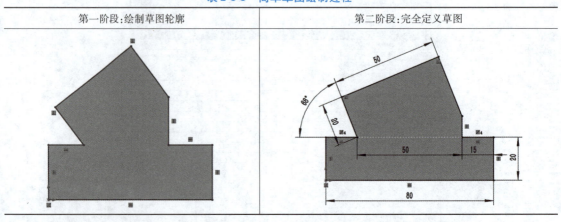	

知识链接

SolidWorks 作为特征造型软件,大部分零件的创建都需要绘制草图,绘制草图是三维造型十分重要的基础,它是绘制由线框几何元素构成的二维轮廓线、尺寸标注及创建几何关系。典型的二维几何元素有直线、矩形、圆、圆弧、椭圆、样条曲线、文字等。

参数化是 SolidWorks 的核心技术之一。通过尺寸标注和添加几何约束可改变草图绘制的结果。

在 SolidWorks 软件中,绘制草图只需要绘制出尺寸大致相当、几何形状基本一致的图形,然后标注合适的尺寸、添加几何约束即可完成图形的精确定形。

1. 绘制草图的步骤

➢ 单击"新建"零件,进入零件建模环境。

➢ 指定绘制草图的平面(可以是基准面,也可以是实体的特征表面),进入草图绘制环境。单击 CommandManager 中的"草图"/"草图绘制"按钮,或在菜单中选择"插入"/"草图绘制"命令,选择一个基准面或模型上的平面,开始一个草图。

SolidWorks 提供了三个两两相互垂直的基准面,分别是前视基准面、上视基准面和右视基准面,如图 2-1-2 所示。单击"前视基准面",前视基准面自动旋转到与屏幕平行的位置,草图处于激活状态,即表示可以绘制草图,如图 2-1-3 所示。

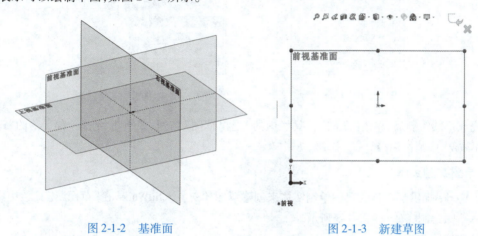

图 2-1-2　基准面　　　　　图 2-1-3　新建草图

如果不是绘制零件的第一个草图,可在一个基准面后一个平面上右击,在弹出的快捷菜单中选择"快速草图"命令,亦可进入草图绘制环境,如图 2-1-4 所示。

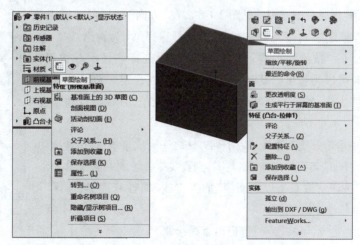

图 2-1-4　快速草图绘制

➢ 使用草图绘制和编辑命令绘制草图。"草图"工具栏如图 2-1-5 所示,包括了绘制和编辑草图的各种命令。

图 2-1-5　草图工具栏

➤ 标注草图实体尺寸、添加草图约束，定义草图上实体间的几何关系。标注尺寸：单击 CommandManager 中的"草图"/"智能尺寸"按钮，如图 2-1-6 所示；添加几何约束：单击 CommandManager 中的"草图"/"显示/删除几何关系"/"添加几何关系"按钮，如图 2-1-7 所示。

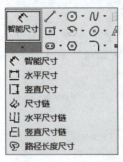

图 2-1-6　标注尺寸

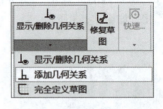

图 2-1-7　添加几何关系

➤ 完成草图绘制后，单击"草图"工具栏中的"退出草图"按钮，或单击绘图区右上角的"退出草图"按钮或"取消按钮"。

2. 草图绘制实体

SolidWorks 提供了丰富的草图绘制实体来创建草图轮廓。SolidWorks 在"草图"工具栏中默认提供的基本草图绘制实体见图 2-1-5 所示。

（1）绘制直线

①单击"草图"工具栏中的"直线"按钮，或在菜单中选择"工具"/"草图实体"/"直线"命令。指针将变为形状。

②在"插入线条"属性管理器中（见图 2-1-8），在"方向"区域可选择"按绘制原样""水平""竖直""角度"；在"选项"区域可选择"作为构造线""无限长度""中点线"。除"按绘制原样"外，所有"方向"选择均显示参数组。在参数下，根据方向可以为长度设定一数值，为角度设定一数值。对于"水平、竖直及角度"方向，如果为长度和角度设定数值，直线将自动以这些数值生成。

③在图形区域中单击并绘制直线。以下列方法之一完成直线：将指针拖动到直线的端点然后放开，或者释放指针，移动指针到直线的端点，然后再次单击。

④单击"确定"按钮或双击以返回到"插入直线"属性管理器，选择不同的方向或参数，继续绘制直线。

⑤所有直线绘制完成，可按【Esc】键退出直线绘制。

图 2-1-8　"插入线条"属性管理器

（2）绘制圆

①单击"草图"工具栏中的"圆"按钮，或在菜单中选择"工具"/"草图实体"/"圆"命令。指针将变为。

②在"圆"属性管理器的"圆类型"区域，选择圆，或周边圆如图 2-1-9 所示。

③如果绘制圆，单击放置圆心，拖动并单击设定半径；如果绘制周边圆，单击两次（两点画

圆)或三次(三点画圆)放置组成圆上的点。

④单击"确定"按钮✔或按【Esc】键退出圆绘制。

(3) 绘制圆弧

绘制圆弧的方式有三种:圆心/起/终点画弧;切线弧;3点圆弧。每一种方式绘制圆弧的步骤如下。

方式一:圆心/起/终点画弧。

①单击"草图"工具栏中的"中心点圆弧"按钮，指针将变为形状。

②单击放置圆弧的圆心。

③释放并拖动,以设置半径和角度。单击放置圆弧起点。

④释放并拖动圆弧长度,单击设置圆弧终点,如图2-1-10所示。

⑤单击"确定"按钮✔或按【Esc】键退出圆弧绘制。

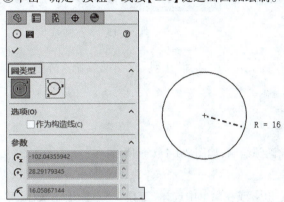

图2-1-9 "圆"属性管理器

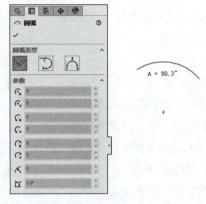

图2-1-10 圆心/起/终点画弧

方式二:切线弧。

①单击"草图"工具栏中的"切线弧"按钮，指针将变为形状。

②在已有线段(直线、圆弧、椭圆或样条曲线)的终点上单击，作为切线弧的起点。

③拖动圆弧绘制所需形状,然后释放确定切线弧终点。如图2-1-11所示。如果继续拖动并释放,可继续绘制切线弧。SolidWorks可从指针移动推想你需要的是切线弧还是法线弧。共有四个目的区,有图2-1-12所示的八种可能结果。沿相切方向移动指针将生成切线弧。沿垂直方向移动将生成法线弧。设计者可通过返回到端点然后向新的方向移动在切线弧和法线弧之间切换。

④单击"确定"按钮✔或按【Esc】键退出圆弧绘制。

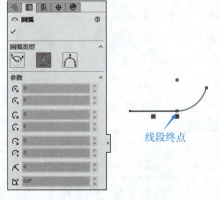

图2-1-11 切线弧

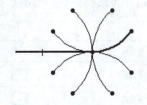

图2-1-12 切线弧的不同形式

方式三:3点圆弧。

①单击"草图"工具栏中的"3点圆弧"按钮,指针将变为 形状。

②单击以设定起点。

③拖动指针 ,然后单击以设定终点。

④拖动设定圆弧半径,单击以设置圆弧,如图 2-1-13 所示。

⑤单击"确定"按钮 或按【Esc】键退出圆弧绘制。

(4)绘制椭圆

使用"椭圆"工具 生成完整椭圆;使用"部分椭圆"工具 生成椭圆弧。

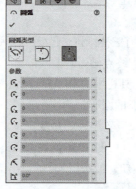
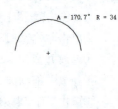

图 2-1-13　3点圆弧

绘制椭圆:

①单击"草图"工具栏中的"椭圆"按钮,或在菜单中选择"工具"/"草图绘制实体"/"椭圆"命令。指针将变为 形状。

②单击图形区域以放置椭圆的中心。

③拖动并单击设定椭圆的主轴。

④再次拖动并单击设定椭圆的次轴,完成椭圆绘制,如图 2-1-14(a)所示。

绘制椭圆弧:

①单击"草图"工具栏中的"部分椭圆"按钮,或在菜单中选择"工具"/"草图绘制实体"/"部分椭圆"命令。指针将变为 形状。

②单击图形区域以放置椭圆的中心。

③拖动并单击来定义椭圆的一个轴。

④拖动并单击来定义第二个轴。圆周参考线会继续显示。

⑤绕圆周拖动指针来定义椭圆的范围,然后单击完成椭圆,如图 2-1-14(b)所示。

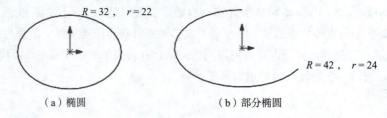

（a）椭圆　　　　　　　　（b）部分椭圆

图 2-1-14　绘制椭圆

(5)矩形

SolidWorks 中可以绘制的矩形类型见表 2-1-2。

表 2-1-2　矩形类型

矩形类型	工具	矩形属性
边角矩形		绘制标准矩形草图
中心矩形		在中心点绘制矩形草图

续表

矩形类型	工具	矩形属性
3点边角矩形	◇	以所选的角度绘制矩形草图
3点中心矩形	◈	以所选的角度绘制带有中心点的矩形草图
平行四边形	▱	绘制一标准平行四边形

绘制边角矩形：

①单击"草图"工具栏中的"边角矩形"按钮▭，或在菜单中选择"工具"/"草图绘制实体"/"边角矩形"命令。

②单击以放置矩形的第一个角点，拖动光标，当矩形的大小和形状正确时，然后释放，如图2-1-15（a）所示。

③单击"确定"按钮✓或按【Esc】键退出矩形绘制。

绘制中心矩形：

①单击"草图"工具栏中的"中心矩形"按钮▣，或在菜单中选择"工具"/"草图绘制实体"/"中心矩形"命令。

②在图形区域中：单击以定义中心，拖动以使用中心线绘制矩形，放开可设定四条边线，如图2-1-15（b）所示。

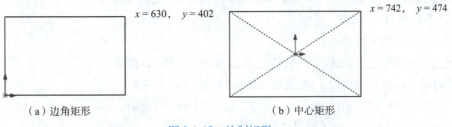

（a）边角矩形　　　　　　　　（b）中心矩形

图2-1-15　绘制矩形

③单击"确定"按钮✓或按【Esc】键退出矩形绘制。

（6）多边形

①单击"草图"工具栏中的"多边形"按钮⬡，或在菜单中选择"工具"/"草图绘制实体"/"多边形"命令，指针将变为✎形状。

②根据需要在"多边形"属性管理器中设定参数：设定多边形边数、设定多边形尺寸定义方式（内切圆或外接圆）以及其他参数，如图2-1-16所示。

③单击图形区域以定位多边形中心点，然后拖动多边形，以确定多边形大小及方向。

④单击"确定"按钮✓或按【Esc】键退出矩形绘制。

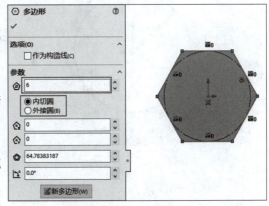

图2-1-16　绘制多边形

（7）槽口

SolidWorks中可以绘制的槽口类型见表2-1-3。

表 2-1-3　槽口类型

槽口类型	工具	槽口属性
直槽口		用两个端点绘制直槽口
中心点直槽口		从中心点绘制直槽口
三点圆弧槽口		在圆弧上用三个点绘制圆弧槽口
中心点圆弧槽口		用圆弧半径的中心点和两个端点绘制圆弧槽口

绘制直槽口：

①单击"草图"工具栏中的"直槽口"按钮，或在菜单中选择"工具"/"草图绘制实体"/"直槽口"命令。

②单击以指定槽口的起点。

③移动指针然后单击以指定槽口长度，如图 2-1-17(a)所示。

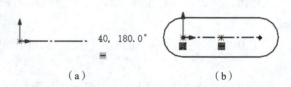

图 2-1-17　绘制直槽口

④移动指针然后单击以指定槽口宽度，如图 2-1-17(b)所示。

⑤单击"确定"按钮或按【Esc】键退出槽口绘制。

绘制中心点圆弧槽口：

①单击"草图"工具栏中的"中心点圆弧槽口"按钮，或在菜单中选择"工具"/"草图绘制实体"/"中心点圆弧槽口"命令。

②单击以指定圆弧的中心点。

③通过移动指针指定圆弧的半径，然后单击，如图 2-1-18(a)所示。

④通过移动指针指定槽口长度，然后单击，如图 2-1-18(b)所示。

⑤通过移动指针指定槽口宽度，然后单击，如图 2-1-18(c)所示。

⑥单击"确定"按钮或按【Esc】键退出槽口绘制。

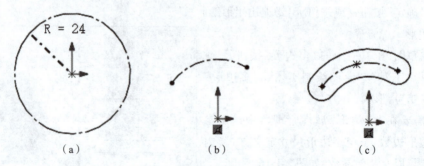

图 2-1-18　绘制中心点圆弧槽

3. 草图绘制模式

SolidWorks 绘制几何体有两种绘图模式：单击-单击、单击-拖动。下面以绘制直线为例介绍。

(1) 单击-单击

移动光标到欲绘制直线的起点单击鼠标左键，然后移动光标到直线的终点，这时在绘图区域中显示出将要绘制的直线预览，再次单击鼠标左键，即可完成直线绘制。

（2）单击-拖动

移动光标到欲绘制直线的起点，单击鼠标左键并且不松开，然后移动光标到直线的终点，这时在绘图区域中显示出将要绘制的直线预览，松开鼠标左键，即可完成该直线绘制。

4. 推理线

推理线为虚线，在绘图时出现，显示指针和现有草图实体（或模型几何体）之间的几何关系。推理线包括现有的线矢量、法线、平行、垂直、相切和同心等。当指针接近高亮显示的提示时（如中点），推理线相对于现有草图实体而引导用户绘制草图实体。

需要注意的是，一些推理线会捕捉到确切的几何关系，而其他的推理线则只是简单作为草图绘制过程中的指引线或参考线来使用。SolidWorks 采用不同的颜色来区分这两种不同的状态，如图 2-1-19 所示，推理线 A 采用了黄色，如果此时所绘制的线段捕捉到这两条推理线，系统将会自动添加垂直的几何关系。推理线 B 采用了蓝色，它仅仅提供一个端点到水平线中点的垂直的参考，如果所绘制的线段终止于这个端点，将不会添加垂直的几何关系。

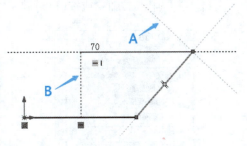

图 2-1-19　推理线的两种状态

5. 草图绘制工具

SolidWorks 提供了不同的草图工具来编辑草图轮廓。常见的草图绘制工具有圆角、倒角、剪裁实体、延伸实体、镜像实体、阵列实体、等距实体等。

（1）圆角

绘制圆角工具在两个草图实体的交叉处剪裁掉角部，从而生成一个切线弧。此工具在 2D 和 3D 草图中均可使用。

①在打开的草图中，单击"草图"工具栏中的"绘制圆角"按钮，或在菜单中选择"工具"/"草图工具"/"圆角"命令。

②在"绘制圆角"属性管理器中设定圆角半径，如图 2-1-20（a）所示。

③选择要圆角化的草图实体。可选取两个草图实体，如图 2-1-20（b）所示，或选择边角，如图 2-1-20（c）所示。

④单击"确定"按钮或按【Esc】键完成圆角设置。

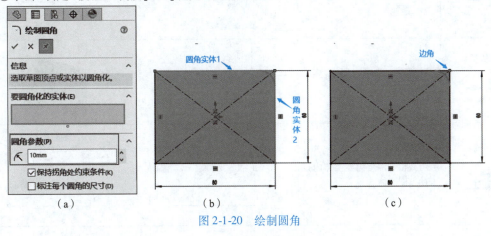

图 2-1-20　绘制圆角

(2)倒角

绘制倒角工具在2D和3D草图中将倒角应用到相邻的草图实体中。

①在打开的草图中,单击"草图"工具栏中的"绘制倒角"按钮,或在菜单中选择"工具"/"草图工具"/"倒角"命令。

②在"绘制倒角"属性管理器中根据需要设定倒角参数,如图2-1-21(a)所示。

③在图形区域中选择要进行倒角化的草图实体。若想选择草图实体,可按住【Ctrl】键并选取两个草图实体,如图2-1-21(b)所示,或选择一个顶点,如图2-1-21(c)所示,倒角将立即应用。

④单击"确定"按钮或按【Esc】键完成倒角设置。

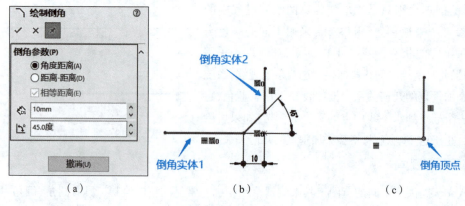

图 2-1-21　绘制倒角

(3)剪裁实体

SolidWorks中提供了五种剪裁选项:强劲剪裁、边角、在内剪除、在外剪除和剪裁到最近端,具体见表2-1-4。

表 2-1-4　剪裁类型

剪裁类型	属性	剪裁前图形	剪裁后图形
强劲剪裁	将指针拖过每个草图实体来剪裁多个相邻草图实体		
边角	剪裁两个草图实体,直到它们在虚拟边角处相交		
在内剪除	剪裁位于两个边界实体内打开的草图实体		

续表

剪裁类型	属性	剪裁前图形	剪裁后图形
在外剪除	剪裁位于两个边界实体外打开的草图实体		
剪裁到最近端	剪裁到最近交点的草图实体		

最常用的"强劲剪裁"步骤如下:

①在打开的草图中,单击"草图"工具栏中的"剪裁实体"按钮,或在菜单中选择"工具"/"草图工具"/"剪裁"命令。

②在"剪裁"属性管理器中的"选项"区域单击"强劲剪裁"按钮,如图2-1-22所示。此时,根据需要可选择是否勾选"将已剪裁的实体保留为构造几何体"和"忽略对构造几何体的剪裁"复选框。

③单击位于第一个实体旁边的图形区域,然后拖动穿越要剪裁的草图实体。指针在穿过并剪裁草图实体时变成形状,一尾迹沿剪裁路径生成。

④继续按住鼠标并拖动,穿越想剪裁的每个草图实体。

⑤在完成剪裁草图时释放鼠标,然后单击"确定"按钮。

(4)延伸实体

延伸实体用于增加草图实体(直线、中心线、或圆弧)的长度,将草图实体延伸以与另一个草图实体相遇。

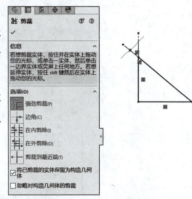

图2-1-22 强劲剪裁

①在打开的草图中,单击"草图"工具栏中的"延伸实体"按钮,或在菜单中选择"工具"/"草图工具"/"延伸"命令。指针将变为形状。

②将指针移到草图实体上以延伸。

③预览按延伸实体的方向出现,如图2-1-23所示。如果预览以错误方向延伸,将指针移到直线或圆弧另一半上。

④若想将草图实体延伸到最近端实体之外,单击以放置第一个草图延伸,拖向下一个草图实体,然后单击放置第二个延伸,下面依此类推。

⑤单击草图实体接受预览。

(5)镜向实体

镜向是用来以创建平面上预先存在的2D草图实体的对称图形。镜向需要一条镜向轴,可以用以下任一实体作为镜向轴镜向草图:中心线、直线、线性模型边线、线性工程图边线。

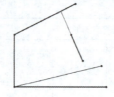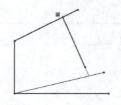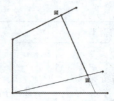

图 2-1-23　延伸实体

"镜向实体"的步骤如下：

①在打开的已有草图中，单击"草图"工具栏中的"镜向实体"按钮，或在菜单中选择"工具"/"草图工具"/"镜向"命令。

②在"镜向"属性管理器中：选择要镜向的草图实体。

③执行以下操作之一：消除"复制"来添加所选实体的镜向复件并移除原有草图实体；选择"复制"以包括镜向复件和原始草图实体。

④为镜向点选择边线或直线作为镜向轴。

⑤单击"确定"按钮，完成镜向，如图2-1-24 所示。

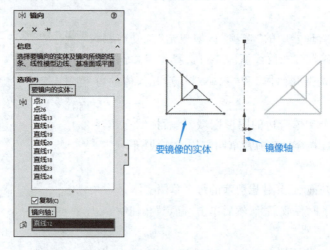

图 2-1-24　镜向实体

如果要先选择镜向所绕实体，然后绘制要镜向的实体，可使用"动态镜向实体"，具体步骤如下：

①在打开的草图中选择直线或模型边线。

②单击"草图"工具栏中的"动态镜向实体"按钮，或在菜单中选择"工具"/"草图工具"/"镜向"命令。对称符号出现在直线或边线的两端，如图2-1-25 所示。

③绘制草图实体，实体在绘制时即被镜向生成镜向的草图实体。

④如要关闭镜向功能，请再次单击"动态镜向实体"按钮。

（6）阵列

SolidWorks 草图绘制工具栏提供了两种阵列方式：线性草

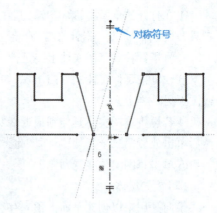

图 2-1-25　动态镜向实体

图阵列和圆周草图阵列。

"线性草图阵列"的步骤:

①在打开的草图中,单击"草图"工具栏中的"线性草图阵列"按钮,或在菜单中选择"工具"/"草图工具"/"线性阵列"按钮。

②在"线性阵列"属性管理器的"要阵列的实体"区域,选择要阵列的草图实体。

③为"方向1"(X-轴)设定以下相关参数,如图2-1-26(a)所示。

反向:选择是否反向,并指定阵列方向。

间距:设定阵列实例间的距离。

标注X间距:显示阵列实例之间的尺寸。

实例数:设定阵列实例的数量。

显示实例记数:显示阵列中的实例数。

角度:设定水平角度方向(X轴)。

④为"方向2"(Y-轴)进行重复设定上述步骤中的相关参数。

⑤可跳过的实例:单击"可跳过的实例"选项框,此时阵列实体中会出现一个红色圆点,使用指针在图形区域中选择不想包括在阵列中的实例,则该实例阵列后不被显示出来。

⑥如图2-1-26(b)所示,预览正确后,单击"确定"按钮完成线性草图阵列。

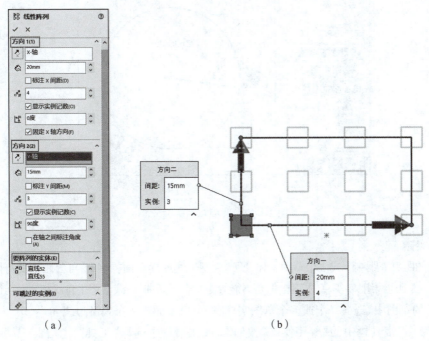

(a)　　　　　　　　　　　　　　(b)

图2-1-26　线性草图阵列

"圆周草图阵列"的步骤:

①在打开的草图中,单击"草图"工具栏中的"圆周草图阵列"按钮,或在菜单中选择"工具"/"草图工具"/"圆周阵列"命令。

②在"圆周阵列"属性管理器的"要阵列的实体"区域,选择要阵列的草图实体。

③在"参数"区域设定如下值:如图2-1-27(a)所示。

↕反向:选择是否反向,并指定阵列中心点,也可使用 X 和 Y 指定值。

间距:以指定阵列中的总度数。

等间距:以排成实例彼此间距相等的阵列。

标注半径:显示圆周阵列半径。

标注角间距:显示阵列实例之间的尺寸。

实例数:指定阵列实例总数。

显示实例记数:显示阵列中的实例数。

半径:指定阵列的半径。

圆弧角度:指定从所选实体的中心到阵列的中心点或顶点所测量的夹角。

④可跳过的实例:单击"可跳过的实例"选项框,此时阵列实体中会出现一个红色圆点,使用指针在图形区域中选择不想包括在阵列中的实例,则该实例阵列后不被显示出来。

⑤如图 2-1-27(b)所示,预览正确后,单击"确定"按钮 完成圆周草图阵列。

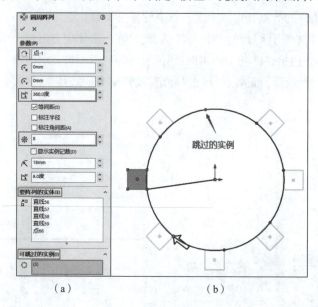

图 2-1-27 圆周草图阵列

(7)等距实体

指按特定的距离等距一个或多个草图实体、所选模型边线或模型面。例如,可等距诸如有限直线、圆弧或样条曲线、模型边线组、环等草图实体,但是不能等距套合样条曲线,或会产生自我相交几何体的实体。

①在打开的草图中,选择一个或多个草图实体、一个模型面或一条模型边线。

②单击"草图"工具栏中的"等距实体"按钮,或在菜单中选择"工具"/"草图工具"/"等距实体"命令。

③在"等距实体"属性管理器中设定以下参数(由于在图形区域中单击时,等距实体已完成,因此请在于图形区域中单击之前设定参数),如图 2-1-28 所示。

等距距离:设定数值以特定距离来等距草图实体。

添加尺寸:在草图中标注等距距离。

反向:更改单向等距的方向。

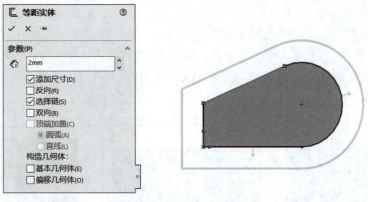

图 2-1-28　等距实体

选择链:生成所有连续草图实体的等距。

双向:在双向生成等距实体。

顶端加盖:偏移开环草图中单向草图实体的同时创建顶端加盖(封闭形式为圆弧或直线),如图 2-1-29 所示。

构造几何线:将基本几何体、偏移几何体或两者转换为构造线。

④单击"确定"按钮✔,或在图形区域中单击,完成等距实体。

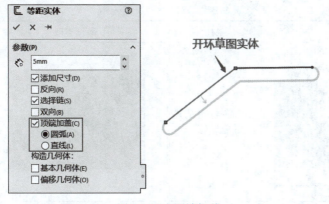

图 2-1-29　顶端加盖

6. 草图状态

草图状态由草图几何体与定义的尺寸之间的几何关系来决定。草图状态出现在窗口状态栏上,颜色表示单个草图实体的状态。草图一般处于以下状态之一:

(1)欠定义

欠定义状态下,草图定义是不充分的,但是仍然可以利用这个草图来创建特征。如图 2-1-30(a)所示,矩形左下角顶点未与原点有尺寸联系或几何关系定义,而且矩形的大小未定义,矩形的四个顶点均可拖动。此时矩形的线条为蓝色,欠定义的草图几何体默认设置是蓝色的。

(2)完全定义

完全定义状态下,草图具有完整的信息。一般来说,当零件完成最终设计要进行下一步的加工时,零件的每一个草图都应该是完全定义的。如图 2-1-30(b)所示,将矩形的左下角顶点与原点重合,为矩形添加长度和宽度尺寸,所有实体变成黑色,表示矩形已完全定义。完全定义的草图几何体是黑色的。

（3）过定义

过定义的草图中有重复的尺寸或相互冲突的几何关系,直到修改以后才能使用。如图 2-1-30(c)所示,矩形中标注了两个长度尺寸 100,此时矩形线条的颜色是红色的。过定义的草图几何体是红色的(默认设置)。过定义的草图应该删除多余的尺寸和约束关系。

草图还有另外两种几何状态是无解和无效,它们表示有错误必须修复。

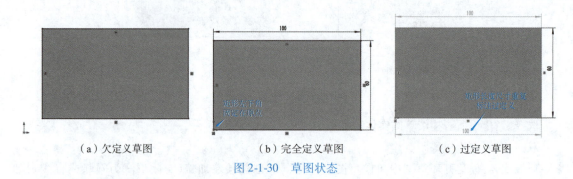

（a）欠定义草图　　　（b）完全定义草图　　　（c）过定义草图

图 2-1-30　草图状态

7. 草图轮廓

不同的草图轮廓将会产生不同的结果,表 2-1-5 总结了不同类型的草图轮廓。

表 2-1-5　不同类型草图轮廓

草图类型	描述	草图类型	描述
(U型槽草图，尺寸15、30、50)	单一封闭的轮廓:标准草图	(矩形内含圆形)	嵌套式封闭轮廓:可用来创建具有内部被切除的凸台实体
(开口U形轮廓)	开环轮廓:可以用来创建壁厚相等的薄壁特征	(折线轮廓，未闭合)	轮廓未闭合:尽管这个草图可以用来创建特征,但它是比较低的技巧和不好的习惯,建模时尽量不要使用这种草图
(两个相交矩形)	自相交的轮廓:如果两个轮廓都被选择,可创建多实体。但是多实体属于高级建模方法,尽量不要使用该类型草图	(圆形和六边形，分离)	多个独立的轮廓:如果多个轮廓都被选择,可创建多实体。但是多实体属于高级建模方法,尽量不要使用该类型草图

26

8. 草图几何关系

草图几何关系是用来限制草图元素的行为,为了完全定义草图,要求设计人员能够正确理解和合理应用草图的几何关系和尺寸组合。一些几何关系是系统自动添加的,另一些可以在需要的时候手动添加。

(1) 自动草图几何关系

自动草图几何关系是在绘制草图的过程中系统自动添加的几何关系,草图反馈将告诉用户何时可以自动添加几何关系。要选择或消除自动添加几何关系,执行以下操作之一:

➢ 在菜单中选择"工具"/"草图设置"/"自动添加几何关系"命令 。

➢ 单击"选项"按钮,在"系统选项"选项卡中选择草图/几何关系/捕捉,勾选"自动添加几何关系"复选框。

(2) 添加草图几何关系

对于那些无法自动添加的几何关系,用户可以使用约束工具创建草图元素间的几何关系,可在草图实体之间,或在草图实体和基准面、基准轴、边线或顶点之间生成几何关系。要手动添加几何关系,执行以下操作:

①单击"草图"工具栏中的"添加几何关系"按钮,或在菜单中选择"工具"/"关系"/"添加"命令。

②选择要添加几何关系的草图实体,在"添加几何关系"属性管理器中选择要添加的几何关系,如图2-1-31所示。

③单击"确定"按钮,完成添加几何关系。

(3) 显示/删除几何关系

要显示/删除几何关系,执行以下操作:

①单击"草图"工具栏中的"显示/删除几何关系"按钮,或在菜单中选择"工具"/"关系"/"显示/删除"命令。在"显示/删除几何关系"属性管理器中的"现有几何关系"中列出了草图实体中已有的几何关系。如要删除几何关系,选择相应的几何关系后单击"删除"按钮即可,如图2-1-32所示。

②单击"确定"按钮,完成显示或删除几何关系。

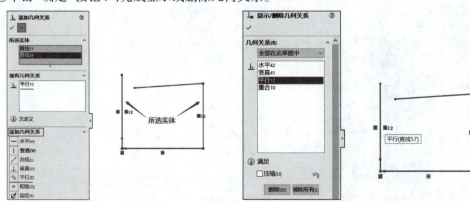

图2-1-31　添加几何关系　　　　　　图2-1-32　删除几何关系

(4) 常用几何关系示例

草图几何关系有很多类型。根据所选草图元素的不同,能够添加的几何关系类型也不同。

SolidWorks 会根据用户选择草图元素的类型,自动筛选可以添加的几何关系种类。表 2-1-6 列出了常用几何关系的部分示例,供初学者参考。

表 2-1-6 常用几何关系示例

草图实体	几何约束	添加约束前	添加约束后
单个或多个直线	水平		
	竖直		
两个或多个端点之间	水平		
	竖直		
	重合		
一个端点和一条直线之间	中点		
	重合		
两条直线之间	平行		

续表

草图实体	几何约束	添加约束前	添加约束后
两条直线之间	垂直		
	共线		
	相等		
两个或多个圆弧或圆之间	同心		
	相等		
	相切		
一条直线和一个圆	相切		
一条直线和一段圆弧	相切		
一条中心线和两个点、直线、圆弧或椭圆	对称		

9. 草图尺寸标注

标注草图尺寸是限制几何元素的又一种行为。要完全定义草图,可使用"智能尺寸"工具◆标注尺寸。要标注"智能尺寸",执行以下操作:

①单击"草图"工具栏中的"智能尺寸"按钮◆、或在菜单中选择"工具"/"尺寸"/"智能尺寸"命令。

②单击要标注尺寸的草图实体(端点或线段)。"智能尺寸"会根据用户选取的几何元素决定尺寸的正确类型。如果选择一个圆弧,系统将自动创建半径尺寸;如果选择一个圆,系统将自动创建直径尺寸;如果选取一条倾斜直线,系统会创建不同类型的尺寸,如图 2-1-33 所示,标注前通过预览尺寸的类型,在要标注的尺寸类型显示时单击即可。

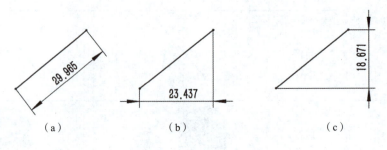

图 2-1-33　尺寸类型预览

③将尺寸标注拖动到合适的位置后单击,此时会弹出"修改"对话框,如图 2-1-34(a)所示,在对话框中输入尺寸数值。

④单击"确定"按钮✓,完成尺寸标注。所标注尺寸将重建草图实体大小,如图 2-1-34(b)所示。

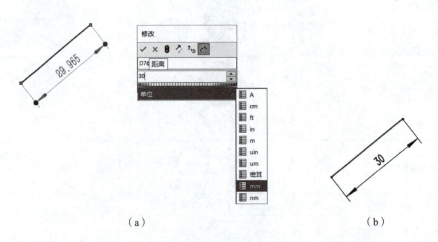

图 2-1-34　尺寸类型预览

"智能尺寸"除了能标注线性尺寸、直径尺寸和半径尺寸外,还可以标注角度尺寸。选择不共线又不平行的两条直线,或选择三个不共线的点就可以进行角度尺寸标注,如图 2-1-35 所示。如果"智能尺寸"不能满足用户对于尺寸标注的要求,还可使用图 2-1-36 所示的其他尺寸标注方式进行尺寸标注。

第 2 章 SolidWorks草图绘制

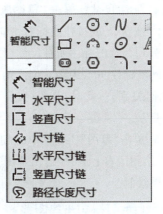

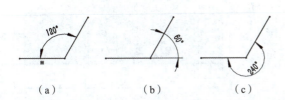

图 2-1-35 角度尺寸标注

图 2-1-36 其他尺寸标注形式

任务实施

第一阶段：绘制草图轮廓。

步骤1：新建零件，在 FeatureManager 设计树中单击"前视基准面"，在弹出的关联菜单中单击草图绘制按钮，进入草图绘制界面。

步骤2：单击"草图"工具栏中的"直线"按钮，从原点开始，绘制草图轮廓。绘制过程中，水平或竖直的线，以及相互平行或垂直的线段可使用"自动草图几何关系"进行约束。比如线段①、③、⑤自动添加"竖直"几何关系，线段②、④、⑨自动添加"水平"几何关系，线段⑥与⑦、⑦与⑧自动添加"垂直"几何关系。绘图过程中多余或短缺的线段可用草图绘制工具"剪裁/延伸实体"进行编辑。初步绘制的轮廓如图 2-1-37 所示。

第二阶段：完全定义草图。

要想完全定义草图，必须添加约束和标注尺寸。

步骤3：根据图 2-1-37 可知，线段⑨和线段④处于同一高度，可为它们添加"共线"几何关系：按住【Ctrl】键选择线段⑨和线段④，放开【Ctrl】键后，在图形旁边弹出快捷工具栏，单击"共线"几何关系，如图 2-1-38 所示。

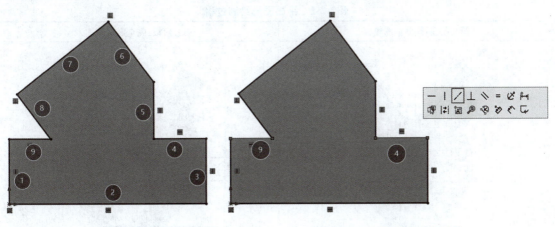

图 2-1-37 初步绘制草图轮廓

图 2-1-38 添加线段几何关系

31

步骤 4：标注尺寸。单击"草图"工具栏中的"智能尺寸"按钮，或按住鼠标右键向上滑动（使用鼠标笔势），为草图标注所有尺寸（线段⑥与⑦、⑦与⑧之间不标注 90°，因为它们之间已经添加了"垂直"几何关系）。此时，草图已经完全定义，如图 2-1-39 所示。

步骤 5：单击"草图"工具栏中的"退出草图"按钮，或单击绘图区右上角的"退出草图"按钮，完成简单草图绘制。

【工作任务 2】绘制平面图形

在 SolidWorks 软件中绘制图 2-2-1 所示平面图形。

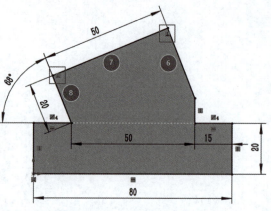

图 2-1-39　完全定义草图

视　频

绘制平面图形

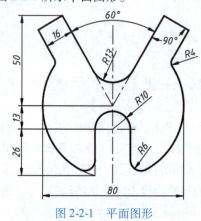

图 2-2-1　平面图形

任务分析

该草图为对称图形，由多段直线和圆弧顺次围成。绘图时，可使用镜向命令绘制。该草图绘制过程见表 2-2-1。

表 2-2-1　平面图形绘制过程

第一阶段：绘制草图轮廓	第二阶段：完全定义草图
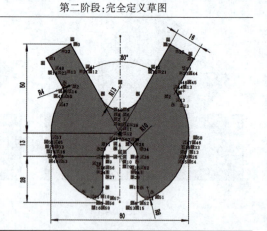	

32

任务实施

第一阶段：绘制草图轮廓。

步骤 1：新建零件，在 FeatureManager 设计树中单击"前视基准面"，在弹出的关联菜单中单击"草图绘制"按钮，进入草图绘制界面。

步骤 2：单击"草图"工具栏中的"直线"/"中心线"按钮，绘制过原点的中心线。在菜单中选择"工具"/"草图工具"/"动态镜向"命令，选择中心线作为动态镜向的轴线。使用"直线"和"圆弧"命令绘制图 2-2-2(a)所示轮廓。绘制过程中，相互垂直或平行的线段可使用"自动草图几何关系"进行约束，比如线段①和②垂直，线段②和③垂直，线段③和①平行。

步骤 3：单击"草图"工具栏中的"绘制圆角"按钮，为草图添加 $R13$、$R4$ 和 $R6$ 的圆角，如图 2-2-2(b)所示。注意"绘制圆角"时，先在"绘制圆角"属性管理器中设置"圆角参数—半径"，再选择"要圆角化的实体"。

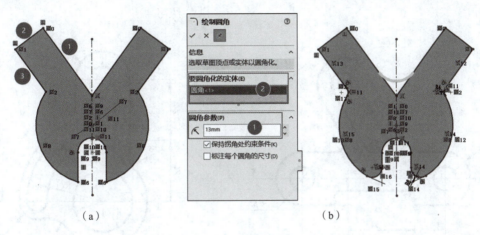

(a)　　　　　　　　　　　(b)

图 2-2-2　绘制草图轮廓

第二阶段：完全定义草图。

要想完全定义草图，必须添加约束和标注尺寸。

步骤 4：为圆弧 $R10$ 的圆心和原点添加"重合"几何关系；为 $\phi80$ 的圆弧圆心和中心线添加"重合"几何关系。

步骤 5：标注尺寸。单击"草图"工具栏中的"智能尺寸"按钮，或按住鼠标右键向上滑动（使用鼠标笔势），为草图标注所有尺寸。标注尺寸"80"时，按住【Shift】键，同时选择圆弧④及其对称弧线，即可完成图示"80"尺寸标注。尺寸标注完后，草图已经完全定义，如图 2-2-3 所示。

步骤 6：单击"草图"工具栏中的"退出草图"按钮，或单击"退出草图"按钮，完成平面图形绘制。

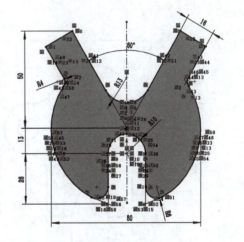

图 2-2-3　完全定义草图

强化练习

在 SolidWorks 基准面内绘制下列草图。

练习1

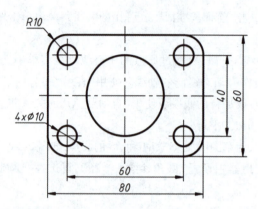

练习2

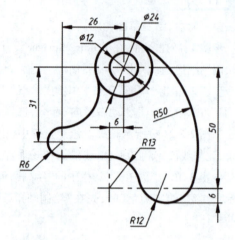

练习3

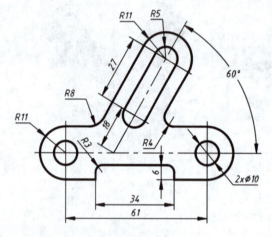

练习4

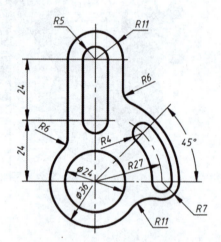

练习5

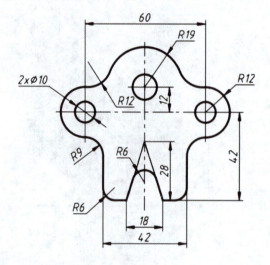

练习6

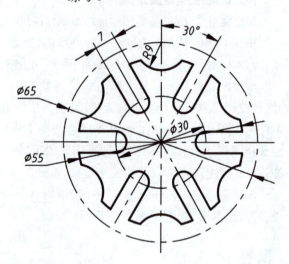

第3章 零件特征建模

3.1 拉伸及拉伸切除

学习目标

1. 学习拉伸及拉伸切除命令的应用；
2. 学习异形孔特征工具的使用；
3. 学习圆角特征工具的使用。

【工作任务1】绘制上盖

在 SolidWorks 软件中建立上盖模型，如图 3-1-1 所示。

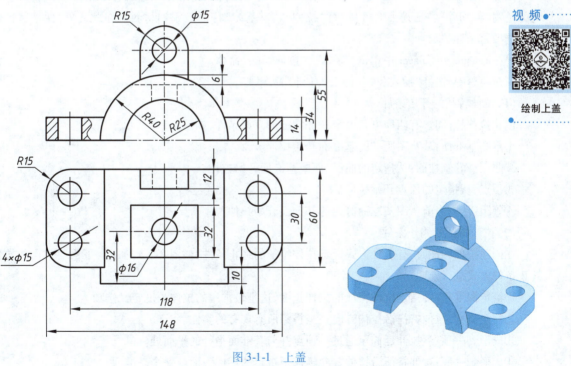

图 3-1-1 上盖

任务分析

上盖结构主要由三部分构成，各部分结构可由形状特征草图拉伸构成实体结构，其中零件中的孔及槽结构可通过拉伸切除完成。上盖建模思路见表3-1-1。

表 3-1-1　上盖建模思路

第一阶段：主体拉伸	第二阶段：拉伸切除及打孔	第三阶段：立板拉伸及切槽

知识链接

1. 拉伸凸台/基体特征及拉伸切除特征

"拉伸"是通过将3D对象从2D草图进行拉伸,在二维草图上添加了第三维而生成的特征。

"拉伸凸台/基体"命令执行方式有以下两种：

➢ 在CommandManager中单击"特征"/"拉伸凸台/基体"按钮。

➢ 在菜单中,选择"插入"/"凸台/基体"/"拉伸"命令。

通过拉伸来创建"拉伸切除"特征的菜单与创建"拉伸凸台/基体"特征的菜单是一样的,唯一不同的是"拉伸切除"特征是去除材料,而"拉伸凸台/基体"特征是添加材料。除此之外,两种特征的命令选项是一样的。

➢ 在CommandManager中单击"特征"/"拉伸切除"命令。

➢ 在菜单中,选择"插入"/"切除"/"拉伸"命令。

（1）拉伸特征的开始条件

创建拉伸特征时,有四种方式设定拉伸特征的开始条件,如图3-1-2所示。

①草图基准面：从草图所在的基准面开始拉伸。

②曲面/面/基准面：从指定的曲面、面或基准面开始拉伸。

③顶点：从指定的顶点开始拉伸。

④等距：从与当前草图基准面等距的基准面开始拉伸。

（2）拉伸特征的终止条件

在创建拉伸特征时,有多种方式设定拉伸特征的终止条件,如图3-1-3所示。下面对常用的拉伸终止条件方式进行说明。

①给定深度：直接指定拉伸特征的拉伸长度,这是最常用的拉伸长度定义选项。

②完全贯穿：拉伸特征沿拉伸方向完全贯穿所有现有的实体。

③成形到一顶点：拉伸延伸至通过一顶点并与基准面平行的平面处。

④成形到一面：拉伸特征沿拉伸方向延伸至指定的零件表面或一个基准面。

⑤到离指定面指定的距离：拉伸特征延伸至距一个指定平面一定距离的位置,指定距离以指定平面为基准。

⑥成形到实体：拉伸特征延伸到所选实体。

第 3 章 零件特征建模

图 3-1-2　拉伸特征的开始条件　　　图 3-1-3　拉伸特征的终止条件

⑦两侧对称：拉伸特征以草绘基准面为中心向两侧对称拉伸，拉伸长度为总长度。

（3）拉伸特征的绘图步骤

①确定草图绘制平面。

②生成 2D 草图轮廓。

③确定拉伸特征起点。

④确定拉伸特征方向。

⑤确定拉伸特征终点。

2. 圆角特征

"圆角特征"包括内圆角（增加体积）和外圆角（减少体积）。创建内圆角过渡还是外圆角过渡，是由几何条件决定的，而不是命令本身。

其命令执行方式有以下几种：

➤ 在 CommandManager 中单击"特征"/"圆角"按钮。

➤ 在菜单中，选择"插入"/"特征"/"圆角"命令。

➤ 快捷方式：右击一个面或边线，在弹出的快捷菜单中选择"圆角"命令。

创建圆角特征的一些基本规则如下：

①最后创建装饰性圆角。

②用同一个命令创建具有相同半径的多个圆角。

③需要创建不同半径的圆角时，通常应该先创建半径较大的圆角。

④圆角特征创建的顺序很重要，创建圆角后生成的面与边可用于生成更多的圆角。

⑤圆角边线选择可通过"边线选择"工具选择某种方式组合的边线模型。

3. 异形孔向导

"异形孔向导"用于在实体上创建特殊孔。它可以一步步创建简单直孔、锥孔、柱孔和螺纹孔。

用户选择插入孔的平面，然后通过"异形孔向导"定义孔的尺寸和孔在平面上的位置。用户可以通过"异形孔向导"为加入到孔中的紧固件指定孔的尺寸。可通过"异形孔向导"创建孔特征，例如柱形沉头孔和锥形沉头孔。这个过程将创建两个草图，一个定义孔的形状，另一个设定孔中心点的位置。

其命令执行方式有以下两种：

➤ 在 CommandManager 中单击"特征"/"异形孔向导"按钮。

➤ 在菜单中，选择"插入"/"特征"/"孔向导"命令。

技巧：

① 用户可以在基准面和非平面上创建孔特征。例如，可以在圆柱表面上创建孔。

② "异形孔向导"需要选择一个面，也可以预先选择面，但是不能选择一个草图。

任务实施

第一阶段：主体拉伸。

步骤1： 新建零件，在FeatureManager设计树中单击"前视基准面"，在弹出的关联菜单中单击"草图绘制"按钮 ，如图3-1-4（a）所示。绘制半圆形草图，如图3-1-4（b）所示。绘制完成后单击 按钮，退出草图绘制环境。单击"特征"工具栏中的"拉伸凸台/基体"按钮 ，弹出"凸台—拉伸"属性管理器。在"方向1"选项区中输入"70"，其他选项默认，如图3-1-4（c）所示。单击 按钮生成半圆柱凸台，如图3-1-4（d）所示。

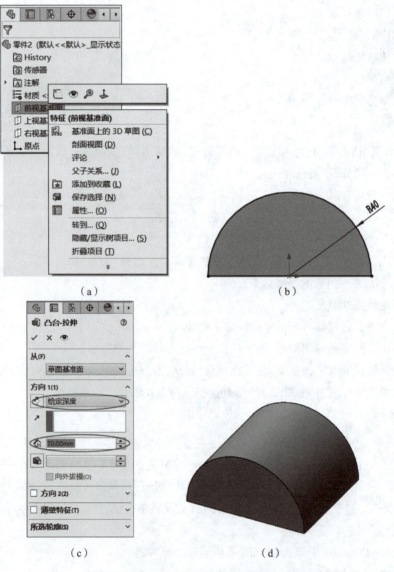

图3-1-4 半圆柱凸台建模

步骤2：在 FeatureManager 设计树中单击"上视基准面"，在弹出的关联菜单中单击□按钮，绘制方形草图，如图 3-1-5（a）所示。绘制完成后单击└按钮，退出草图绘制环境。单击"特征"工具栏中的"拉伸凸台/基体"按钮，弹出"凸台—拉伸"属性管理器。在"方向 1"选项区中输入"14"，其他选项默认。单击✓按钮生成方形凸台，如图 3-1-5（b）所示。

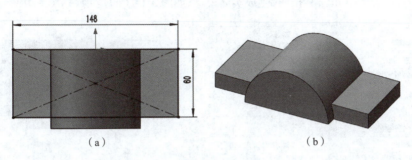

图 3-1-5 方形凸台建模

步骤3：单击"特征"工具栏中的"圆角"按钮，弹出"圆角"属性管理器。在圆角半径文本框中输入"15"，如图 3-1-6（a）所示，再单击所要进行倒圆角的实体边线，如图 3-1-6（b）所示。单击✓按钮即可得到图 3-1-6（c）所示的模型。

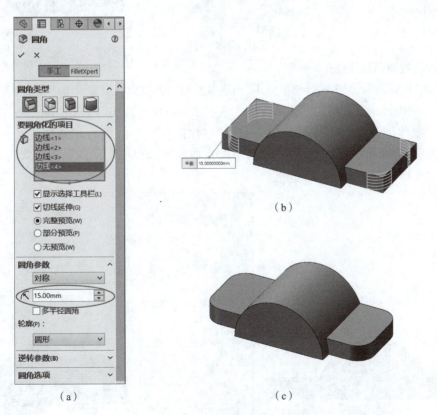

图 3-1-6 倒圆角

步骤4：选择方形凸台上表面，单击"特征"工具栏中的"异形孔向导"按钮，弹出"孔规格"属性管理器。在"类型"选项卡的"孔类型"选项区中选择"孔"，如图 3-1-7（a）所示。并在孔规格中勾选

"显示自定义大小"复选框,输入孔的直径15,在"终止条件"选项区的下拉列表中选择"完全贯穿",其他选项采用系统默认值,如图3-1-7(b)所示。

切换到"位置"标签页,拖动光标到外围圆弧周围,此时圆弧的圆心被"激活",该点可以被捕捉,现在将孔的中心点拖动到圆弧的圆心,当出现"重合"符号时,单击鼠标。按照此方法依次放置四个孔,如图3-1-7(c)所示,单击 ✓ 按钮,生成实体模型,如图3-1-7(d)所示。

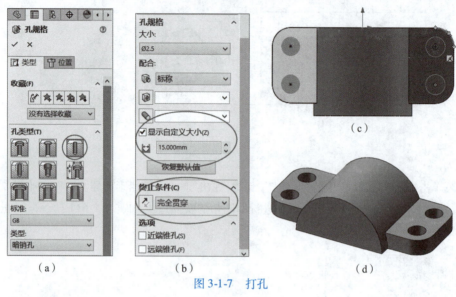

图3-1-7　打孔

第二阶段:拉伸切除及打孔。

步骤5:在FeatureManager设计树中单击"前视基准面",在弹出的关联菜单中单击 按钮,绘制直径为$\phi 50$ mm的圆,如图3-1-8(a)所示。绘制完成后单击 按钮,退出草图绘制环境。单击"特征"工具栏中的"拉伸切除"按钮 ,弹出"切除—拉伸"属性管理器。在"方向1"下拉列表中选择"完全贯穿"(注意可通过单击按钮 调整拉伸切除方向),如图3-1-8(b)所示,其他选项默认。单击 ✓ 按钮,生成实体模型,如图3-1-8(c)所示。

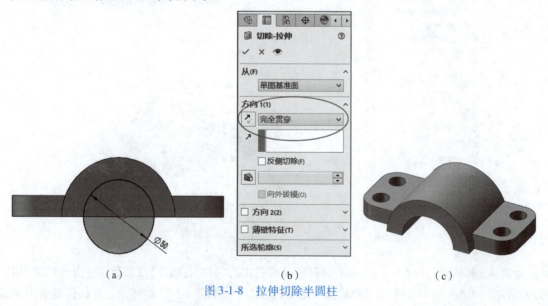

图3-1-8　拉伸切除半圆柱

第三阶段:立板拉伸及切槽。

步骤 6: 进入"前视基准面"绘制草图,绘制立板草图,如图 3-1-9(a)所示。绘制完成后单击 按钮,退出草图绘制环境。单击"特征"工具栏中的"拉伸凸台/基体"按钮 ,弹出"凸台—拉伸"属性管理器。在"方向 1"选项区中输入"12",其他选项默认。单击 按钮生成立板,如图 3-1-9(b)所示。

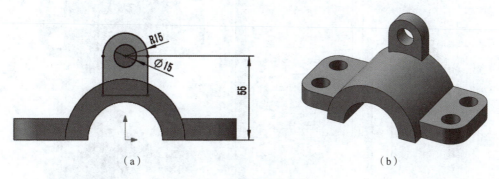

图 3-1-9　立板拉伸建模

步骤 7: 进入"上视基准面"绘制草图,绘制方形草图,如图 3-1-10(a)所示。绘制完成后单击 按钮,退出草图绘制环境。单击"特征"工具栏中的"拉伸切除"按钮 ,弹出"切除—拉伸"属性管理器。在"从"下拉列表中选择"等距",在文本框中输入"34",在"方向 1"下拉列表中选择"完全贯穿"(注意可通过单击 按钮调整拉伸切除方向),如图 3-1-10(b)所示,其他选项默认。单击 按钮,生成实体模型,如图 3-1-10(c)所示。

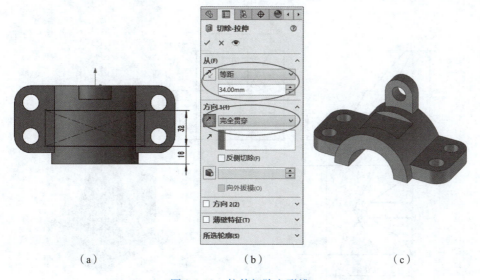

图 3-1-10　拉伸切除方形槽

步骤 8: 选择方形槽的上表面,然后单击"异形孔向导"按钮 ,在"孔规格"属性管理器中选择"类型"选项卡,在"孔类型"选项区中选择"孔",如图 3-1-11(a)所示。并在孔规格中勾选"显示自定义大小"复选框,输入孔的直径 16,在"终止条件"选项区的下拉列表中选择"完全贯穿",其他选项采用系统默认值,如图 3-1-11(b)所示。

切换到"位置"标签页,然后在方形槽上表面放置孔,按【Esc】键退出孔放置,接着约束孔中心与原点竖直,然后单击草图选项卡中的智能尺寸命令,约束尺寸16,如图3-1-11(c)所示。单击✓按钮,生成实体模型,如图3-1-11(d)所示。

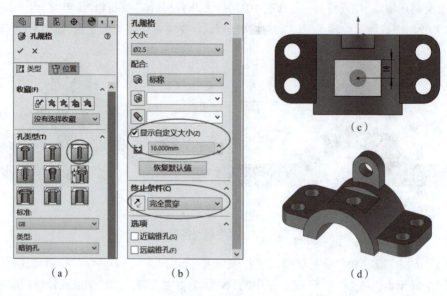

图 3-1-11　打孔

【工作任务2】绘制斜面块

用 SolidWorks 软件建立图 3-1-12 所示的斜面块三维模型。

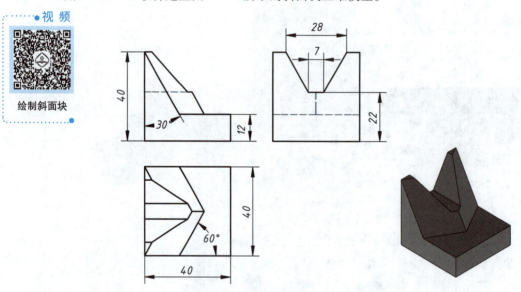

图 3-1-12　斜面块

任务分析

该零件可以看成由正方体经过截切而形成的,整体结构前后对称,因此可通过拉伸凸台特征、拉伸切除特征及镜向特征完成建模。该模型的建模过程见表3-1-2。

表 3-1-2　斜面块建模思路

第一阶段:创建拉伸正方体	第二阶段:斜面拉伸切除	第三阶段:切槽

知识链接

特征镜像

"特征镜向"是指沿面或基准面镜向,复制一个或多个源特征。如果修改源特征,则镜向的特征也将更新。特征镜向适合于生成对称的零部件。

其命令执行方式有以上两种:

➢ 单击"特征"工具栏中的"线性阵列"/"镜向"按钮 。

➢ 在菜单中,选择"插入"/"阵列/镜向"/"镜向"命令。

任务实施

第一阶段:创建拉伸正方体。

步骤1:新建零件,保存文件名为"斜面块.SLDPRT"。在 FeatureManager 设计树中单击"上视基准面",在弹出的关联菜单中单击"草图绘制"按钮,以圆点为中心绘制中心矩形,约束两邻边相等,并标注边长为40,绘制完成后退出草图绘制环境。单击"特征"工具栏中的"拉伸凸台/基体"按钮,弹出"拉伸凸台/基体"属性管理器,在"方向1"下拉列表中选择"给定深度",设置为40,单击"确定"按钮,完成正方体的创建。

第二阶段:斜面拉伸切除。

步骤2:单击正方体前表面,在弹出的关联菜单中单击"草图绘制"按钮,绘制图3-1-13(a)所示草图,绘制完成后退出草图绘制环境。在 FeatureManager 设计树中单击"上视基准面",在弹出的关联菜单中单击"草图绘制"按钮,绘制与水平线成60°夹角的斜线(确定拉伸切除方向),草图如图3-1-13(b)所示,绘制完成后退出草图绘制环境。选择图3-1-13(a)所示草图,单击"特征"工具栏中的"拉伸切除"按钮,弹出"切除—拉伸"属性管理器,在"方向1"下拉列表中选择"完全贯穿",单击"前导视图"工具栏中的"隐藏/显示"下拉按钮,选择"显示草图"按钮,如图3-1-13(c)所示。在"方向1"中选择方向栏,如图3-1-13(d)所示,单击拾取60°夹角斜线为拉伸切除方向,如图3-1-13(e)所示,其他选项默认。单击"确定"按钮,生成实体模型,如图3-1-13(f)所示。

步骤3:单击"特征"工具栏中的"线性阵列"→"镜向"按钮,弹出"镜向"属性管理器。"镜向面/基准面"选择"前视基准面","要镜向的特征"选择上一次拉伸切除特征,如图3-1-14(a)所示。单击"确定"按钮,完成斜面拉伸切除镜向,如图3-1-14(b)所示。

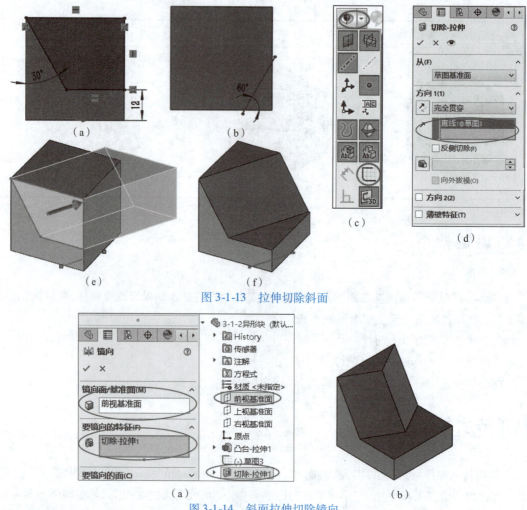

图 3-1-13　拉伸切除斜面

图 3-1-14　斜面拉伸切除镜向

第三阶段：切槽。

步骤 4：选择立体左侧面作为草图绘制平面，绘制槽截面草图，如图 3-1-15（a）所示，绘制完成后退出草图绘制环境。单击"特征"工具栏中的"拉伸切除"按钮，弹出"切除—拉伸"属性管理器。在"方向 1"下拉列表中选择"完全贯穿"，单击"确定"按钮，完成切槽，如图 3-1-15（b）所示。

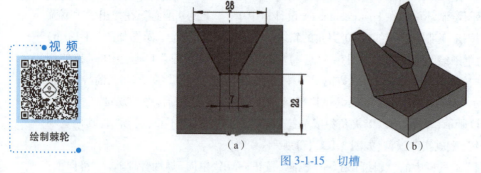

图 3-1-15　切槽

【工作任务 3】绘制棘轮

用 SolidWorks 软件建立图 3-1-16 所示的棘轮模型。

第 3 章 零件特征建模

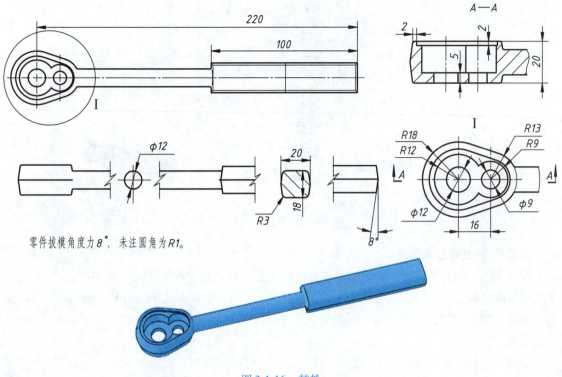

零件拔模角度为8°，未注圆角为R1。

图 3-1-16 棘轮

任务分析

棘轮主要由棘轮头部、过渡部分和手柄三部分构成，三部分中心位于同一轴线上，无论是相对纵向中心线还是分型面，零件都是对称的。建模时可根据每部分结构特征逐步完成。注意该零件为铸件，因此建模时需注意拔模斜度。该模型的建模过程见表3-1-3。

表 3-1-3 棘轮建模思路

第一阶段:创建手柄部分	第二阶段:创建过渡部分	第三阶段:创建棘轮头部特征

任务实施

第一阶段：创建手柄部分。

步骤1：新建零件，保存文件名为"棘轮.SLDPRT"。在上视基准面上绘制手柄特征草图，如图 3-1-17（a）所示，绘制完成后退出草图绘制环境。单击"特征"工具栏中的"拉伸凸台/基体"按钮，弹出"拉伸凸台/基体"属性管理器。"方向1"选择"两侧对称"，设置拉伸深度为18 mm，单击"拔模"并设置角度为8°，取消选择"向外拔模"复选框，如图 3-1-17（b）所示。单击"确定"按钮，完成手柄部分的创建，如图 3-1-17（c）所示。

45

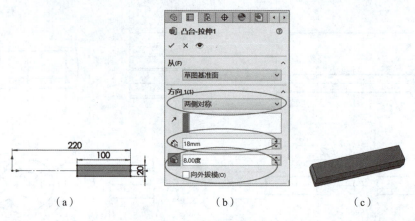

图 3-1-17 创建手柄部分

第二阶段：创建过渡部分。

步骤 2：在右视基准面上绘制草图，绘制直径为 12 的圆且圆心与原点重合，如图 3-1-18(a)所示，绘制完成后退出草图绘制环境。单击"特征"工具栏中的"拉伸凸台/基体"按钮，弹出"拉伸凸台/基体"属性管理器。"方向 1"选择"成形到下一面"，单击"确定"按钮，完成过渡部分的创建，如图 3-1-18(b)所示。

成形到一面与成形到下一面。在很多情况下，选择"成形到下一面"和"成形到一面"的终止条件会有不同的结果。图 3-1-19(a)所示选择的终止条件为"成形到一面"，当选择一角度面为终止面时，只有被选择的面对拉伸成形进行约束。图 3-1-19(b)所示选择的终止条件为"成形到下一面"，所有的面对拉伸成形进行约束。

图 3-1-18　创建过渡部分　　　　　　　图 3-1-19　创建过渡部分

第三阶段：创建棘轮头部特征。

步骤 3：在上视基准面上绘制草图，绘制棘轮头部特征草图，如图 3-1-20(a)所示，绘制完成后退出草图绘制环境。单击"特征"工具栏中的"拉伸凸台/基体"按钮，弹出"拉伸凸台/基体"属性管理器。"方向 1"选择"两侧对称"，设置拉伸深度为 20 mm，单击"拔模"并设置角度为 8°，单击"确定"按钮，完成棘轮头部外形的创建，如图 3-1-20(b)所示。

步骤 4：在拉伸棘轮头部特征的上表面绘制草图，选择顶面并单击"等距实体"，设置等距距离为 2 mm，向内侧偏移，如果偏移方向不对，应勾选"反向"复选框，如图 3-1-20(c)所示，绘制完成后退出草图绘制环境。创建"拉伸切除"特征，设置终止条件为"给定深度"，设置深度为 2 mm，单击"确定"按钮，模型如图 3-1-20(d)所示。

步骤 5：在拉伸切除特征的表面绘制草图，如图 3-1-20(e)所示，绘制完成后退出草图绘制环境。创建"拉伸切除"特征，设置终止条件为"到离指定面指定的距离"，单击"面"选项，并在模型中选择拉伸棘轮头部的底面，设置"等距距离"为 5 mm，如图 3-1-20(f、g)所示，单击"确定"按钮，如图 3-1-20(h)所示。

步骤6：单击上一次切除拉伸的上表面，使用"异形孔向导"命令，创建φ9和φ12的圆孔，两圆孔的终止条件都为"完全贯穿"，且与现有圆形边线同心，如图3-1-20(i)所示。

步骤7：添加圆角，如图3-1-20(j)所示。

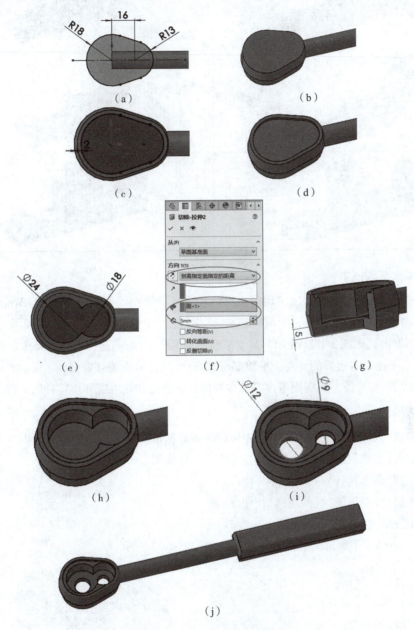

图3-1-20　创建棘轮头部特征

技能拓展

1. 选择最佳轮廓

在拉伸时，选择最佳拉伸轮廓(零件的形状特征)所创建的模型多于其他轮廓所创建的模型。表3-1-4所示为一些模型实例。

表 3-1-4　选择最佳轮廓

零件	最佳拉伸轮廓

2. 选择草图平面

决定最佳轮廓之后，下一步是决定用哪个平面作为草图平面绘制该轮廓。SolidWorks 软件提供了三个默认的参考基准面，分别标记为前视基准面（主视图方向）、上视基准面（俯视图方向）和右视基准面（左视图方向），如图 3-1-21 所示。每个平面都是无限大的，但是为了便于操作中查看和选择，在屏幕中显示的平面是有边界的。每个平面都通过原点，并且两两相互垂直。

零件建模时，选择草图平面需要考虑零件本身的显示方位和在装配体中零件的方位。

3. 视图选择器

"视图选择器"以可视化视图方式显示各种标准和非标准视图，便于快速定位视图。当单击"视图定向"按钮或按【空格】键时，视图选择器显示为立方体模型。

"视图选择器"命令执行方式有如下两种：

➢ 在视图（前导）中单击"视图定向"按钮 。

➢ 快键方式：按【空格】键。

通过选择立方体模型面可快速查看各种视图，如图 3-1-22 所示。

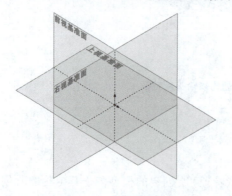
图 3-1-21　参考基准面

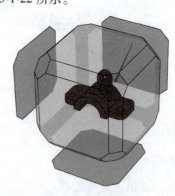
图 3-1-22　视图选择器

强化练习

练习1

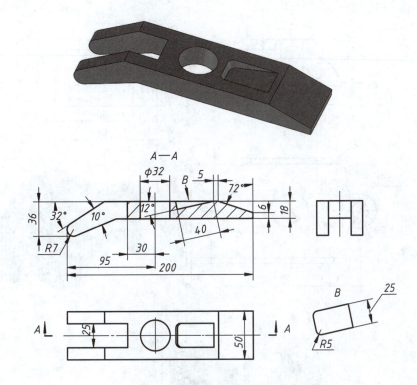

练习2

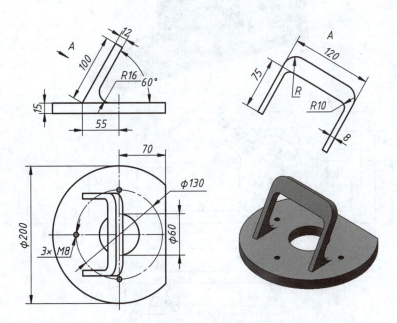

练习3

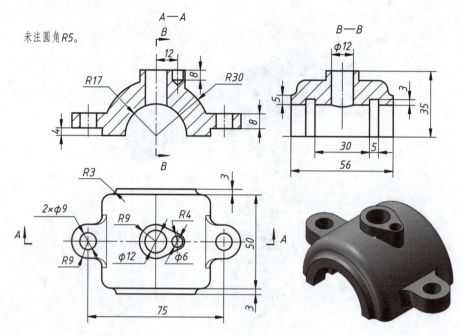

练习4

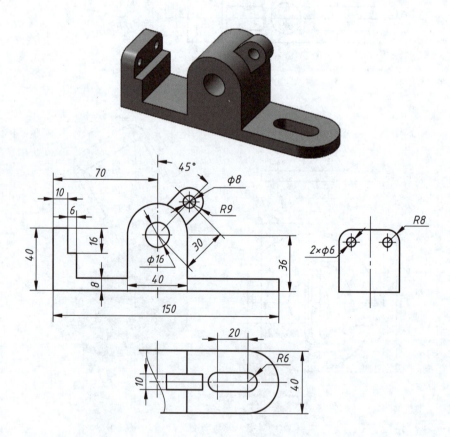

3.2 旋转特征

学习目标

1. 学习旋转凸台/基体和旋转切除命令的应用；
2. 学习圆周阵列命令。

【工作任务1】绘制波纹喇叭

用SolidWorks软件建立图3-2-1所示的波纹喇叭三维模型。

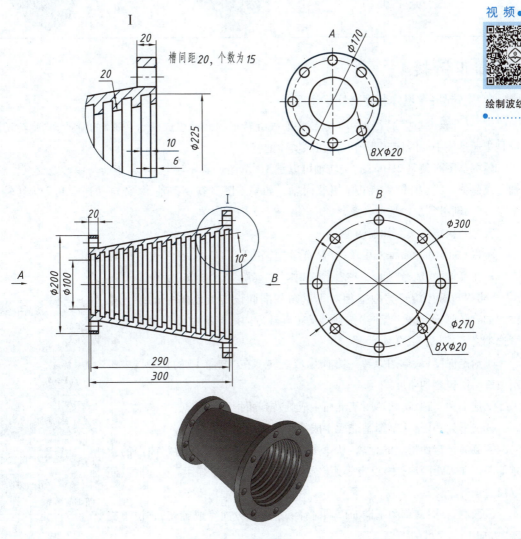

图 3-2-1　波纹喇叭

任务分析

波纹喇叭的整体结构是由回转体组成的，两端为法兰盘，内部为中空结构，其内壁上有成规律分布的内槽结构。因此,该零件可通过旋转凸台/基体和旋转切除特征完成建模。该模型的建模过程见表 3-2-1。

表 3-2-1　波纹喇叭建模思路

| 第一阶段:旋转基体 | 第二阶段:旋转切除内部槽 | 第三阶段:两端法兰平面打孔 |

知识链接

1. 旋转凸台/基体和旋转切除特征

"旋转凸台/基体"特征是指通过绕中心线旋转草图截面生成凸台、基体的特征。"旋转切除"特征是指通过绕中心线旋转草图截面切除实体的特征。

轮廓草图必须是 2D 草图,旋转轴可以是 3D 草图。需要注意:轮廓不能与中心线交叉。这里转轴可以是中心线、直线、线性边或者临时轴。如果草图只有一条轴,系统自动选定其为旋转轴;如果多于一条,则必须从中选取一条。

其命令执行方式有如下两种:

➤ 在 CommandManager 中单击"特征"/"旋转凸台/基体"（"旋转切除"）。

➤ 在菜单中,选择"插入"/"凸台/基体"（"切除"）/"旋转"命令。

SolidWorks 中旋转类型指相对于草图基准面设定旋转特征的终止条件。如有必要,可单击"反向"按钮反转旋转方向。特征建模时可选择以下选项之一,如图 3-2-2 所示。

①给定深度:从草图以单一方向生成旋转。在"方向1"的角度中设定由旋转所包容的角度。

②成形到一顶点:从草图基准面生成旋转到所指定的顶点。

③成形到一面:从草图基准面生成旋转到所指定的曲面。

④到离指定面指定的距离:从草图基准面生成旋转到所指定曲面的指定等距。在等距距离中设定等距。必要时,选择"反向等距"复选框以便以反方向等距移动。

⑤两侧对称:从草图基准面以顺时针和逆时针方向生成旋转,它位于旋转"方向1"角度的中央。

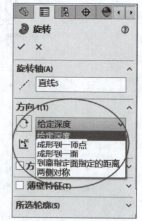

图 3-2-2　旋转类型

2. 圆周阵列

"圆周阵列"指围绕轴创建并排列特征的多个实例。边、轴、临时轴或线形尺寸都可以作为轴。

圆周阵列命令执行方式有以下两种:

➤ 在 CommandManager 中单击"特征"/"线性阵列"/"圆周阵列"按钮。

> 在菜单中,选择"插入"/"阵列/镜像"/"圆周阵列"命令。

(1)可跳过的实例

在生成阵列时跳过在图形区域中选择的阵列实例。当用户将鼠标移动到每个阵列实例上时,指针变为。单击以选择要跳过的阵列实例,如图3-2-3所示。若想恢复阵列实例,再次单击实例。

(2)变化的实例

间距增量:设置该选项可以累积增量阵列,阵列间距为阵列实例中心之间的间距。如图3-2-4所示,阵列中实例之间的间距为40°,当"方向1"中的"空间增量"设置为10°时,则第二个实例会被定位在距第一个实例40°的位置,第三个实例会被定位在距第二个实例50°的位置,第四个实例会被定位在距第三个实例60°的位置,依此类推。

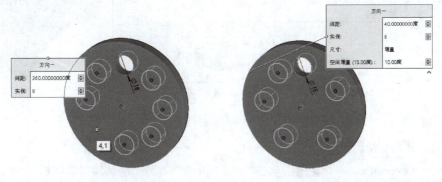

图3-2-3　可跳过的实例　　　　图3-2-4　间距增量设置

修改的实例:在图形区域中单击实例标记,选择修改实例,可以输入值以覆盖标注中的间距对选中实例位置进行修改,如图3-2-5所示。

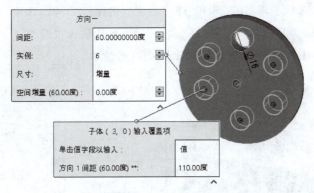

图3-2-5　修改单个阵列实例

任务实施

第一阶段:旋转基体。

步骤1: 新建零件,在FeatureManager设计树中单击"前视基准面",在弹出的关联菜单中单击"草图绘制"按钮,绘制实体旋转特征的草图,绘制完成后退出草图绘制环境,如图3-2-6(a)所示。

步骤2: 单击"特征"工具栏中的"旋转凸台/基体"按钮,在"旋转"属性管理器的"旋转参数"选项组中单击"旋转轴",然后选择草图的中心线为旋转轴。并且保持"方向1"下拉列表中的默认值为

"给定深度"选项和"角度"微调框中的默认值为"360度",如图3-2-6(b)所示。单击"确定"按钮✓,完成旋转基体的创建,如图3-2-6(c)所示。

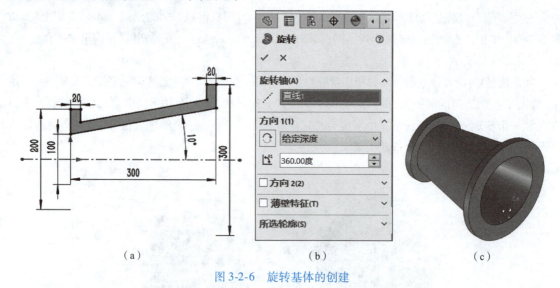

(a)　　　　　　　　　(b)　　　　　　　　　(c)

图3-2-6　旋转基体的创建

第二阶段:旋转切除内部槽。

步骤3:在FeatureManager设计树中单击"前视基准面",在弹出的关联菜单中单击"草图绘制"按钮,进入草图绘制。通过原点画一条水平中心线,单击"边角矩形"按钮,在"矩形"属性管理器的"矩形类型"选项组中单击"平行四边形"按钮,在绘图区画一个有两条竖直边的平行四边形并标注尺寸,如图3-2-7(a)所示。框选平行四边形,单击"草图"工具栏中的"线性草图阵列"按钮,弹出"线性阵列"属性管理器,在"方向1"选项组的"阵列方向"列表框内保持"X-轴"选项,在"间距"微调框内输入"20 mm",在"数量"微调框内输入"15",在"角度"微调框内输入"190度",如图3-2-7(b)所示,然后单击"确定"按钮,标注总长尺寸290,结果如图3-2-7(c)所示。

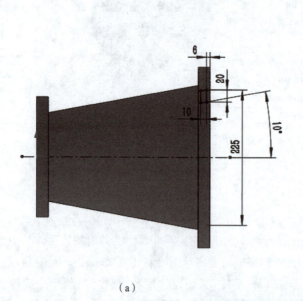
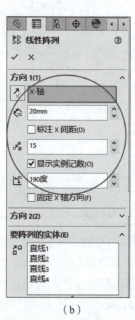

(a)　　　　　　　　　　　　　　(b)

图3-2-7　旋转切除内部槽

54

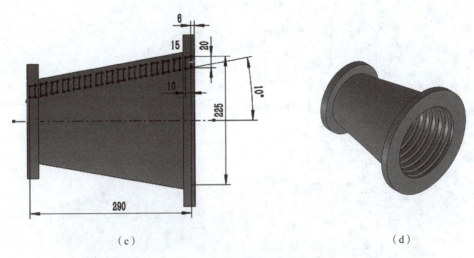

(c) (d)

图 3-2-7 旋转切除内部槽(续)

步骤 4：单击"特征"工具栏中的"旋转切除"按钮，在"切除-旋转"属性管理器的"旋转参数"选项组中，保持"旋转类型"下拉列表中的默认值为"单向"选项和"角度"微调框中的默认值为"360 度"，单击"确定"按钮，结果如图 3-2-7(d)所示。

第三阶段：两端法兰平面打孔。

步骤 5：在绘图区选择大端法兰平面，单击"草图绘制"按钮，进入草图绘制。画一个圆，添加几何关系圆心和原点"竖直"。添加圆直径尺寸 20，圆心至原点的竖直尺寸 135。

步骤 6：单击"特征"工具栏中的"拉伸切除"按钮，弹出"切除-拉伸"属性管理器，在"方向 1"选项组的"终止条件"下拉列表框内选择"成形到下一面"选项，然后单击"确定"按钮，结果如图 3-2-8(a)所示。

步骤 7：在 FeatureManager 设计树中选择"切除-拉伸 1"选项，作为要阵列的特征。单击"特征"工具栏中的"圆周阵列"按钮，弹出"圆周阵列"属性管理器，在"方向 1"选项组中选中"等间距"复选框，在绘图区选择大端法兰圆柱面作为阵列轴，在"实例数"微调框内输入"8"，然后单击"确定"按钮，结果如图 3-2-8(b)所示。

步骤 8：同样的方法可得到小法兰端面上的连接孔。最后的结果如图 3-2-8(c)所示。

(a) (b) (c)

图 3-2-8 两端法兰平面打孔

【工作任务 2】绘制轴套

用 SolidWorks 软件建立图 3-2-9 所示的轴套三维模型。

绘制轴套

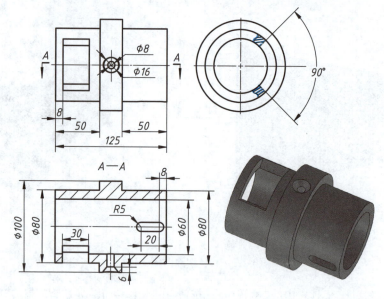

图 3-2-9 轴套

任务分析

轴套的整体结构是由回转体组成的,其表面有三处孔、槽结构。因此,该零件可通过旋转凸台/基体和拉伸切除特征完成建模。该模型的建模过程见表 3-2-2。

表 3-2-2 轴套建模思路

第一阶段:旋转基体	第二阶段:旋转切除槽、孔	第三阶段:拉伸切除键槽孔

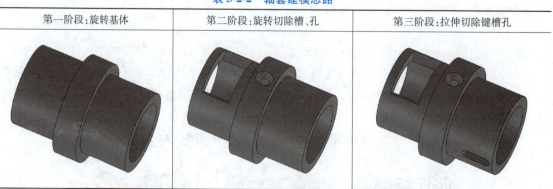

任务实施

第一阶段:旋转基体。

步骤 1:新建零件,保存文件名为"轴套.SLDPRT"。在 FeatureManager 设计树中单击"前视基准面",在弹出的关联菜单中单击"草图绘制"按钮,绘制实体旋转特征的草图,绘制完成后退出草图绘制环境,如图 3-2-10(a)所示。

步骤 2:单击"特征"工具栏中的"旋转凸台/基体"按钮,在"旋转"属性管理器的"旋转参数"选项组中单击"旋转轴",然后选择草图中的中心线为旋转轴。并且保持"方向 1"下拉列表中的默认值

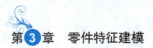

为"给定深度"选项和"角度"微调框中的默认值为"360度"。单击"确定"按钮✓,完成旋转基体的创建,如图3-2-10(b)所示。

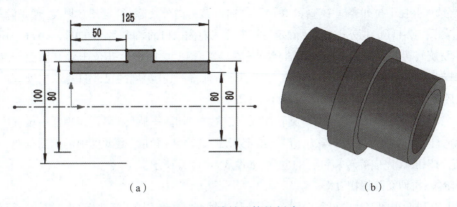

（a） （b）

图 3-2-10　旋转基体的创建

第二阶段：旋转切除槽、孔。

步骤3： 旋转切除左侧槽。从轴套左视图中可以看到,左侧槽结构切除范围为90°,这里可以使用旋转切除的薄壁特征完成槽的切除。切除时注意开槽方向。选择"上视基准面"作为草图绘制平面,绘制中心线及水平直线并进行尺寸标注,中心线到直线段的距离只需保证线段在轴套孔内即可,绘制完成后退出草图绘制环境,如图3-2-11(a)所示。

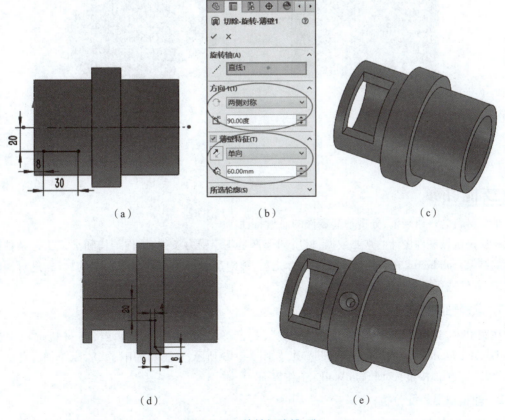

图 3-2-11　旋转切除槽、孔

步骤4: 单击"特征"工具栏中的"旋转切除"按钮,在"切除—旋转"属性管理器的"方向1"选项组中,选择"旋转类型"下拉列表框中的"两侧对称"选项,在"角度"微调框中输入"90度",勾选"薄壁特征"复选框并在下拉列表框中选择"单向",方向调整为向外切除,给定任意厚度,使切除厚度超出轴套外壁,如图3-2-11(b)所示。单击"确定"按钮,完成左侧槽口的切除,结果如图3-2-11(c)所示。

步骤5: 旋转切除中间螺钉孔。从轴套视图中可以看到,中间螺钉孔位于轴套前面。因此,可选择"上视基准面"作为草图绘制平面,绘制旋转切除特征草图,孔深度的尺寸只需超出轴套内壁即可,绘制完成后退出草图绘制环境,如图3-2-11(d)所示。

步骤6: 单击"特征"工具栏中的"旋转切除"按钮,在"切除—旋转"属性管理器中设置旋转轴线,并且保持"方向1"下拉列表中的默认值为"给定深度"选项和"角度"微调框中的默认值为"360度"。单击"确定"按钮✓,完成旋转螺钉孔的创建,如图3-2-11(e)所示。

第三阶段:拉伸切除键槽孔。

步骤7: 从轴套视图表达中可以看到,键槽孔位于轴套下方。因此,可选择"上视基准面"作为草图绘制平面,绘制直槽口草图,并进行尺寸标注,绘制完成后退出草图绘制环境,如图3-2-12(a)所示。

步骤8: 单击"特征"工具栏中的"拉伸切除"按钮,在"切除—拉伸"属性管理器的"方向1"选项组中,在"终止条件"下拉列表框中选择"完全贯穿"选项,调整拉伸切除方向向下,然后单击"确定"按钮,结果如图3-2-12(b)所示。

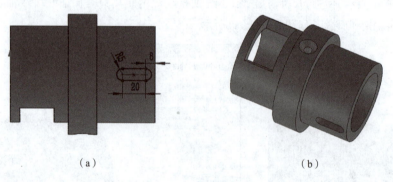

图 3-2-12　拉伸切除键槽孔

技能拓展

轴套材料为普通碳钢,分析轴套零件的质量特性。

材质是机械零件设计的重要数据,材质的选择是基于受力条件、零件结构和加工工艺条件综合之后的结果,Solidworks在完成轴套三维设计之后,能对所设计的模型赋予指定的材质,进行简单的计算,对零件进行质量特性分析。

1. 选择轴套材料

在菜单中,选择"编辑"/"外观"/"材质",打开Solidworks材质编辑器,在材料选项中选择"Solidworks materials"中的"普通碳钢"选项,如图3-2-13所示;单击"应用"按钮,赋予轴套普通碳钢材质,单击"关闭"按钮,返回SolidWorks工作界面。

2. 轴套质量特征分析

在菜单中,选择"工具"/"评估"/"质量属性",弹出"质量属性"对话框,如图3-2-14所示。从图中可看出,轴套的质量为 2 533 g,体积为 324 792.461 mm³,表面积为 65 522.893 mm²。

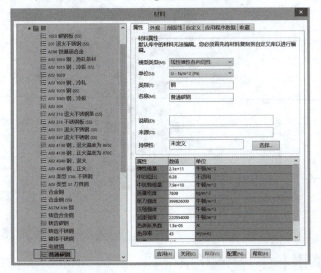

图 3-2-13　Solidworks 材质编辑器

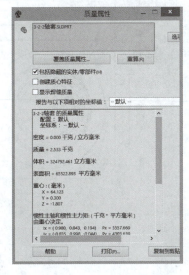

图 3-2-14　"质量属性"对话框

强化练习

练习 1：阀盖

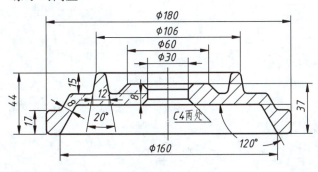

未注圆角 R8

练习 2：阀体

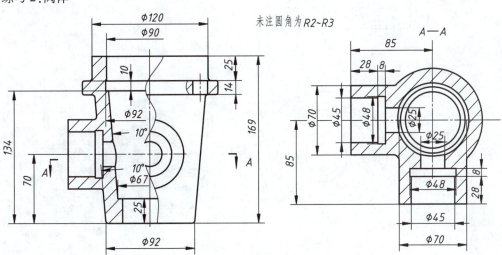

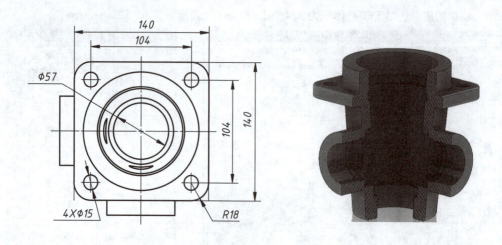

3.3 基准面创建和筋(肋)

学习目标

1. 学习基准面的创建；
2. 学习筋(肋)命令的使用；
3. 学习完整圆角特征工具的使用。

【工作任务 1】绘制法兰过渡体

在 SolidWorks 软件中建立法兰过渡体模型，如图 3-3-1 所示。

视频

绘制法兰过渡体

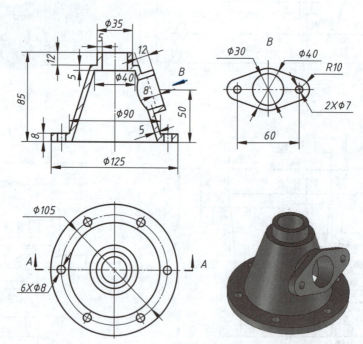

图 3-3-1 法兰过渡体

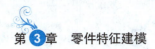

第 3 章 零件特征建模

任务分析

该零件的主体结构为回转体,右侧管口及连接凸台和基本投影面倾斜。建模过程可先完成主体结构建模,倾斜部分结构可通过创建新的基准面绘制草图,完成特征创建。法兰建模思路见表3-3-1。

表 3-3-1　法兰建模思路

第一阶段:主体结构建模	第二阶段:倾斜部分结构建模

知识链接

基准面

"基准面"可作为草图绘制平面。零件建模时,若 SolidWorks 软件提供的三个默认参考基准面不适合作为草图绘制平面,可创建辅助基准面作为草图绘制平面。

命令执行方式有如下两种:

➢ 在 CommandManager 中单击"参考几何体"/"基准面"按钮。

➢ 在菜单中,选择"插入"/"参考几何体"/"基准面"命令。

生成构造基准面的方法:

基准面使用不同的几何元素,通过"基准面"命令可以建立多种基准面。执行命令后弹出"基准面"属性管理器,如图 3-3-2(a) 所示。基准面、平面、边、点、曲面和草图几何元素都可以通过"第一参考"、"第二参考"和"第三参考"构造参考平面,一旦达到建立基准面的条件,状态会显示"完全定义"。如果所有所选条件不能构建一个有效的基准面,会显示图 3-3-2(b) 所示的提示信息。

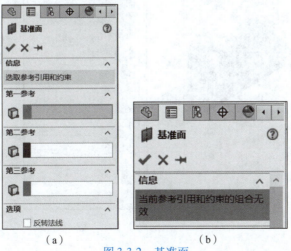

图 3-3-2　基准面

61

基准面的创建方法见表 3-3-2。

表 3-3-2 基准面的创建方法

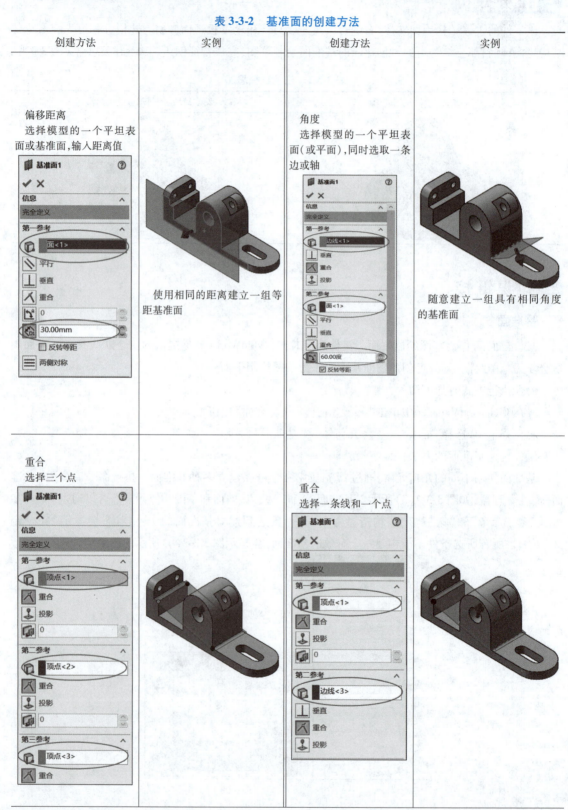

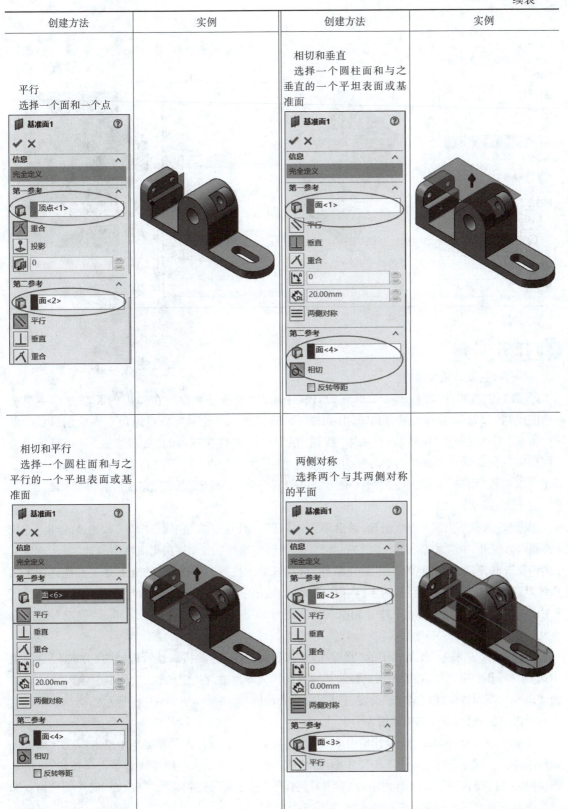

续表

创建方法	实例	创建方法	实例
垂直于点 选择一条草绘曲线和一个端点		创建平行于屏幕的基准面 选择一个顶点和设定一个可选的偏移距离	

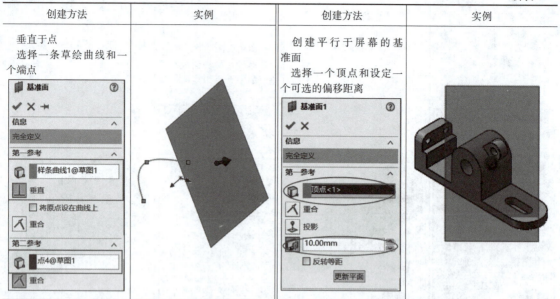

任务实施

第一阶段：主体结构建模。

步骤1：新建零件，在FeatureManager设计树中单击"前视基准面"，在弹出的关联菜单中单击"草图绘制"按钮，绘制旋转基体草图，如图3-3-3(a)所示。绘制完成后退出草图绘制环境。单击"特征"工具栏中的"旋转凸台/基体"按钮，在"旋转"属性管理器的"旋转参数"选项组中单击"旋转轴"，然后选择草图中的中心线为旋转轴。并且保持"方向1"下拉列表中的默认值为"给定深度"选项和"角度"微调框中的默认值为"360度"。单击"确定"按钮，完成旋转基体的创建，如图3-3-3(b)所示。

步骤2：选择下方法兰盘上表面，然后单击"特征"工具栏中的"异形孔向导"按钮，弹出"孔规格"属性管理器。在"类型"选项卡的"孔类型"选项区中选择"孔"，并在孔规格中勾选"显示自定义大小"复选框，输入孔的直径8，在"终止条件"选项区的下拉列表中选择"完全贯穿"，其他选项采用系统默认值。切换到"位置"选项卡，将孔中心放置在法兰盘的上表面，按【Esc】键退出孔放置，约束孔中心与原点位置水平，标注孔中心到原点的尺寸为52.5，如图3-3-3(c)所示，单击"确定"按钮，完成孔的创建，如图3-3-3(d)所示。

步骤3：单击"特征"工具栏中的"圆周阵列"按钮，在"圆周阵列"属性管理器的"方向1"选项组中选中"等间距"复选框，在绘图区选择法兰圆柱面作为阵列轴，在"实例数"微调框中输入"6"，选择创建的孔为阵列特征，然后单击"确定"按钮，完成孔的阵列，结果如图3-3-3(e)所示。

第二阶段：倾斜部分结构建模。

步骤4：在FeatureManager设计树中单击"前视基准面"，在弹出的关联菜单中单击"草图绘制"按钮，绘制直线，并进行几何约束和尺寸标注，如图3-3-4(a)所示。绘制完成后单击按钮，退出草图绘制环境。单击"特征"工具栏中的"参考几何体"/"基准面"按钮，弹出"基准面"属性管理器。选择草图直线和直线右侧端点创建基准面，如图3-3-4(b)所示。

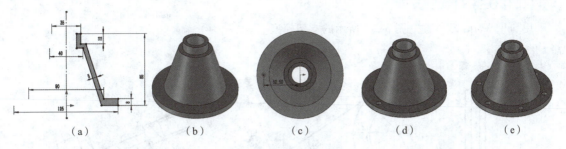

图 3-3-3　主体结构建模

步骤 5： 选择新建的基准面作为草图绘制平面，绘制 φ40 的圆，将圆心固定在原点位置，如图 3-3-4(c)所示。单击"特征"工具栏中的"拉伸凸台/基体"按钮，弹出"凸台—拉伸"属性管理器。在"方向 1"下拉列表中选择"成形到一面"，然后选择主体锥台表面，单击"确定"按钮，得到图 3-3-4(d)所示的模型。

步骤 6： 选择拉伸的圆柱上底面作为草图绘制平面。绘制图 3-3-4(e)所示草图。单击"特征"工具栏中的"拉伸凸台/基体"按钮，弹出"凸台—拉伸"属性管理器。拉伸深度设置为 8 mm，向下拉伸。单击"确定"按钮，得到图 3-3-4(f)所示的模型。

步骤 7： 选择拉伸的凸台上表面作为草图绘制平面。绘制 φ30 的圆，且与凸台外轮廓圆弧同心。单击"特征"工具栏中的"拉伸切除"按钮，弹出"切除—拉伸"属性管理器。在"方向 1"下拉列表中选择"成形到下一面"，单击"确定"按钮，得到图 3-3-4(g)所示的模型。

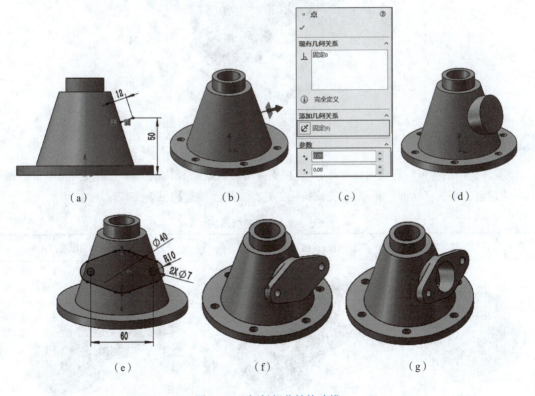

图 3-3-4　倾斜部分结构建模

【工作任务 2】绘制支架 1

用 SolidWorks 软件建立图 3-3-5 所示的支架模型。

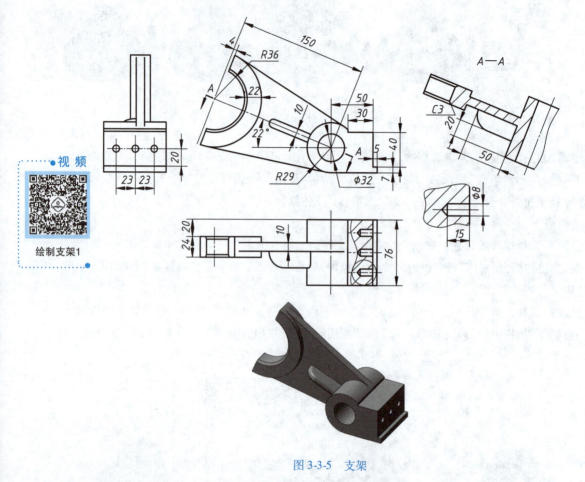

图 3-3-5　支架

任务分析

该零件整体结构可以看成由固定部分、连接支撑部分以及肋板构成。由于肋板与基本投影面倾斜,可通过创建新的基准面绘制草图,完成特征创建。支架建模思路见表 3-3-3。

表 3-3-3　支架建模思路

第一阶段:固定部分建模	第二阶段:连接支撑部分建模	第三阶段:筋的创建及打孔

知识链接

1. 筋特征

筋工具允许用户使用最少的草图几何元素创建筋。创建筋时,需要指定筋的厚度、位置、筋材料的方向和拔模角度。

与其他草图不同,筋草图不需要完全与筋特征长度相同。因为筋特征会自动延伸草图的两端到下一特征。

筋的草图可以简单,也可以复杂;既可以简单到只有一条直线来形成筋的中心,也可以复杂到详细描述筋的外形轮廓。根据所绘制筋草图的不同,所创建的筋特征既可以垂直于草图平面拉伸,也可以平行于草图平面拉伸。简单的筋草图既可以垂直于草图平面拉伸,也可以平行于草图平面拉伸,而复杂的筋草图只能垂直于草图平面拉伸。表3-3-4是筋草图拉伸的一些例子。

表 3-3-4 筋草图拉伸

拉伸方向	图例
简单草图,拉伸方向与草图平面平行	
简单草图,拉伸方向与草图平面垂直	
复杂草图,拉伸方向与草图平面垂直	

"插入筋"可以创建一个带或不带被拔模的平顶筋。筋的形状依赖于定义筋走向的草图。一个完整圆角可以使筋圆滑。

命令执行方式有如下两种:
- 在 ComamandMansger 中单击"特征"/"筋"按钮。
- 在菜单中,选择"插入"/"特征"/"筋"命令。

2. 完整圆角

"完整圆角"选项是在相邻的 3 个面上创建一个相切的圆角特征。任何一个面组可以包括一个以上的面,但是同一个面组中的面必须是相切连续的,如图 3-3-6 所示。

在设置"完整圆角"时不需要设定半径值,半径的大小在选择面组时已经确定了。

命令执行方式:

在"圆角"属性管理器中选择"完整圆角"。

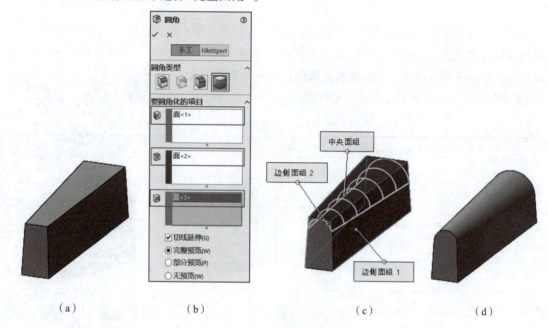

图 3-3-6 完整圆角

任务实施

第一阶段:固定部分建模。

步骤 1: 新建零件,保存文件名为"支架. SLDPRT"。在 FeatureManager 设计树中单击"前视基准面",在弹出的关联菜单中单击"草图绘制"按钮,绘制固定部分特征草图,如图 3-3-7(a)所示,绘制完成后退出草图绘制环境。单击"特征"工具栏中的"拉伸凸台/基体"按钮,弹出"拉伸凸台/基体"属性管理器。在"方向 1"下拉列表中选择"两侧对称",给定深度设置为 76,单击"确定"按钮,完成支架固定部分的创建,如图 3-3-7(b)所示。

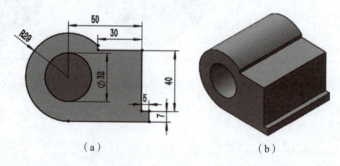

图 3-3-7 固定部分建模

第二阶段：连接支撑部分建模。

步骤2： 单击"特征"工具栏中的"参考几何体"/"基准面"按钮，弹出"基准面"属性管理器。选择支架固定部分后表面为参考几何体，且与后表面距离为32 mm，创建基准面如图3-3-8(a)所示。

步骤3： 选择新建的基准面作为草图绘制平面，绘制图3-3-8(b)所示草图。单击"特征"工具栏中的"拉伸凸台/基体"按钮，弹出"凸台—拉伸"属性管理器。在"方向1"下拉列表中选择"两侧对称"，给定拉伸深度设置为10，单击"所选轮廓"选项，在图形区域中，选择图3-3-8(c、d)所示区域。单击"确定"按钮，得到图3-3-8(e)所示的模型。

单击"特征"工具栏中的"拉伸凸台/基体"按钮，弹出"凸台—拉伸"属性管理器。在"方向1"下拉列表中选择"两侧对称"，给定拉伸深度设置为24，单击"所选轮廓"选项，在图形区域中选择草图中半圆环图形区域。单击"确定"按钮，得到图3-3-8(f)所示的模型。

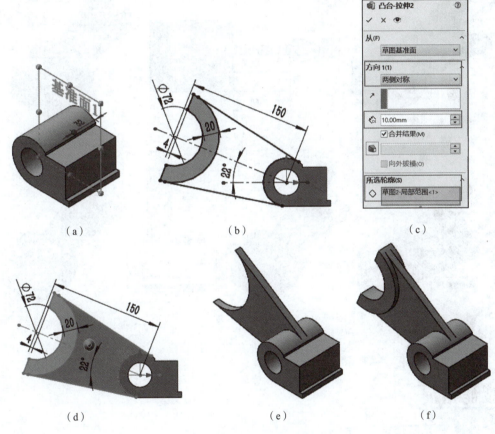

图3-3-8 连接支撑部分建模

第三阶段：筋的创建及打孔。

步骤4： 单击"特征"工具栏中的"参考几何体"/"基准面"按钮，弹出"基准面"属性管理器。选择支架支撑部分上、下表面为参考几何体创建基准面，如图3-3-9(a)所示。

步骤5： 选择新建的基准面作为草图绘制平面，绘制图3-3-9(b)所示草图。单击"特征"工具栏中的"拉伸凸台/基体"按钮，弹出"凸台—拉伸"属性管理器。在"方向1"下拉列表中选择"两侧对称"，给定拉伸深度设置为10，单击"确定"按钮，得到图3-3-9(c)所示的模型。

步骤6： 单击"圆角"并且选择"完整圆角"选项。在"圆角项目"选项框中分别选择图3-3-9(d)所示的各个面。单击"确定"按钮完成圆角创建,如图3-3-9(e)所示。

步骤7:选择支架固定部分右侧表面,然后单击"异形孔向导"按钮,在"孔规格"对话框中选择"类型"选项卡,在"孔类型"选项区中选择"孔",在孔规格中勾选"显示自定义大小"复选框,输入孔的直径8,在"终止条件"选项区的下拉列表中选择"给定深度",打孔深度设置为15,其他选项采用系统默认值。

选择"位置"选项卡,然后在支架固定部分右侧表面依次放置孔,按【Esc】键退出孔放置,约束中间的孔中心与原点位置竖直,三个孔中心位置水平,然后单击"草图"选项卡中的"智能尺寸"按钮约束孔中心位置,如图3-3-9(f)所示。单击✓按钮,生成实体模型,如图3-3-9(g)所示。

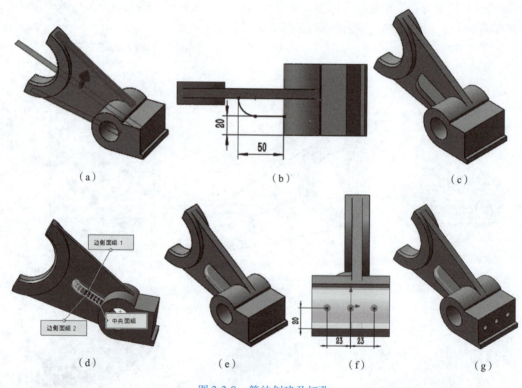

图3-3-9 筋的创建及打孔

技能拓展

1. "隐藏/显示所有类型"命令

选择"视图"/"隐藏/显示所有类型"可用于一次性隐藏或显示所有平面、轴和草图。

2. 基准轴

基准轴是创建特征的辅助轴线,可用于生成草图几何体或用于圆周阵列等。

1)临时基准轴的显示

SolidWorks中创建的圆柱、圆锥和圆孔等回转体的中心线可以作为临时基准轴。需要时可显示基准轴,临时基准轴显示为蓝色,如图3-3-10所示。

其命令执行方式为:在菜单中,选择"视图"/"隐藏/显示"/"临时轴"。

2）创建基准轴

根据需要可以创建基准轴作为辅助轴线。

其命令执行方式有以下两种：

➢ 单击"参考几何体"工具栏中的"基准轴"按钮。

➢ 在菜单中，选择"插入"/"参考几何体"/"基准轴"。

执行命令之后，弹出图 3-3-11 所示的"基准轴"属性管理器，提供了五种创建基准轴的方式。

➢ 一直线/边线/轴：以草图的边线或直线创建基准轴。

➢ 两平面：以两平面或两基准面的交线创建基准轴。

➢ 两点/顶点：以两点的连线创建基准轴。

➢ 圆柱/圆锥面：以圆柱或圆锥面的中心线创建基准轴。

➢ 点和面/基准面：过指定的点垂直于所选的面创建基准轴。

图 3-3-10　临时基准轴

图 3-3-11　"基准轴"属性管理器

强化练习

练习 1

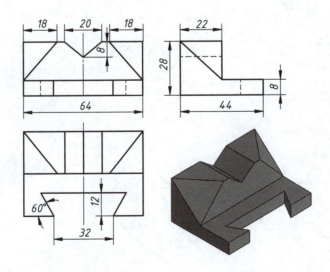

练习2

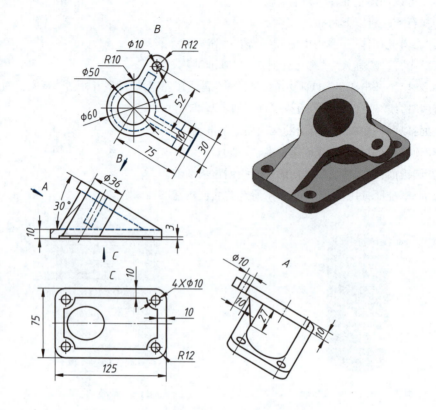

练习3

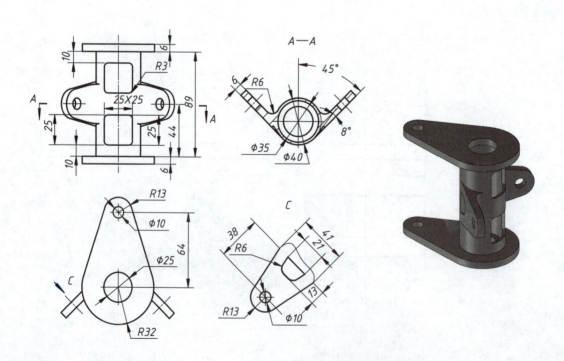

练习 4

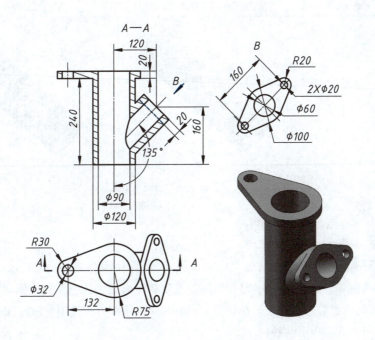

3.4 扫 描

学习目标

1. 学习扫描及扫描切除命令的应用；
2. 学习螺旋线的绘制命令；
3. 学习添加几何关系——穿透。

【工作任务 1】 绘制压缩弹簧

用 SolidWorks 软件建立图 3-4-1 所示的压缩弹簧三维模型。弹簧相关参数：簧丝直径 $\phi 3$，弹簧中径 $D_2 = 20$ mm，自由长度 $H = 80$ mm，节距 $t = 5$ mm。要求弹簧两端并紧、磨平 2.5 圈。

图 3-4-1 压缩弹簧

视 频

绘制压缩弹簧

任务分析

该零件主要通过扫描特征完成建模。扫描需要绘制扫描轮廓草图和扫描路径草图。该模型的建模思路见表 3-4-1。

表 3-4-1　压缩弹簧建模思路

第一阶段:绘制路径草图 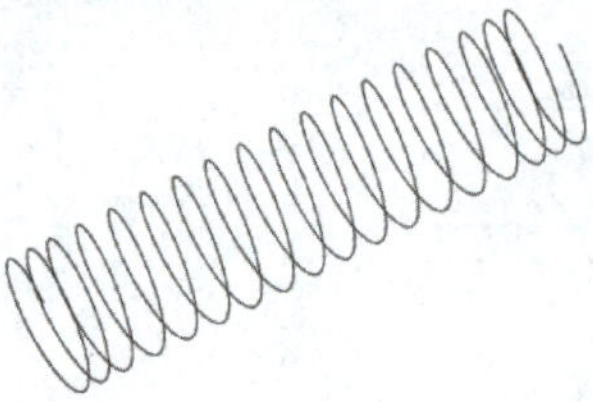	第二阶段:扫描完成螺旋弹簧 	第三阶段:磨平弹簧两端 

知识链接

1. 扫描特征

"扫描"沿某一路径移动一个轮廓(剖面)来生成基体、凸台、切除或曲面。扫描可简单可复杂。

要生成扫描几何体,该软件通过沿路径不同位置复制轮廓而创建一系列中间截面。然后中间截面将混合到一起,其他参数可包含在扫描特征中,如引导线、轮廓方向选项和扭转,以创建各种形状。

扫描命令执行方式有以下两种:

➢ 单击"特征"工具栏中的"扫描"按钮。

➢ 在菜单中,选择"插入"/"凸台/基体"/"扫描(S)"命令。

1) 扫描特征必须遵循的规则

(1) 轮廓

对于基体或凸台扫描特征,轮廓必须是闭环的;对于曲面扫描特征,则轮廓可以是闭环的也可以是开环的。扫描特征不能有自相交叉的情况。

草图可以是嵌套或分离的,但不能违背零件和特征的定义。

扫描截面的轮廓尺寸不能过大,否则可能导致扫描特征的交叉情况。

(2) 路径

扫描特征只有一条扫描路径,路径可以为开环或闭环。

路径可以是一张草图、一条曲线或一组模型边线中包含的一组草图曲线。

路径必须与轮廓的平面交叉。

路径不能有自相交叉的情况。

(3) 引导线

引导线是扫描特征的可选参数。利用引导线可以建立变截面得到扫描特征。由于界面是沿路径扫描的,如果需要建立变截面的扫描特征(轮廓按一定方式产生变化),则需要加入引导线。使用引导线的扫描,扫描的中间轮廓由引导线确定。

可以使用任何草图曲线、模型边线或是曲线作为引导线。

引导线必须与轮廓或轮廓草图中的点重合。以使扫描可自动推理存在有穿透几何关系。

路径与引导线的长度可能不同。如果引导线比路径长,扫描将使用路径的长度。如果引导线比路径短,扫描将使用最短的引导线的长度。

2）扫描凸台/基体

扫描凸台/基体只需要一条路径和一个草图截面,且草图截面特征是相同的。

①绘制扫描路径:在"前视基准面"上新建草图1,绘制一条L形线作为路径,如图3-4-2(a)所示。

②绘制扫描轮廓:在"右视基准面"上新建草图2,绘制一个正六边形(内切圆 φ20),且中心与L形线路径添加穿透几何关系,如图3-4-2(b)所示。

③执行"扫描"命令,弹出"扫描"属性管理器。在"轮廓和路径"选项框中,"轮廓"选择草图2,"路径"选择草图1,如图3-4-2(c)所示。单击"确定"按钮,完成凸台/基体扫描特征,如图3-4-2(d)所示。

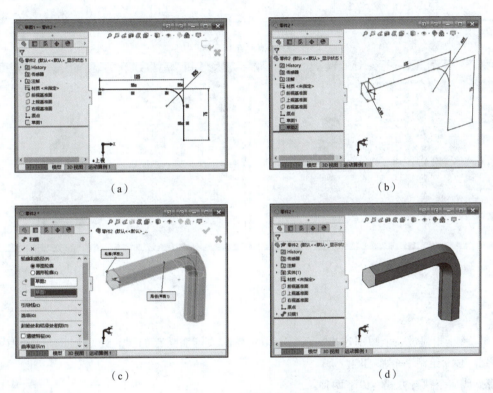

图3-4-2　扫描凸台/基体

3）带引导线的扫描特征

利用一条路径,一条或两条引导线,再加上一个轮廓草图,可以完成一些有曲线的造型。其中,路径决定扫描出的长度,引导线则控制外形,轮廓草图则决定断面形状。

①绘制引导线:在"前视基准面"上新建一个草图1,绘制图3-4-3(a)所示样条曲线。

②绘制扫描路径:在"前视基准面"上新建草图2,绘制一条比引导线高的竖直线作为路径,且路径起点与坐标原点重合。

③绘制扫描轮廓:在"上视基准面"上新建草图3,绘制一个椭圆(椭圆轮廓与引导线起点添加"穿透"几何关系,短轴长度为28)。

④执行"扫描"命令,弹出"扫描"属性管理器。在"轮廓和路径"选项框中,"轮廓"选择草图3,"路径"选择草图4;在"引导线"选项框中,"引导线"选择草图1,如图3-4-3(b)所示。单击"确定"按钮,完成带引导线的扫描特征创建,如图3-4-3(c)所示。

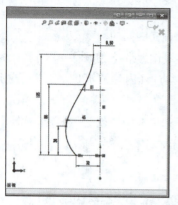 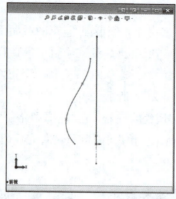 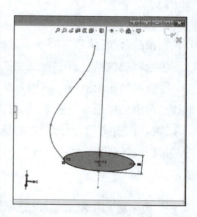

（a）

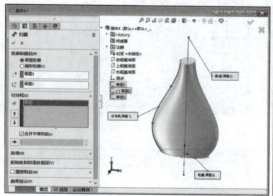 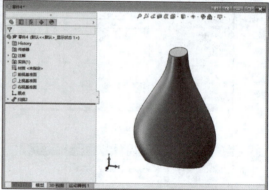

（b）　　　　　　　　　　　　　　　（c）

图 3-4-3　带引导线的扫描特征

2. 螺旋线

"螺旋线"指通过一个圆创建出一条具有恒定螺距或可变螺距的螺旋线。SolidWorks 中生成螺旋线之前，必须绘制一个基础圆。

螺旋线命令执行方式有以下两种：

➢ 单击"特征"工具栏中的"曲线"/"螺旋线/涡状线"按钮 ；

➢ 在菜单中，选择"插入"/"曲线"/"螺旋线/涡状线"命令。

1）螺旋线定义方式

螺旋线定义方式有以下三种：

①螺距和圈数：生成由螺距和圈数所定义的螺旋线。

②高度和圈数：生成由高度和圈数所定义的螺旋线。

③高度和螺距：生成由高度和螺距所定义的螺旋线。

2）螺旋线的参数

螺旋线的参数包括恒定螺距和可变螺距。

恒定螺距情况下：高度 = 螺距 × 圈数。

可变螺距情况下：根据螺旋线的三种定义方式之一，按图 3-4-4 所示"区域参数"表格分别填写相关参数。

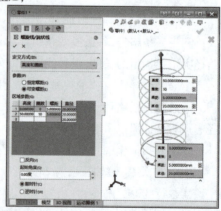

图 3-4-4　可变螺距区域参数表

3)螺旋线的绘图步骤

①绘制基础草图:在"上视基准面"上新建草图1,绘制 φ20 的圆,如图 3-4-5(a)所示。

②执行"螺旋线/涡状线"命令,弹出"螺旋线/涡状线"属性管理器。选择恒定螺距,输入螺距和圈数,设定起始角度,如图 3-4-5(b)所示。

③单击"确定"按钮,完成螺旋线创建,如图 3-4-5(c)所示。

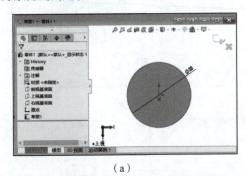

(a)

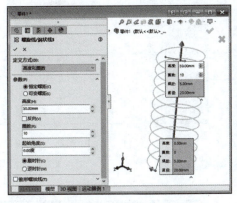

(b)

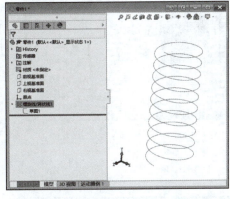

(c)

图 3-4-5　螺旋线

任务实施

第一阶段:绘制路径草图——创建螺旋线。

步骤1: 新建零件,在 FeatureManager 设计树中单击"上视基准面",在弹出的关联菜单中单击"草图绘制"按钮,绘制 φ20 的圆,绘制完成后退出草图绘制环境,如图 3-4-6(a)所示。

步骤2: 单击"特征"工具栏中的"曲线"/"螺旋线/涡状线"按钮,弹出"螺旋线/涡状线"属性管理器。"定义方式"选择"螺距和圈数","参数"选择"可变螺距",在"区域参数"表中输入螺距和圈数(如图 3-4-6(b)所示,此时注意:压缩弹簧两端并紧部分,螺距稍微大于弹簧丝直径,以避免扫描时出现自相交叉问题),设定起始角度为 0°,单击"确定"按钮,完成螺旋线创建,如图 3-4-6(c)所示。

第二阶段:扫描基体——创建螺旋弹簧。

步骤3: 单击"特征"工具栏中的"扫描"按钮,弹出"扫描"属性管理器。在"轮廓和路径"选项框中,选择"圆形轮廓",输入直径"3","路径"选择"螺旋线/涡状线 1",如图 3-4-7(a)所示。单击"确定"按钮,完成凸台/基体扫描特征,如图 3-4-7(b)所示。

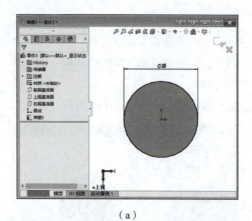

(a)

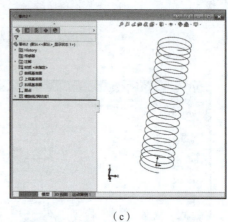

(b)   (c)

图 3-4-6 创建压缩弹簧螺旋线

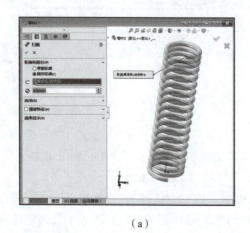 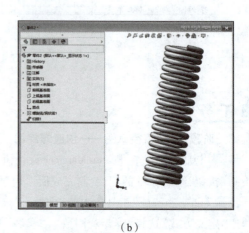

(a)   (b)

图 3-4-7 扫描生成螺旋压缩弹簧

第三阶段：拉伸切除——磨平压缩弹簧两端。

步骤 4： 进入"前视基准面"绘制草图，绘制过原点的一条水平线（长度大于弹簧外圆直径），如图 3-4-8（a）所示。单击"特征"工具栏中的"拉伸切除"按钮，弹出"切除—拉伸"属性管理器。"方向1"选择"完全贯穿—两者"，勾选"反侧切除"复选框，如图 3-4-8（b）所示。单击"确定"按钮，完成拉伸切除特征,弹簧底端完成磨平,如图3-4-8(c)所示。

步骤5: 再次进入"前视基准面"绘制草图,绘制一条水平线(长度大于弹簧外圆直径),距离圆心80.5(等于弹簧高度即可),如图3-4-8(d)所示。单击"特征"工具栏中的"拉伸切除"按钮,弹出"切除—拉伸"属性管理器。"方向1"选择"完全贯穿—两者",如图3-4-8(e)所示。单击"确定"按钮,完成拉伸切除特征,弹簧顶端完成磨平,如图3-4-8(f)所示。至此,完成两端磨平的压缩弹簧建模。

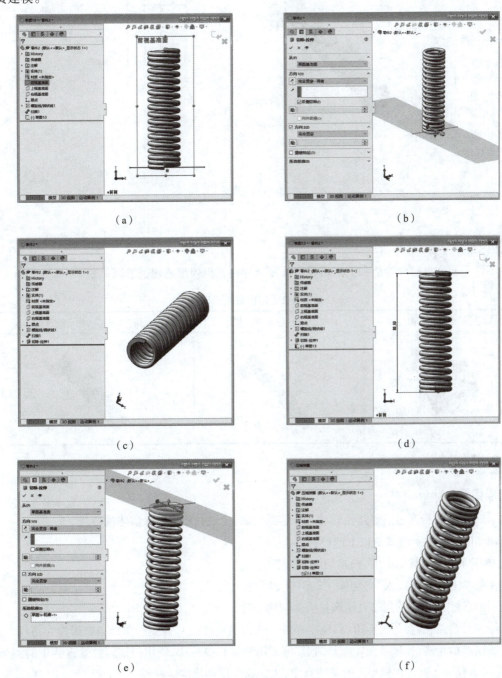

图 3-4-8　磨平压缩弹簧两端

SolidWorks 三维建模项目教程

【工作任务2】绘制螺栓

用 SolidWorks 软件建立图 3-4-9(a)所示的螺栓三维模型。螺栓的相关参数如图 3-4-9(b)所示。

（a）　　　　　　　　　　　（b）

图 3-4-9　螺栓

任务分析

该零件主要通过拉伸特征和扫描切除特征完成建模。该模型的建模思路见表 3-4-2。

表 3-4-2　螺栓建模思路

第一阶段：创建螺栓头部基体	第二阶段：创建圆柱基体	第三阶段：扫描切除螺纹

知识链接

扫描切除

"扫描切除"是指通过沿着路径移动一个草图轮廓，生成扫描来切除实体的特征。

扫描切除命令执行方式有以下两种：

➢ 单击"特征"工具栏中的"扫描切除"按钮 ；

➢ 在菜单中，选择"插入"/"切除"/"扫描(S)"命令。

"扫描切除"最常见的用途是绕圆柱实体创建切除。

①绘制扫描路径：在图 3-4-10(a)所示零件上表面新建草图1，绘制一条样条曲线作为路径。

②绘制扫描轮廓：如果草图轮廓是圆形，可不用绘制扫描轮廓，使用扫描属性管理器中的圆形轮廓，设定圆直径 $\phi 8$，直接在模型上沿草图直线、边线或曲线创建实体杆或空心管筒。

③执行"切除—扫描"命令 ，弹出"切除—扫描"属性管理器。在"轮廓和路径"选项框中，"轮

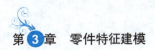

廓"选择圆形轮廓,直径为φ8,"路径"选择草图2,如图3-4-10(b)所示。单击"确定"按钮,完成切除—扫描特征,如图3-4-10(c)所示。

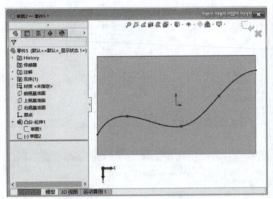

(a)　　　　　　　　　　　　　(b)

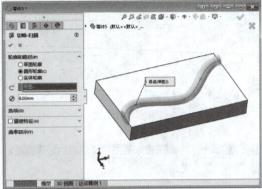

(c)

图3-4-10　切除—扫描

任务实施

第一阶段:创建螺栓头部基体——六棱柱。

步骤1: 新建零件,保存文件名为"螺栓.SLDPRT"。在FeatureManager设计树中单击"前视基准面",在弹出的关联菜单中单击"草图绘制"按钮,以圆点为中心绘制正六边形,对顶点距离为40,绘制完成后退出草图绘制环境,如图3-4-11(a)所示。

步骤2: 单击"特征"工具栏中的"拉伸凸台/基体"按钮,弹出"拉伸凸台/基体"属性管理器。"方向1"选择"给定深度"14,单击"确定"按钮,完成螺栓头部六棱柱创建,如图3-4-11(b)所示。

步骤3: 在FeatureManager设计树中单击"右视基准面",在弹出的关联菜单中单击"草图绘制"按钮,绘制图3-4-11(c)所示的30°三角形以及过原点的中心线,绘制完成后退出草图绘制环境。

步骤4: 单击"特征"工具栏中的"旋转切除"按钮,弹出"切除—旋转"属性管理器。"旋转轴"选择"中心线","方向1"角度为360°,单击"确定"按钮,完成螺栓头部六棱柱的旋转切除创建,如图3-4-11(d)所示。

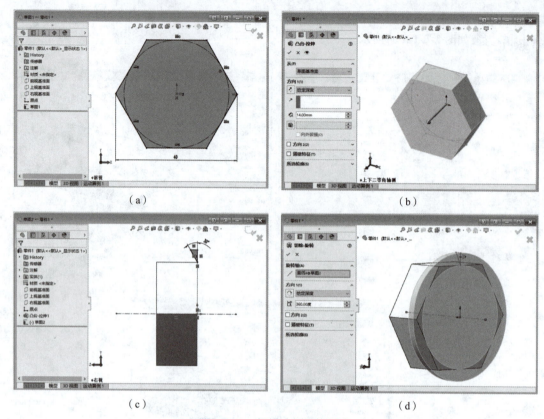

图 3-4-11　螺栓头部基体创建

第二阶段：创建螺栓螺柱基体——圆柱。

步骤 5：选择六棱柱基体的后面作为草图绘制平面,在弹出的关联菜单中单击"草图绘制"按钮,以原点为中心绘制 $\phi 20$ 的圆,绘制完成后退出草图绘制环境,如图 3-4-12(a)所示。

步骤 6：单击"特征"工具栏中的"拉伸凸台/基体"按钮,弹出"拉伸凸台/基体"属性管理器。"方向 1"选择"给定深度"80,单击"确定"按钮,完成螺栓螺柱基体创建,如图 3-4-12(b)所示。

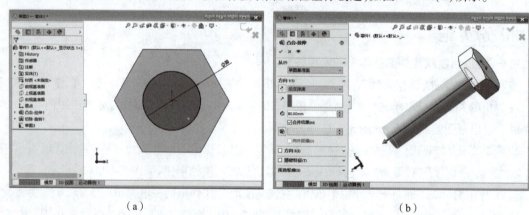

图 3-4-12　螺栓螺柱基体创建

第三阶段：扫描切除螺纹。

步骤 7：选择圆柱的底面作为草图绘制平面,在弹出的关联菜单中单击"草图绘制"按钮,进入草绘状态。单击"草图"工具栏中的"转换实体引用"按钮❶,将圆柱的底圆作为绘制螺旋线的基圆,完成后退出草图绘制环境,如图3-4-13(a)所示。

步骤8: 单击"特征"工具栏中的"曲线"/"螺旋线/涡状线"命令,弹出"螺旋线/涡状线"属性管理器。"定义方式"选择"高度和螺距","参数"选择"恒定螺距","高度"为46 mm,"螺距"为2.5 mm,设定"起始角度"为0°,勾选"反向"复选框,完成后单击"确定"按钮,形成螺旋线,如图3-4-13(b)所示。

步骤9: 单击"特征"工具栏中的"曲线"/"螺旋线/涡状线"命令,弹出"螺旋线/涡状线"属性管理器。"定义方式"选择"高度和螺距","参数"选择"恒定螺距","高度"为46 mm,"螺距"为2.5 mm,设定"起始角度"为0°,勾选"反向"复选框,完成后单击"确定"按钮,形成螺旋线,作为扫描切除的路径,如图3-4-13(b)所示。

步骤10: 创建扫描切除轮廓。单击"特征"工具栏中的"参考几何体""基准面"命令,弹出"基准面"属性管理器。"第一参考"选择"螺旋线","第二参考"选择"螺旋线的起点",创建一个新的"基准面1",如图3-4-13(c)所示。选择"基准面1"作为草图绘制平面,在弹出的关联菜单中单击"草图绘制"按钮,进入草绘状态。绘制图3-4-13(d)所示的梯形轮廓草图,作为扫描切除轮廓。注意梯形左侧边与圆柱左侧素线重合,梯形左侧边中点和螺旋线添加"穿透"几何关系。完成后单击"确定"按钮退出草图绘制。

步骤11: 执行"切除—扫描"命令❶,弹出"切除—扫描"属性管理器。在"轮廓和路径"选项框中,"轮廓"选择"草图5"梯形轮廓,"路径"选择"螺旋线",如图3-4-13(e)所示。单击"确定"按钮,完成螺栓创建,如图3-4-13(f)所示。

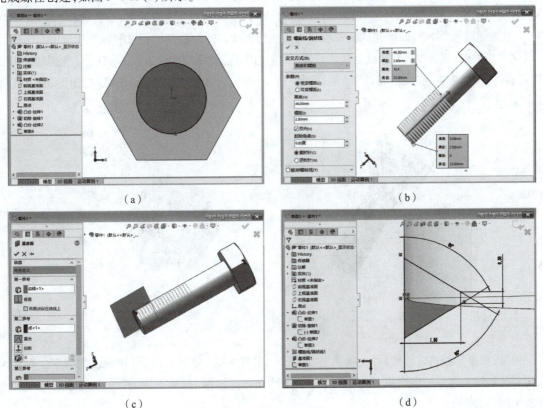

图3-4-13　扫描切除螺纹

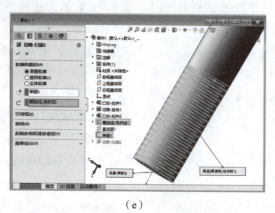
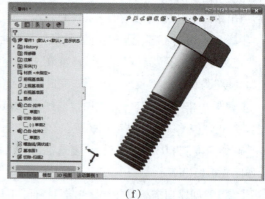

（e） （f）

图 3-4-13　扫描切除螺纹(续)

技能拓展

Solidworks 软件为螺纹结构创建提供了多种方法,除了上述介绍的使用"扫描—切除"的方法创建螺纹外,还有以下两类方法。

1. 装饰螺纹线

SolidWorks 中使用装饰螺纹创建外螺纹与内螺纹的方法如下：

首先完成螺纹所依附的外圆柱面(圆锥面)或内圆柱面(圆锥面)的创建,然后选择"插入"/"注释"/"装饰螺纹线"命令,即可完成外螺纹或内螺纹的创建。此时看到的螺纹和国家标准中对于螺纹的简化画法类似(即螺纹的牙顶线用粗实线表示,螺纹的牙底线用细实线表示)。为了强化螺纹的可视性,可通过单击"选项"/"文档属性"/"出详图"/☑/上色的装饰螺纹线,显示出螺纹,如图 3-4-14(a)所示。

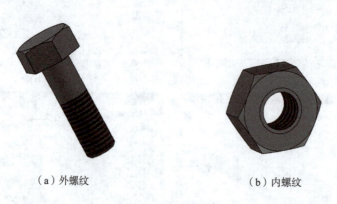

（a）外螺纹　　　　　　　（b）内螺纹

图 3-4-14　装饰螺纹

另外,如果是创建内螺纹,可直接单击"特征"工具栏中的"异形孔向导"按钮。此命令主要用来创建零件结构上常见的各种孔,如通孔、沉孔、螺纹孔等。使用"异形孔向导"命令创建的螺纹孔如图 3-4-14(b)所示。

应用"装饰螺纹线"所创建的螺纹结构并不是真实的螺纹,更贴切地说,装饰螺纹是在内圆柱表面或外圆柱表面进行了螺纹形状的贴图。另外,使用装饰螺纹的螺纹结构件进行 3D 打印后,螺纹部分仍然是圆柱面,不显示锯齿形的螺纹结构。

2. 异形孔向导/螺纹线

在 SolidWorks 2016 及更高版本的软件中,"异形孔向导"命令中增加了"螺纹线"命令,此命令用来直接在圆柱外表面或内表面创建真实螺纹。具体创建步骤如下:

首先完成螺纹所依附的外圆柱面(圆锥面)或内圆柱面(圆锥面)的创建,然后单击"异形孔向导"/"螺纹线"按钮,选择创建螺纹的起始位置,外螺纹选择"剪切螺纹",内螺纹选择"拉伸螺纹",即可完成外螺纹或内螺纹的创建,图 3-4-15 展示了使用此方法创建外螺纹的结果。

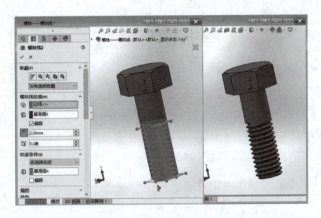

图 3-4-15　异形孔向导/剪切螺纹线(外螺纹)

应用"异形孔向导"/"螺纹线"所创建的螺纹,是真实螺纹,但是牙型是软件自定义的,不一定符合零件中螺纹结构的牙型形状结构。在 SolidWorks 2019 版本中,牙型轮廓只可查看,不能进行草图编辑。因此用此方法创建的螺纹,只能是示意性质的真实螺纹,但不能满足零件螺纹结构的真实牙型要求。用此种方法创建的螺纹结构件进行 3D 打印后,内外螺纹结构件可旋合。

此外,如果带有螺纹结构的零件是螺纹紧固件,如螺栓、螺母、螺钉等,在 SolidWorks 中可以不进行零件建模,在建模装配体时直接从 Toolbox 工具中调用即可,调用的螺纹紧固件的螺纹部分可以使用简化、装饰螺纹和图解(真实螺纹结构)三种方式显示。

强化练习

练习 1:回形针

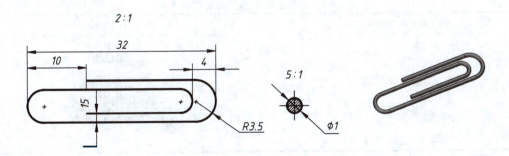

练习2:开口销

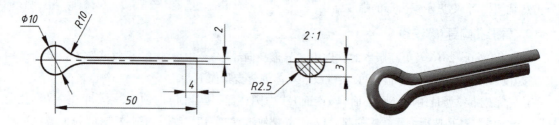

3.5 放 样

学习目标

1. 学习放样特征命令的应用。
2. 掌握扫描与放样特征的区别。

【工作任务1】绘制变截面圆锥螺旋弹簧

在SolidWorks软件中建立变截面圆锥螺旋弹簧模型,如图3-5-1所示。

视 频

绘制变截面圆锥螺旋弹簧

图3-5-1 变截面圆锥螺旋弹簧

任务分析

该零件的上下横截面形状不一样,可以通过放样特征完成建模。放样需要绘制放样草图轮廓,此零件放样需要指定放样中心线。该模型的建模思路见表3-5-1。

表3-5-1 变截面圆锥螺旋弹簧建模思路

第一阶段:绘制放样草图	第二阶段:放样完成建模
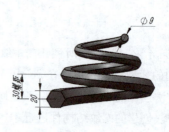	

知识链接

放样凸台/基体及放样切割特征

"放样凸台/基体"是通过在草图截面之间进行过渡生成的特征。放样草图可以为两个或多个封闭的截面,第一个和最后一个截面可以是点。

其命令执行方式有以下两种:

- 在 CommandManager 中单击"放样凸台/基体"按钮。
- 在菜单中,选择"插入"/"凸台/基体"/"放样"命令。

放样凸台/基体的方法主要有三种:简单放样、带引导线放样和带中心线放样。

1)简单放样特征

简单放样是由两个或两个以上的截面形成的特征,系统自动生成中间截面。

在"前视基准面"上绘制一个五角星草图,单击"基准面"按钮,弹出"基准面"属性管理器,"第一参考"选项选择"前视基准面","第一参考"展开,选取"平行"选项,在"距离"选项中输入距离,即可完成基准面1的创建。选取基准面1,在该基准面上创建草图,绘制一个点。完成的两个草图如图3-5-2(a)所示。

单击"特征"工具栏中的"放样凸台/基体"按钮,弹出"放样"属性管理器,在"轮廓"下选取两个草图,特征预览如图3-5-2(b、c)所示,单击"确定"按钮,完成放样特征,如图3-5-2(d)所示。

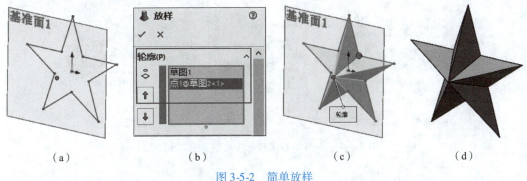

(a)   (b)   (c)   (d)

图 3-5-2   简单放样

2)带引导线的放样特征

如果采用简单放样生成的实体不符合要求,可通过一条或多条引导线来控制中间截面生成放样特征。使用引导线方式创建放样特征时,引导线必须与所有轮廓相交。不带引导线放样与带引导线放样的区别如图3-5-3所示。

3)带中心线的放样特征

可以生成一个使用一条变化的引导线作为中心线的放样。所有中间截面的草图基准面都与此中心线垂直。不带中心线放样与带中心线放样的区别如图3-5-4所示。

通过放样创建"放样切割"特征的菜单与创建"放样凸台/基体"特征的菜单是一样的,唯一不同的是"放样切割"特征是去除材料,而"放样凸台/基体"特征是添加材料。除此之外,两种特征的命令选项是一样的。

- 在 CommandManager 中单击"特征"/"放样切割"。
- 在菜单中,选择"插入"菜单中选择"切除"/"放样"。

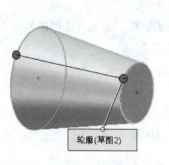 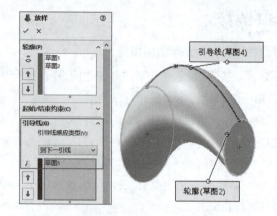

（a）不带引导线的放样特征　　　　（b）带引导线的放样特征

图 3-5-3　不带引导线和带引导线放样的区别

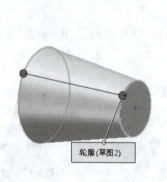 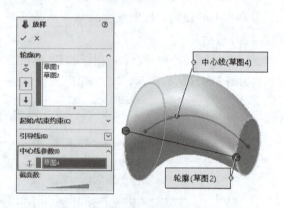

（a）不带中心线的放样特征　　　　（b）带中心线的放样特征

图 3-5-4　不带中心线和带中心线放样的区别

任务实施

第一阶段：绘制放样草图。

步骤 1：新建零件，在 FeatureManager 设计树中单击"上视基准面"，在弹出的关联菜单中单击"草图绘制"按钮，绘制 φ120 的圆，约束原点与圆心重合，绘制完成后退出草图绘制环境。单击"特征"工具栏中的"曲线"/"螺旋线/涡状线"按钮，弹出"螺旋线/涡状线"属性管理器。"定义方式"选择"螺距和圈数"，"参数"选择"恒定螺距"，在"螺距"中输入 30，"圈数"为 2.5 圈，设定"起始角度"为 0°，选择"顺时针"单选按钮，勾选"锥形螺纹线"复选框，设定中心锥角为 25°，如图 3-5-5（a）所示。单击"确定"按钮，完成螺旋线创建，如图 3-5-5（b）所示。

步骤 2：单击"特征"工具栏中的"参考几何体"/"基准面"命令，弹出"基准面"属性管理器。"第一参考"选择"螺旋线"，"第二参考"选择"螺旋线的起点"，创建一个新的"基准面 1"。选择"基准面 1"作为草图绘制平面，绘制图 3-5-5（c）所示的正六边形草图作为放样轮廓。正六边形中点和螺旋线添加"穿透"几何关系，约束正六边形中心与一角点位置水平，标注尺寸 20。完成后单击"确定"按钮退出草图绘制。

步骤3：单击"特征"工具栏中的"参考几何体"/"基准面"命令，弹出"基准面"属性管理器。"第一参考"选择"螺旋线"，"第二参考"选择"螺旋线的终点"，创建一个新的"基准面2"。选择"基准面2"作为草图绘制平面，绘制图3-5-5(d)所示的圆作为放样轮廓。圆心和螺旋线添加"穿透"几何关系，标注直径尺寸9。完成后单击"确定"按钮退出草图绘制。

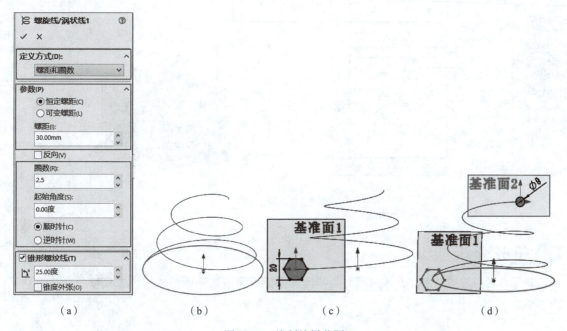

图3-5-5　绘制放样草图

第二阶段：放样完成建模。

步骤4：执行"放样凸台/基体"命令，弹出"放样"属性管理器。在"轮廓"选项框中，依次选择正六边形和圆形草图，在"中心线参数"中选择"螺旋线"，如图3-5-6(a)所示。注意调整两节点对应位置，如图3-5-6(b)所示。单击"确定"按钮，完成变截面圆锥螺旋弹簧创建，如图3-5-6(c)所示。

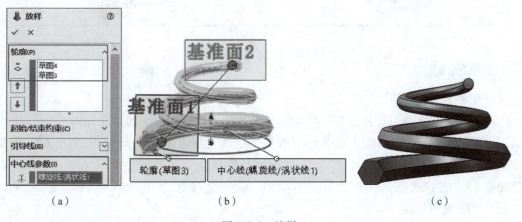

图3-5-6　放样

【工作任务 2】绘制异形块

用 SolidWorks 软件建立图 3-5-7 所示的异形块模型。

视频

绘制异形块

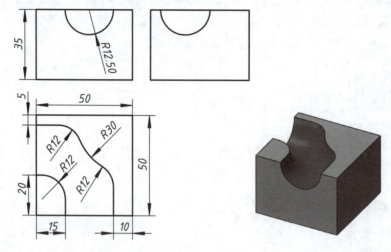

图 3-5-7 异形块

任务分析

该零件可以看成是由立方体被截面为半圆的平面沿曲线切除而形成的。该模型的建模思路见表 3-5-2。

表 3-5-2 异性块建模思路

第一阶段:长方体建模	第二阶段:放样切除

任务实施

第一阶段:长方体建模。

步骤 1: 新建零件,保存文件名为"异形块.SLDPRT"。在 FeatureManager 设计树中单击"上视基准面",在弹出的关联菜单中单击"草图绘制"按钮,使用中心矩形命令绘制 50×50 的正方形,绘制完成后退出草图绘制环境。单击"特征"工具栏中的"拉伸凸台/基体"按钮,弹出"拉伸凸台/基体"属性管理器。"方向 1"选择"给定深度",给定深度为 35,单击"确定"按钮,完成长方体创建。

第二阶段:放样切除。

步骤 2: 绘制放样轮廓草图。选择长方体的前表面为草图绘制平面。绘制图 3-5-8(a) 所示的半

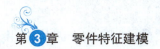

圆形草图,绘制完成后退出草图绘制环境。

选择长方体的左侧表面为草图绘制平面。绘制图3-5-8(b)所示的半圆形草图,绘制完成后退出草图绘制环境。

步骤3:绘制放样引导线。选择长方体的上表面为草图绘制平面。绘制图3-5-8(c)所示的草图,约束放样引导线端点与放样轮廓端点重合,使草图完全定义,绘制完成后退出草图绘制环境。

步骤4:执行"放样切割"命令,弹出"切除—放样"属性管理器。在"轮廓"选项框中,依次选择两个放样轮廓草图,在"引导线"选项框中,依次选择两条开环放样引导线,在弹出的关联菜单中单击"确定"按钮,如图3-5-8(d)、(e)、(f)所示。单击"确定"按钮,完成异形块的创建,如图3-5-8(g)所示。

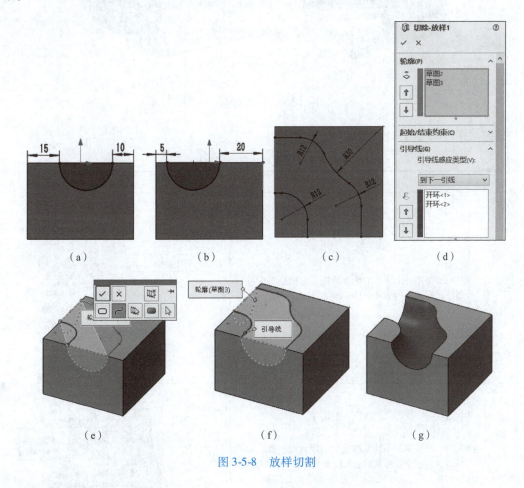

图3-5-8 放样切割

技能拓展

①放样特征操作时,为不使模型扭曲,拾取草图轮廓点的位置应大致一致。

②任务2中的异形块除了使用"放样切割"特征外,同样可以使用"扫描切除"特征完成。建模时注意准确选定扫描轮廓、扫描路径及引导线,如图3-5-9(a)所示。

引导线是扫描的另外一个元素,可以用来更多地控制特征的形状。扫描可以使用多条用于控制成形实体的引导线。扫描轮廓后,引导线就决定了轮廓的形状、大小和方向。可以把引导线形象化地想象成用来驱动轮廓的参数(如半径)。在本例中,引导线和扫描轮廓连接在一起,当沿路径扫描轮廓时,圆的半径将随着引导线的形状发生变化。因此,不能使用半径尺寸定义半圆的大小,可通过约束半圆的端点与引导线端点之间添加"重合"关系完全定义放样轮廓,如图3-5-9(b)所示。

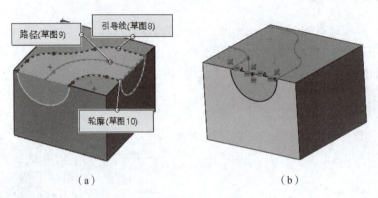

图 3-5-9　扫描切除

扫描与放样特征对比见表3-5-3。

表 3-5-3　扫描与放样特征对比

名称	特征创建过程	图例
扫描	只能使用一个简单的轮廓草图。它能根据引导线做出不同大小的形体,但无法将圆做成正方形	
放样	可以允许多个不同形状的轮廓混合在一起。放样可以使用多个轮廓间的引导线塑造特征,或中心线提供方向。可在该特征的开始处和结束处添加约束。但也会存在对中间轮廓没有限制,在曲率控制轨迹方向(引导线)上有限制的问题	

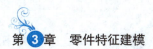

强化练习

练习 1

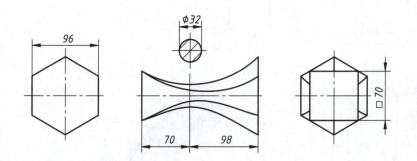

练习 2

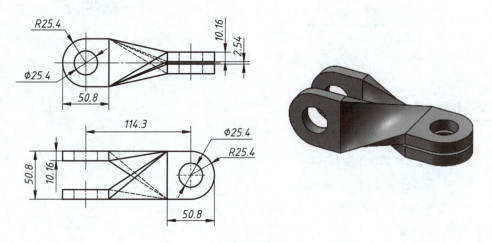

练习 3

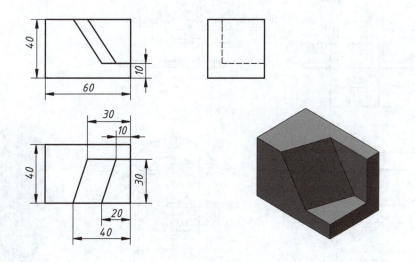

练习 4

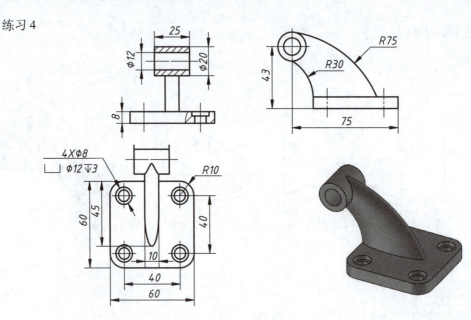

3.6 抽 壳

学习目标

视频
绘制壳体1

1. 学习抽壳命令的应用；
2. 学习薄壁特征的创建。

【工作任务 1】绘制壳体 1

在 SolidWorks 软件中建立壳体模型，如图 3-6-1 所示。

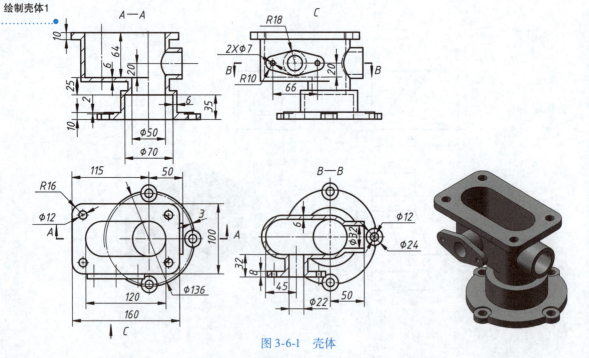

图 3-6-1 壳体

任务分析

该零件的主体结构为薄壁壳体,零件前面、上、下、部分别为菱形、方形和圆形连接板。建模过程可先完成主体薄壁壳体建模,视图中所给尺寸为腔体内部尺寸,整体壁厚为 6 mm,因此建模时需要向外抽壳增加壁厚。完成整体壳体部分建模后,依次完成零件前面、上、下、部分的菱形、方形和圆形连接板。该模型的建模思路见表 3-6-1。

表 3-6-1　壳体建模思路

第一阶段:主体薄壁壳体建模	第二阶段:零件连接板结构建模

知识链接

抽壳

"抽壳"操作用来"掏空"一个实体,创建一个薄壁零件。用户可以为不同的表面指定不同的壁厚,也可以选择被移除的表面。

"抽壳"次序:多数塑料零件都有圆角,如果抽壳前对边缘加入圆角而且圆角半径大于壁厚,零件抽壳后形成的内圆角就会自动形成圆角,内壁圆角的半径等于圆角半径减去壁厚。利用这个优点可以省去烦琐的在零件内部创建圆角的工作。如果壁厚大于圆角半径,内圆角将会是尖角。

命令执行方式有以下两种:
- 在 CommandManager 中单击"特征"/"抽壳"。
- 在菜单中,选择"插入"/"特征"/"抽壳"命令。

"抽壳"命令可以移除模型的一个或多个表面,也可以形成完全中空的密封体。抽壳的各种情况见表 3-6-2。

表 3-6-2　抽壳的各种情形

选择内容	示　例
选中一个表面	

续表

选择内容	示 例
选中一个表面	
选中多个表面	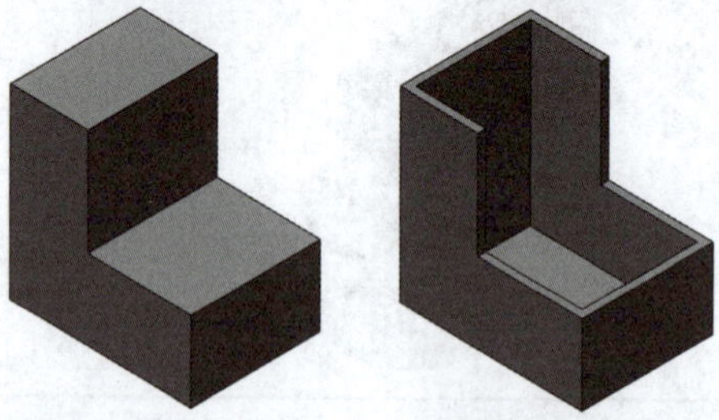
没有选中表面 (该结果是用剖切视图命令产生的剖面视图)	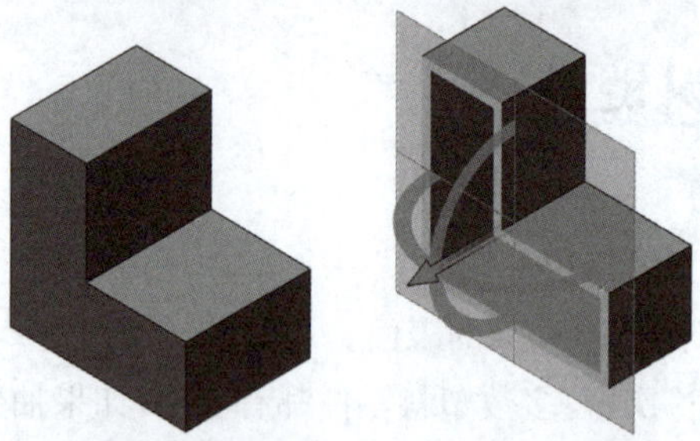

任务实施

第一阶段:主体薄壁壳体建模。

步骤1:新建零件,在"上视基准面"绘制草图,绘制 φ72 的圆。绘制完成后退出草图绘制环境。单击"特征"工具栏中的"拉伸凸台/基体"按钮,向上拉伸,"给定深度"为 35 mm。单击"确定"按钮,完成圆柱体创建,如图 3-6-2(a)所示。

步骤2:选择圆柱上表面作为草图绘制平面。绘制 φ50 的圆。绘制完成后退出草图绘制环境。单击"特征"工具栏中的"拉伸凸台/基体"按钮,向上拉伸,"给定深度"为 25 mm。单击"确定"按钮,完成圆柱体创建,如图 3-6-2(b)所示。

步骤3:选择 φ50 的圆柱上表面作为草图绘制平面。绘制图 3-6-2(c)所示的直槽口草图,约束直槽口圆弧与圆柱底圆相等,并标注尺寸 120。绘制完成后退出草图绘制环境。单击"特征"工具栏中的"拉伸凸台/基体"按钮,向上拉伸,"给定深度"为 64 mm。单击"确定"按钮,完成长圆形基体的创建,如图 3-6-2(d)所示。

步骤4:选择长圆形基体前表面,绘制图 3-6-2(e)所示草图,绘制完成后退出草图绘制环境。单击"特征"工具栏中的"拉伸凸台/基体"按钮,向前拉伸,"给定深度"为 32 mm。单击"确定"按钮,完成圆柱基体的创建,如图 3-6-2(f)所示。

步骤5：选择"右视基准面"绘制图3-6-2(g)所示草图，约束圆心与原点位置竖直。绘制完成后退出草图绘制环境。单击"特征"工具栏中的"拉伸凸台/基体"按钮，向右拉伸，"给定深度"为50 mm。单击"确定"按钮，完成圆柱基体的创建，如图3-6-2(h)所示。

步骤6：单击"特征"工具栏中的"抽壳"按钮，弹出"抽壳"属性管理器。按住鼠标中键拖动旋转模型，选取图3-6-2(i)所示的四个表面作为"移除面"，然后勾选"壳厚朝外"复选框，如图3-6-2(j)所示，设置完毕后，单击"确定"按钮，完成壳体，如图3-6-2(k)所示。

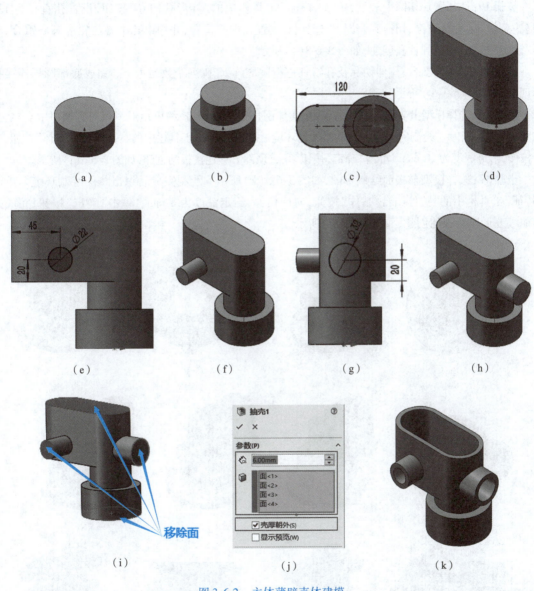

图3-6-2 主体薄壁壳体建模

第二阶段：零件连接板结构建模。

步骤7：选择"上视基准面"绘制两同心圆，约束小圆与圆柱轮廓圆相等，如图3-6-3(a)所示。绘制完成后退出草图绘制环境。单击"特征"工具栏中的"拉伸凸台/基体"按钮，向上拉伸，"给定深度"为10 mm。单击"确定"按钮，完成圆柱体创建，如图3-6-3(b)所示。

步骤8：选择"上视基准面"绘制草图。确定圆心位置，绘制φ24的圆，如图3-6-3(c)所示。绘制完成后退出草图绘制环境。单击"特征"工具栏中的"拉伸凸台/基体"按钮，选择"成形到一面"，并选择圆形底板上表面。单击"确定"按钮，完成圆柱体创建，如图3-6-3(d)所示。

步骤9：选择圆形底板上表面绘制草图圆，并约束与上一步拉伸圆形轮廓相等，如图3-6-3(e)所示。绘制完成后退出草图绘制环境。单击"特征"工具栏中的"拉伸切除"按钮，给定切除深度为2 mm。单击"确定"按钮，完成切除特征创建，如图3-6-3(f)所示。

步骤10：选择圆形切除上表面，单击"特征"工具栏中的"异形孔向导"按钮，设置孔直径为12，"终止条件"为完全贯穿，切换到"位置"选项卡，放置孔中心位置，并约束孔中心与轮廓圆心重合，单击"确定"按钮，完成圆柱孔创建，如图3-6-3(g)所示。

步骤11：对拉伸凸台、拉伸切除及孔特征进行圆周阵列，阵列个数为4个。完成底部圆形连接板的创建，如图3-6-3(h)所示。

步骤12：选择模型上表面绘制草图，转换实体引用绘制直槽口、约束矩形中点与直槽口中点重合，如图3-6-3(i)所示。绘制完成后退出草图绘制环境。单击"特征"工具栏中的"拉伸凸台/基体"按钮，向下拉伸，给定深度为10 mm。单击"确定"按钮，完成顶部方形连接板的创建，如图3-6-3(j)所示。

步骤13：选择模型前表面绘制草图，如图3-6-3(k)所示。绘制完成后退出草图绘制环境。单击"特征"工具栏中的"拉伸凸台/基体"按钮，向后拉伸，给定深度为8 mm。单击"确定"按钮，完成拉伸前端菱形连接板的创建，如图3-6-3(l)所示。

图3-6-3 零件连接板结构建模

第3章 零件特征建模

【工作任务2】绘制壳体2

用SolidWorks软件建立图3-6-4所示的壳体零件模型。

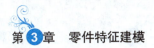

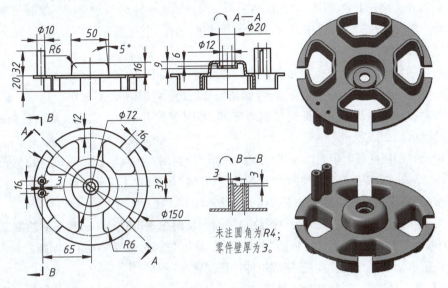

图3-6-4 壳体

任务分析

该零件整体结构为薄壁零件,建模时可通过抽壳命令完成整体薄壁结构建模,然后完成局部结构。该模型的建模思路见表3-6-3。

表3-6-3 壳体建模思路

第一阶段:薄壁结构建模	第二阶段:局部结构建模
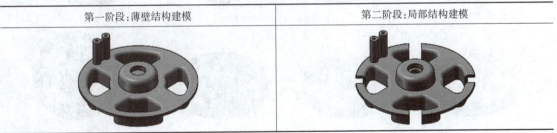	

任务实施

第一阶段:薄壁结构建模。

步骤1:新建零件,保存文件名为"壳体.SLDPRT"。在"上视基准面"绘制草图,绘制 $\phi150$ 的圆。绘制完成后退出草图绘制环境。单击"特征"工具栏中的"拉伸凸台/基体"按钮,向上拉伸,"给定深度"为20 mm。单击"确定"按钮,完成圆柱体创建。

步骤2:选择圆柱上表面作为草图绘制平面。绘制 $\phi50$ 的圆。绘制完成后退出草图绘制环境。单击"特征"工具栏中的"拉伸凸台/基体"按钮,向上拉伸,"给定深度"为16 mm,设置拔模角度为5°,单击"确定"按钮,完成拉伸特征创建,如图3-6-5(a)所示。

步骤3:选择模型上表面作为草图绘制平面。绘制 $\phi20$ 的圆。绘制完成后退出草图绘制环境。

单击"特征"工具栏中的"拉伸切除"按钮,"给定深度"为 6 mm,单击"确定"按钮,完成拉伸切除特征创建,如图 3-6-5(b)所示。

步骤 4:选择大圆柱上表面作为草图绘制平面。绘制图 3-6-5(c)所示草图。绘制完成后退出草图绘制环境。单击"特征"工具栏中的"拉伸切除"按钮,选择"完全贯穿"选项,单击"确定"按钮,完成拉伸切除特征创建,如图 3-6-5(d)所示。

步骤 5:使用"圆角"命令对模型完成 $R6$ 圆角特征创建,如图 3-6-5(e)所示。

步骤 6:使用"圆角"命令对模型完成 $R4$ 圆角特征创建,如图 3-6-5(f)所示。

步骤 7:对拉伸切除及圆角特征进行圆周阵列,阵列个数为 4 个。完成底部圆形板的创建,如图 3-6-5(g)所示。

步骤 8:选择圆柱底板上表面作为草图绘制平面。绘制图 3-6-5(h)所示草图。绘制完成后退出草图绘制环境。单击"特征"工具栏中的"拉伸凸台/基体"按钮,向上拉伸,"给定深度"为 32 mm,单击"确定"按钮,完成拉伸特征创建,如图 3-6-5(i)所示。

步骤 9:选择圆柱底板上表面作为草图绘制平面。绘制图 3-6-5(j)所示草图。绘制完成后退出草图绘制环境。单击"特征"工具栏中的"拉伸凸台/基体"按钮,选择"到指定面指定的距离"3,如图 3-6-5(k)所示。单击"确定"按钮,完成拉伸特征创建。

步骤 10:单击"特征"工具栏中的"抽壳"按钮,弹出"抽壳"属性管理器。按住鼠标中键拖动旋转模型,选取图 3-6-5(l)所示的四个表面作为"移除面",单击"确定"按钮,完成薄壁壳体创建,如图 3-6-5(m)所示。

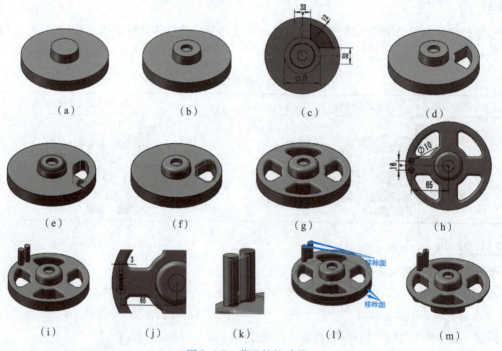

图 3-6-5　薄壁结构建模

第二阶段:局部结构建模。

步骤 11:选择圆盘上表面作为草图绘制平面。绘制图 3-6-6(a)所示草图。绘制完成后退出草图绘制环境。单击"特征"工具栏中的"拉伸切除"按钮,选择"完全贯穿"选项,单击"确定"按钮,完成拉伸切除特征创建,如图 3-6-6(b)所示。

步骤 12: 对拉伸切除特征进行圆周阵列,阵列个数为 4 个。完成底部圆形板的创建,如图 3-6-6(c)所示。

步骤 13: 拉伸切除完成 φ12 的通孔,如图 3-6-6(d)所示。

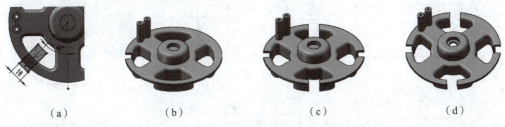

(a)   (b)   (c)   (d)

图 3-6-6   局部结构建模

技能拓展

①较大半径的圆角操作应该在抽壳操作之前进行,从而避免倒圆破坏抽壳后形成的薄壁。

②外形过于复杂的模型可能会遇到抽壳失败,原则上抽壳厚度要小于抽壳后保留的模型表面的曲率半径。

③"薄壁特征"通过一个开环的草图轮廓并定义一个壁厚来实现。壁厚可以自定义,且在厚度方向可以选择是向内加厚还是向外加厚。特征生成方向可以是单向、两侧对称或者是双向。拉伸或旋转薄壁特征的创建会自动调用非闭合草图轮廓,闭合草图轮廓同样也能生成薄壁特征。可以用拉伸、旋转、扫描以及放样来生成薄壁特征。表 7-4 所示为生成薄壁特征的一些例子。

薄壁特征的执行方式:

在"旋转"属性管理器中选择"薄壁特征"。

在"拉伸"属性管理器中选择"薄壁特征"。

表 3-6-4   生成薄壁特征

方 法	图 例	方 法	图 例
旋转,非闭合轮廓 操作步骤: 选择草图并单击"旋转"。当系统询问草图是否需要被自动封闭时,单击"否"按钮 设置"方向 1"厚度为 3.00 mm,向外加厚,单击"确定"按钮		旋转,闭合轮廓	
拉伸,非闭合轮廓 操作步骤: 选择草图并单击"拉伸"。设置厚度方向为两侧对称,厚度为 5.00 mm。单击"确定"按钮		拉伸,闭合轮廓	

强化练习

练习1

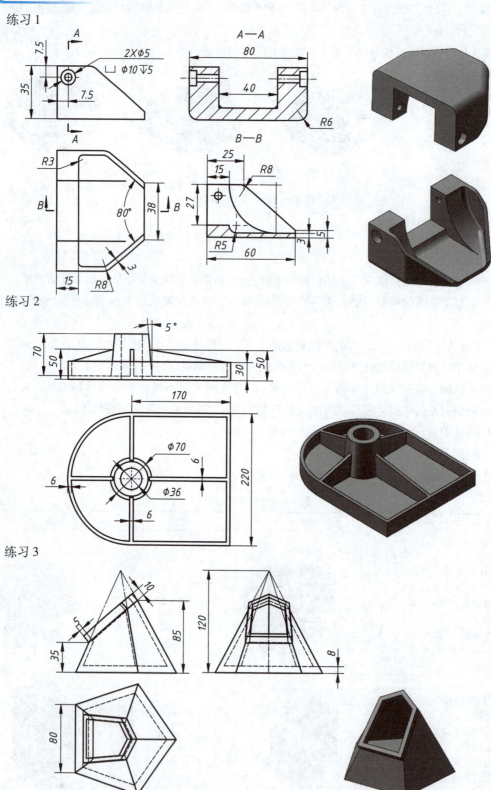

练习2

练习3

3.7 阵　列

学习目标

1. 学习阵列命令的应用；
2. 掌握阵列选项的设置。

【工作任务 1】绘制壳体 3

绘制图 3-7-1 所示壳体。

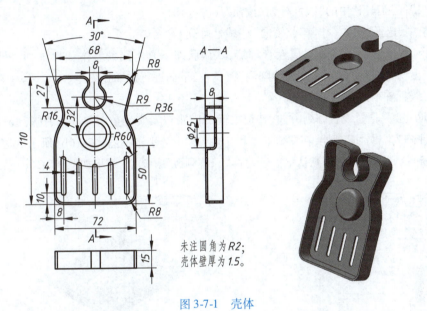

图 3-7-1　壳体

任务分析

该零件整体结构为薄壁壳体结构，因此整体结构可通过抽壳命令完成薄壁特征的创建。同时薄壁壳体上均匀分布有四个直槽口，它们之间存在一定的规律，可通过线性阵列命令提高建模速度。该模型的建模思路见表 3-7-1。

表 3-7-1　壳体建模思路

第一阶段：主体壳体建模	第二阶段：阵列直槽孔

知识链接

阵列

特征阵列指将选择的特征作为源特征进行成组复制，从而创建与源特征相同或相关联的子特征。SolidWorks 提供了多种阵列形式。其中线性阵列和圆周阵列是最常用到的阵列特征。

1）线性阵列

线性阵列用于沿一个或两个相互垂直的线性路径阵列源特征。边、轴、临时轴或线形尺寸都可以作为阵列方向。

其命令执行方式有以下两种：

➢ 单击"特征"工具栏中的"线性阵列"按钮🔡。

➢ 在菜单中，选择"插入"/"阵列/镜向"/"线性阵列"命令。

执行命令后，弹出"线性阵列"属性管理器，默认状态下是常用的基本线性阵列。另外，在"选项"选项组中出现"随形变化"和"几何体阵列"复选框，下面进行详细介绍。

(1) 基本线性阵列

线性阵列主要是通过设置阵列方向、特征之间的间距以及实例数来完成的，执行线性阵列命令后，弹出"线性阵列"属性管理器，在"方向1"和"方向2"中分别选择图3-7-2(b)所示的边线，设置如图3-7-2(a)所示，其他栏目选用默认值。若勾选"只阵列源"复选框，结果如图3-7-2(c)所示。

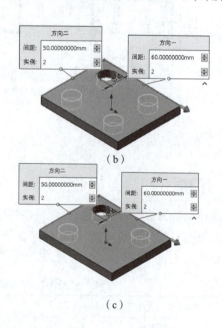

(a)　　　　　　　　　　　　　　　(c)

图 3-7-2　基本线性阵列实例

(2) 随形变化阵列

随形变化阵列与一般阵列不同处是前者在阵列过程中其形状或位置会随着相关的特征、草图实体等而发生关联变化，如图3-7-3(a)所示。该零件的直槽口随着阵列距离的增加而产生了变化。要想正确完成随形阵列，必须有两个条件，一是定出特征随形变化时的"形"，也就是其变化的边界，并且定义特征草图与边界的几何关系。二是设定一个线性尺寸作为阵列方向。随形阵列最关键的是定义正确的草图。

①生成基体零件。拉伸直角梯形体特征。

②绘制直槽口草图。如图3-7-3(b)所示,为保证阵列的直槽孔沿着水平方向,有一个规律的变化,需要一个引导性的线条,也就是图3-7-3(b)中的两条辅助线,这是随形变化阵列的关键点。这里直槽口大小的确定,需要通过和这两条细点画线建立相应的几何关系来确定。约束直槽口的两端圆弧的圆心与直线及圆弧端点重合。

③拉伸切除直槽孔。

④线性阵列。要实现随形变化阵列,需要注意在"阵列(线性)"管理器中的设置步骤。第一步,需要选定要阵列的特征。第二步,确定阵列的方向,这里必须选择一个线性的驱动尺寸作为阵列方向。该阵列中选择直槽口到左侧边线的距离尺寸6,为阵列方向,如图3-7-3(c、d)所示。第三步,设置间距及个数。第四步,勾选"随形变化"复选框。单击"确定"按钮后,完成建模。

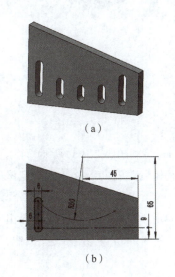
(a)

(b)

(c)

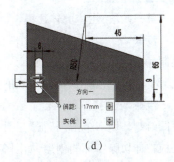
(d)

图3-7-3　随形阵列实例

(3)几何体阵列

几何体阵列能够复制,但不能解出阵列特征。终止条件及计算会被忽略,每个实例是源特征的面和边线准确的复制。(图3-7-4中的终止条件为:到指定面的距离为20)。勾选"几何体阵列"复选框后的结果如图3-7-4(b)所示。去掉勾选"几何体阵列"复选框后的结果如图3-7-4(c)所示。

删除实例:单击"可跳过的实例"下拉按钮,在阵列预览中,选中实例重心的标记,即可删除该实例,如图3-7-4(d)所示。但是,源特征不能删除。单击"确定"按钮,完成的阵列结果如图3-7-4(e)所示。

"实体"阵列:当阵列得到的特征与源特征不相交时,此时应选用实体阵列;只有得到的特征与源特征相交合并时才能选用特征阵列。

2)圆周阵列

圆周阵列是根据旋转中心、角度和复制数目,创建绕旋转中心沿圆周方向阵列的特征。主要用在圆周方向特征均匀分布的情况。

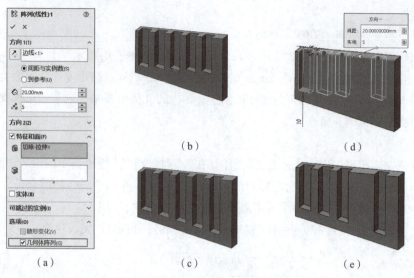

图 3-7-4 几何体阵列实例对比

任务实施

第一阶段：主体壳体建模。

步骤 1：新建零件，保存文件名为"壳体.SLDPRT"。在"上视基准面"绘制图 3-7-5(a)所示草图。绘制完成后退出草图绘制环境。单击"特征"工具栏中的"拉伸凸台/基体"按钮，向上拉伸，"给定深度"为 15 mm。单击"确定"按钮，完成拉伸凸台的创建。

步骤 2：选择拉伸凸台上表面作为草图绘制平面。绘制图 3-7-5(b)所示草图。绘制完成后退出草图绘制环境。单击"特征"工具栏中的"拉伸切除"按钮，"给定深度"为 8 mm。单击"确定"按钮，完成拉伸切除特征的创建，如图 3-7-5(c)所示。

步骤 3：单击"特征"工具栏中的"圆角"按钮，对拉伸切除的圆槽边线倒 $R2$ 圆角，如图 3-7-5(d)所示。

步骤 4：单击"特征"工具栏中的"抽壳"按钮，弹出"抽壳"属性管理器。按住鼠标中键拖动旋转模型，选取模型下表面作为"移除面"，设置抽壳厚度为 1.5，设置完毕后，单击"确定"按钮，完成壳体创建，如图 3-7-5(e)所示。

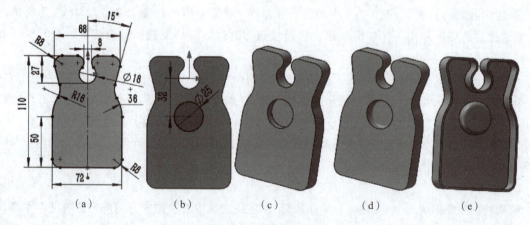

图 3-7-5 主体壳体建模

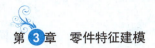

第二阶段：阵列直槽孔。

步骤5：选择模型上表面作为草图绘制平面。绘制图3-7-6(a)所示草图。约束直槽口上边圆弧圆心与φ120的圆重合。绘制完成后退出草图绘制环境。单击"特征"工具栏中的"拉伸切除"按钮，选择"完全贯穿"。选项单击"确定"按钮，完成拉伸切除特征的创建，如图3-7-6(b)所示。

步骤6：单击"特征"工具栏中的"线性阵列"按钮，弹出"线性阵列"属性管理器。选择拉伸切除的直槽孔为阵列特征，选择直槽口到左侧边线的距离尺寸8作为阵列方向，设置间距为14，个数为5，勾选"随形变化"复选框，如图3-7-6(c)所示。单击"确定"按钮后完成建模，如图3-7-6(d)所示。

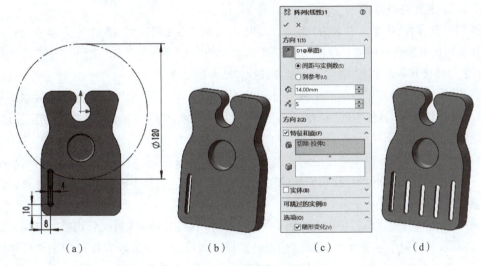

图 3-7-6　阵列直槽孔

【工作任务2】绘制直尺

在 SolidWorks 软件中建立直尺模型，如图3-7-7所示。

图 3-7-7　直尺

视 频

绘制直尺

任务分析

直尺建模的难点在于直尺刻度及刻度尺数字的建模。由于这些特征重复按规律出现，因此可使用线性阵列完成。直尺建模思路见表3-7-2。

表 3-7-2　直尺建模思路

第一阶段：直尺特征建模	第二阶段：直尺刻度及数字阵列
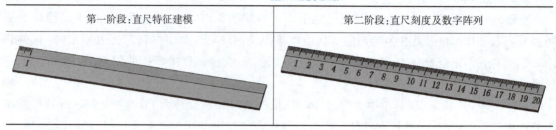	

任务实施

第一阶段：直尺特征建模。

步骤 1：新建零件，保存文件名为"直尺. SLDPRT"。在"右视基准面"绘制图 3-7-8（a）所示草图。绘制完成后退出草图绘制环境。单击"特征"工具栏中的"拉伸凸台/基体"按钮，选择"两侧对称"，"给定深度"为 205 mm。单击"确定"按钮，完成拉伸凸台的创建。

步骤 2：选择直尺斜面作为草图绘制平面。绘制图 3-7-8（b）所示草图。绘制完成后退出草图绘制环境。单击"特征"工具栏中的"拉伸切除"按钮，"给定深度"为 0.1 mm。单击"确定"按钮，完成拉伸切除特征的创建。

步骤 3：选择直尺斜面作为草图绘制平面。绘制图 3-7-8（c）所示草图。绘制完成后退出草图绘制环境。单击"特征"工具栏中的"拉伸切除"按钮，"给定深度"为 0.1 mm。单击"确定"按钮，完成拉伸切除特征的创建。

步骤 4：单击"特征"工具栏中的"线性阵列"按钮，弹出"线性阵列"属性管理器。选择直尺边线为阵列方向，设置阵列个数为 9 个，间距为 1mm，选择上次拉伸切除为阵列特征，单击"可跳过的实例"，选择第 5 个实例。单击"确定"按钮后，完成阵列，如图 3-7-8（d）所示。

步骤 5：选择直尺的上表面作为草图绘制平面。绘制一条直线，并标注尺寸为 1，复制"尺寸"属性管理器中的"主要值""D1@ 草图 4"，如图 3-7-8（e）所示。单击"草图"工具栏中的"文字"按钮，弹出"草图文字"属性管理器，将输入法切换为英文，并在"文字"中输入"D1@ 草图 4"，如图 3-7-8（f）所示，取消勾选"使用文档字体"复选框，单击"字体"按钮，修改字体为仿宋，字高为 6。单击"确定"按钮，退出"草图文字"属性管理器。通过文字左下边节点编辑文字位置，使文字在刻度线的正下方，如图 3-7-8（g）所示。绘制完成后退出草图绘制环境。

单击"特征"工具栏中的"拉伸切除"按钮，"给定深度"为 0.1 mm。单击"确定"按钮，完成拉伸切除特征的创建。

第二阶段：直尺刻度及数字阵列。

步骤 6：单击"特征"工具栏中的"线性阵列"按钮，弹出"线性阵列"属性管理器。选择直尺边线为阵列方向，设置阵列个数为 20 个，间距为 10 mm，选择上次拉伸切除为阵列特征，勾选"变化的实例"复选框，选择尺寸标注 1 为要变化的特征尺寸，并设置增量为 1，如图 3-7-9（a）所示。单击"确定"按钮后，完成阵列，如图 3-7-9（b）所示。

步骤 7：单击"特征"工具栏中的"线性阵列"按钮，弹出"线性阵列"属性管理器。选择直尺边线为阵列方向，设置阵列个数为 20 个，间距为 10 mm，选择直尺刻度为阵列特征。单击"确定"按钮后，完成阵列，如图 3-7-9（c）所示。

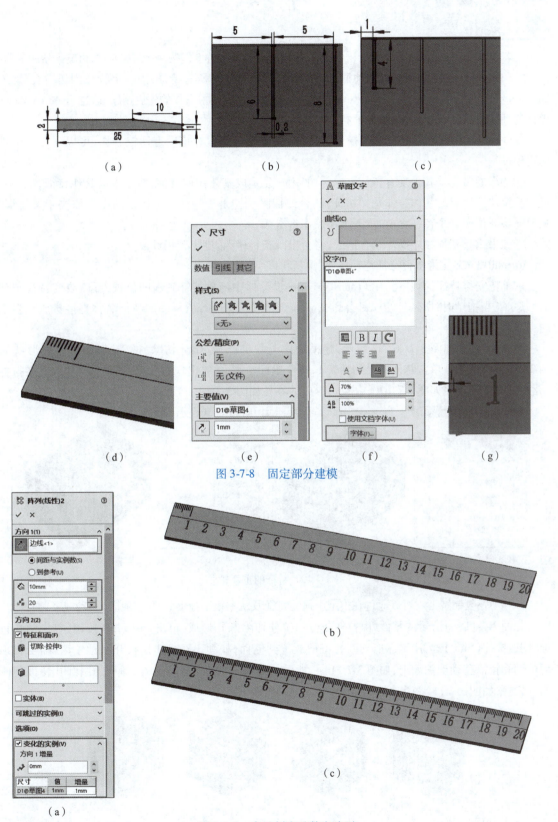

图 3-7-8　固定部分建模

图 3-7-9　直尺刻度及数字阵列

技能拓展

①若要改变 FeatureManager 设计树中的特征名称,在特征名称上慢按两次鼠标左键,再输入新的名称。

②FeatureManager 设计树可视地显示出零件或装配体中的所有特征,当一个特征创建后,就加入到 FeatureManager 设计树中,因此 FeatureManager 设计树代表建模操作的先后顺序,通过 FeatureManager 设计树,用户可以编辑零件中包含的特征。

③FeaterManager 设计树底部的横杠称为退回控制棒,用鼠标拖动退回控制棒,可以观察零部件的建模过程。

④特征通常建于其他现有特征上。例如,用户先生成基体拉伸特征,然后生成其他特征,如凸台或切除拉伸。原有的基体拉伸是父特征;凸台或切除拉伸是子特征。子特征的存在取决于父特征。只要父特征位于其子特征之前,重新组序操作将有效。

⑤如果重排特征顺序操作是合法的,将会出现指针↵,否则出现指针⊘。

⑥SolidWorks 支持多种特征拖动操作:重新排序、移动及复制。

➢ 重新安排特征的顺序。在 FeatureManager 设计树中拖放特征到新的位置,可以改变特征重建的顺序。(当拖动时,所经过的项目会高亮显示,当释放指针时,所移动的特征名称直接排放在当前高亮显示项之下。)

范例:特征树如图 3-7-10(a)所示,建模顺序为拉伸凸台、拉伸切除、抽壳,形成的零件形状如图 3-7-10(b)所示。单击特征树上的抽壳 1,按住鼠标左键,此时出现指针↵,拖动抽壳 1 放置在拉伸切除之前,特征顺序如图 3-7-10(c)所示,形成的零件如图 3-7-10(d)所示。

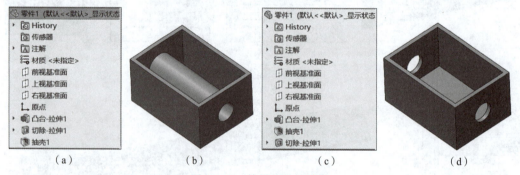

图 3-7-10　特征的重新排序

➢ 移动及复制特征。可以通过在模型中拖动特征及从一模型拖动到另一模型来移动或复制特征。

如图 3-7-11(a)所示的零件,由拉伸凸台和拉伸切除圆孔形成,单击 Instant3D 按钮,单击圆孔特征,同时按住【Shift】键,用鼠标拖动圆孔特征放置到侧面,如图 3-7-11(b),松开鼠标左键,即可将顶面的圆孔特征移动到侧面上,如图 3-7-11(c)所示。若是同时按住【Ctrl】键,即可复制圆孔特征到侧面上,结果如图 3-7-11(d)所示。

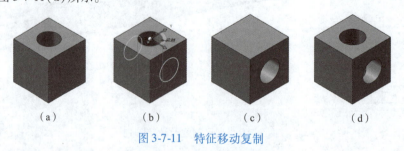

图 3-7-11　特征移动复制

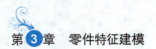

强化练习

练习1:计算器

练习2:梳子

练习3:冰块盒

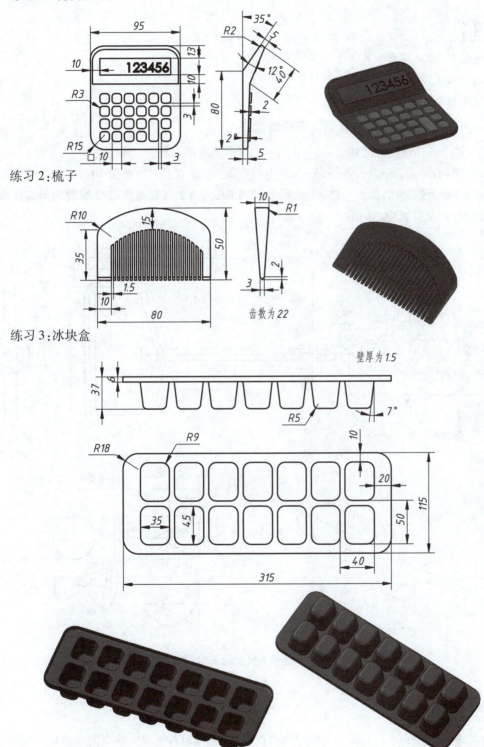

3.8 3D 曲线

学习目标

1. 学习绘制 3D 曲线；
2. 学习使用交叉曲线；
3. 学习使用曲线特征绘制 3D 曲线。

视频

绘制红酒木塞螺旋起子

【工作任务 1】绘制红酒木塞螺旋起子

用 SolidWorks 软件建立图 3-8-1 所示的红酒木塞螺旋起子三维模型。

说明：螺旋部分共分为三段，前段为螺旋线，螺旋直径 φ7，螺距 10，1 圈，螺旋圆锥角 30°；中段为螺旋线，螺旋直径 φ7，螺距 10，2.5 圈；后段为螺旋曲线（1/2 螺旋面与旋转曲面的交线），从旋转中心绕出。

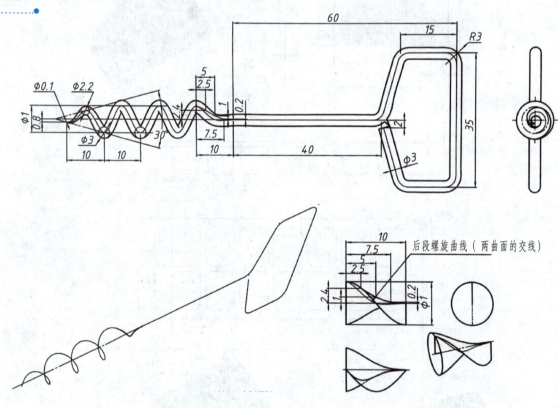

图 3-8-1 红酒木塞螺旋起子示意图

任务分析

红酒木塞螺旋起子由多段直径不等的空间曲线组成，建模时首先要完成空间曲线的绘制，又因为各线段的截面圆直径不等，因此需要通过放样完成。该模型的建模思路见表 3-8-1。

表 3-8-1　红酒木塞螺旋起子建模思路

第一阶段:创建空间 3D 曲线	第二阶段:放样
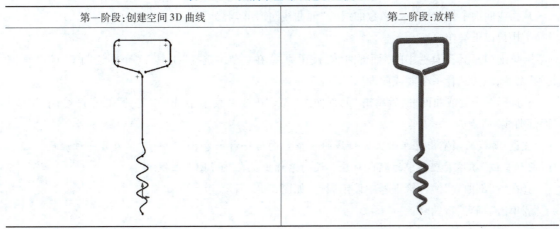	

知识链接

3D 草图

3D 草图中的实体不同于在单一平面中惯用的 2D 草图中的实体,这使得 3D 草图在某些应用(如扫描和放样)中十分有用。但是,3D 草图的绘制比较困难,下面介绍一些绘制 3D 草图的命令及技巧。

1)3D 草图绘制工具

"草图"工具栏中的点、直线、中心线、圆弧、圆、矩形、样条曲线、圆角、倒角、剪裁实体、延伸实体等都能用来绘制 3D 草图。此外,以下三个草图工具也可以用来绘制 3D 草图,下面详细介绍一下使用方法。

(1)"转换实体"

通过投影边线、环、面、外部曲线、外部草图轮廓线、一组边线或一组外部曲线到草图基准面上,在 3D 草图上生成一个或多个实体。"转换实体"使用步骤如下:

①在打开的草图中,单击一模型边线、环、面、曲线、外部草图轮廓线、一组边线、或一组曲线。

②单击"草图"工具栏中的"转换实体引用"按钮,或在菜单中选择"工具"/"草图绘制工具"/"转换实体引用"命令。

③在 PropertyManager 中勾选"选择链"复选框,转换所有相邻的草图实体,如图 3-8-2 所示。

④单击"确定"按钮。

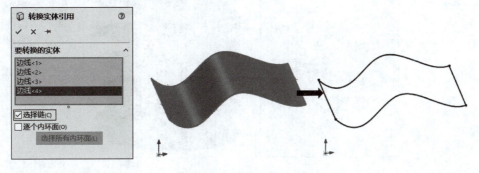

图 3-8-2　转换实体引用

(2)"面曲线"

从面或曲面中提取3D iso参数曲线。"面曲线"使用步骤如下：

①执行以下操作之一：

➤单击"草图"工具栏中的"面部曲线"按钮，或在菜单中选择"工具"/"草图绘制工具"/"面部曲线"命令，然后选择一个面或曲面。

➤选择一个面或曲面，然后单击"面部曲线"按钮或在菜单中选择"工具"/"草图绘制工具"/"面部曲线"命令。

注意：曲线的预览出现在面上。曲线的一个方向为一种颜色，而另一方向为另一种颜色。颜色与"面部曲线"属性管理器中的颜色对应。面的名称出现在"面"文本框中。

②在"面部曲线"属性管理器中设定属性，如图3-8-3所示。

③单击"确定"按钮。

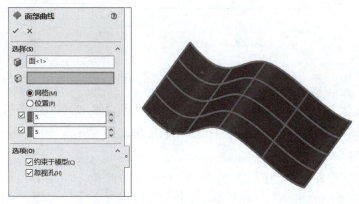

图3-8-3　面曲线

(3)交叉曲线

在交叉处生成草图曲线。"交叉曲线"使用步骤如下：

①单击"草图"工具栏中的"交叉曲线"按钮，或在菜单中选择"工具"/"草图绘制工具"/"交叉曲线"命令。

②选择要交叉的面(平面或曲面)，绘制的曲线在两面的交叉处出现，如图3-8-4所示。

③单击"确定"按钮。

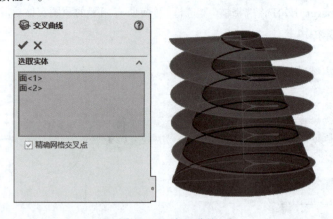

图3-8-4　交叉曲线

2)绘制3D草图的步骤

执行以下操作:

单击"草图"工具栏中的"草图绘制"/"3D草图"按钮,或在菜单中选择"插入"/"3D草图"命令,在等轴测视图的前视基准面中打开一个3D草图。

3)3D草图绘制的约束

3D草图中少了很多可用的实体和草图几何关系。在3D中绘制草图时,可以捕捉到主要方向(X轴、Y轴或Z轴),并且分别应用约束"沿X轴"、"沿Y轴"和"沿Z轴"来替代水平或竖直的关系,如图3-8-5所示。

4)使用参考平面

使用模型中的面来控制3D草图中的实体是一种简便的方法。

在3D草图绘制中,如果想要在模型中的默认面之间切换,可以在草图工具被激活时按住【Tab】键,鼠标将显示正在操作草图的基准面。

在3D草图绘制中,通过按住【Ctrl】键并单击模型中已经存在的面或平面,可以把它们作为草图绘制的面。

5)空间控标

除了光标反馈,SolidWorks在3D草图环境中还提供了一个图形化的辅助工具来帮助保持方向,称为"空间控标"。"空间控标"显示为红色,它的轴点在当前选择的面或平面的方向上。空间控标遵循放置在3D草图中的点,帮助识别方位及推理线,以及自动捕捉关系,如图3-8-6所示。

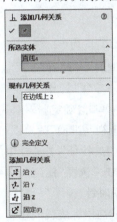

图3-8-5 3D草图中的约束

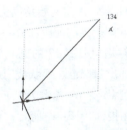

图3-8-6 空间控标

6)套合样条曲线

在3D草图绘制中,由于3D草图曲线个别地方没有做出圆角,在进行扫描时就不能光滑过渡,或者不光滑的3D草图曲线不能完成放样操作,这时可以使用"套合样条曲线"工具将草图段套合到样条曲线,使相切处变得光滑。套合样条曲线以参数方式链接至基础几何体,这样,几何体发生更改时,样条曲线也会更新。套合样条曲线会为所选的几何体选择最合乎逻辑的套合方式。

将草图线段套合到样条曲线的步骤如下:

①在打开的草图中,单击"样条曲线工具"工具栏中的"套合样条曲线"按钮,或在菜单中选择"工具"/"样条曲线工具"/"套合样条曲线"命令。

②在图形区域中单击套合到样条曲线的草图实体。

③在套合样条曲线 PropertyManager 中设定属性，如图 3-8-7 所示。

在"套合样条曲线"PropertyManager 中，勾选"闭合的样条曲线"复选框将生成一闭合轮廓样条曲线。选中"约束"单选按钮，将套合样条曲线以参数方式链接到原有实体。参数"公差"指定从原有草图线段所允许的最大误差，使用鼠标滚轮调整公差，这样可在图形区域中看到几何体的更改。如果样条曲线不能足够精确地套合原有实体，就需要减小"公差"值。

④单击"确定"按钮。

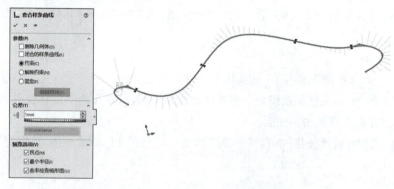

图 3-8-7 套合样条曲线

任务实施

第一阶段：创建 3D 螺旋线部分。

步骤 1：创建螺旋线的中段部分——圆柱螺旋线。新建零件，以"上视基准面"为草图绘制平面，绘制 φ7 的圆，完成后退出草图。单击"特征"工具栏中的"曲线"/"螺旋线/涡状线"按钮，弹出"螺旋线/涡状线"属性管理器。"定义方式"选择"螺距和圈数"，"参数"选择"恒定螺距"，在"区域参数"表中输入螺距和圈数，设定起始角度为 0°，如图 3-8-8 所示。单击"确定"按钮，完成中段螺旋线创建。

步骤 2：创建螺旋线的前段部分——圆锥螺旋线。以"上视基准面"为草图绘制平面，将步骤 1 中的"草图 1"转换实体引用(φ7 的圆)，完成后退出草图。单击"特征"工具栏中的"曲线"/"螺旋线/涡状线"按钮，弹出"螺旋线/涡状线"属性管理器。"定义方式"选择"螺距和圈数"，"参数"选择"恒定螺距"，设定"螺距为 10，圈数为 1，反向，起始角度为 0°，逆时针，锥度为 15°"，可以看到前段螺旋线与中段螺旋线相接，如图 3-8-9 所示。单击"确定"按钮，完成前段螺旋线创建。

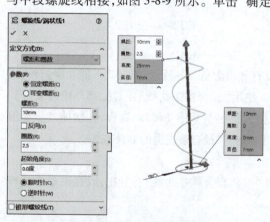

图 3-8-8 创建中段螺旋线

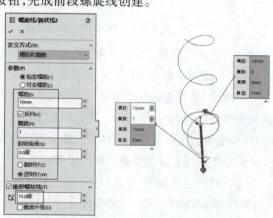

图 3-8-9 创建前段螺旋线

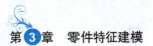

步骤 3：创建螺旋线的末端部分——旋转曲面。以"右视基准面"为草图绘制平面，单击"草图"工具栏中的"样条曲线"按钮，绘制图 3-8-10(a)所示的草图，注意添加样条曲线两端点的几何约束。退出草图后，单击"曲面"工具栏中的"旋转曲面"按钮，完成旋转曲面的创建，如图 3-8-10(b)所示。

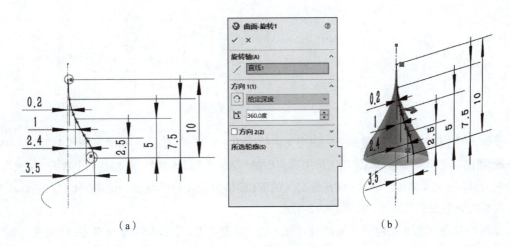

图 3-8-10　创建旋转曲面

步骤 4：创建螺旋线的末端部分——扫描曲面。创建与"上视基准面"平行的、过中段螺旋线上端顶点的"基准面 1"，如图 3-8-11(a)所示。以"基准面 1"为草图绘制平面，绘制 $\phi7$ 的圆，完成后退出草图。单击"特征"工具栏中的"曲线"/"螺旋线/涡状线"按钮，弹出"螺旋线/涡状线"属性管理器。"定义方式"选择"螺距和圈数"，"参数"选择"恒定螺距"，设定"螺距为 20，圈数为 0.5，起始角度为 180°，顺时针"，可以看到螺旋线与中段螺旋线相接，单击"确定"按钮，完成扫描曲面的路径的创建，如图 3-8-11(b)所示。以"右视基准面"为草图绘制平面，绘制长度为 3.5 的水平线，注意添加直线端点与路径螺旋线的"穿透"几何约束，此条直线为扫描曲面的轮廓，如图 3-8-11(c)所示。退出草图后，单击"曲面"工具栏中的"扫描曲面"按钮，完成旋转曲面的创建，如图 3-8-11(d)所示。

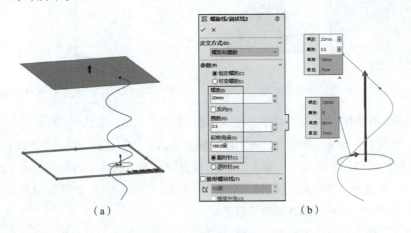

图 3-8-11　创建扫描曲面

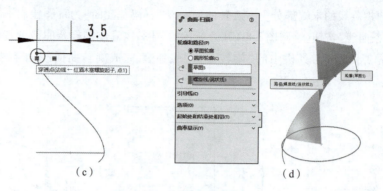

图 3-8-11 创建扫描曲面(续)

步骤 5：创建螺旋线的末端部分——交叉曲线。单击"草图"工具栏中的"草图绘制"/"3D 草图"按钮，新建"3D 草图 1"。单击"草图"工具栏中的"交叉曲线"按钮，或在菜单中选择"工具"/"草图绘制工具"/"交叉曲线"命令。选择要交叉的面（旋转曲面和扫描曲面），单击"确定"按钮，绘制的曲线在两面的交叉处出现，如图 3-8-12 所示。

步骤 6：绘制红酒木塞起子手柄部分草图。以"前视基准面"为草图绘制平面，绘制图 3-8-13 所示的草图。

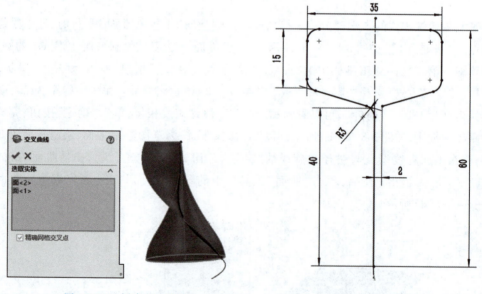

图 3-8-12 创建交叉曲线   图 3-8-13 绘制手柄部分草图

步骤 7：创建"3D 草图 2"——放样中心线。单击"草图"工具栏中的"草图绘制"/"3D 草图"按钮，新建"3D 草图 2"。单击"草图"工具栏中的"转换实体引用"，选择前面创建的圆柱螺旋线 1、圆锥螺旋线 2、交叉曲线以及手柄草图 6，单击"确定"按钮，如图 3-8-14(a)所示。由于此时的 3D 草图连续但不光滑，因此进一步应用"套合样条曲线"来使 3D 草图线光滑，如图 3-8-14(b)所示。

第二阶段：放样——创建红酒木塞螺旋起子。

步骤 8：创建放样所用的草图轮廓。创建"基准面 2"，基准面 2 与粉色线段垂直且过其端点，如图 3-8-15(a)所示。在"基准面 2"上绘制草图：$\phi 3$ 的圆，圆心与直线添加"穿透"几何约束，如

图 3-8-15(b)所示,完成后退出草图。同理,在前段螺旋线和中段螺旋线的交点处,创建"基准面 3"(基准面 3 过交点且与螺旋线垂直),在"基准面 3"上绘制草图:φ2.2 的圆,圆心与直线添加"穿透"几何约束,如图 3-8-15(c)所示,完成后退出草图;在前段螺旋线末端处,创建"基准面 4"(基准面 4 过末端点且与螺旋线垂直),在"基准面 4"上绘制草图:φ0.1 的圆,圆心与直线添加"穿透"几何约束,如图 3-8-15(d)所示,完成后退出草图。

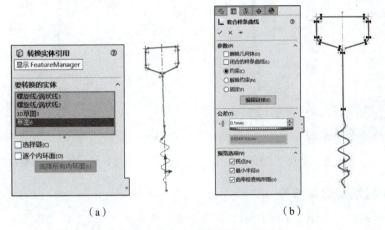

(a)   (b)

图 3-8-14 创建放样中心线

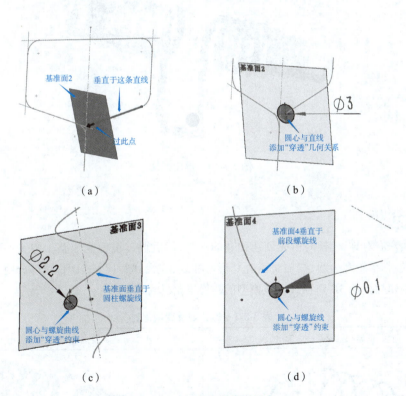

(a)   (b)

(c)   (d)

图 3-8-15 创建放样草图轮廓

步骤 9:放样。单击"特征"工具栏中的"放样凸台/基体"按钮,弹出"放样"属性管理器。"轮廓"按顺序选择步骤 8 中绘制的三个草图圆,"中心线参数"选择"3D 草图 2",如图 3-8-16 所示,单击

"确定"按钮。红酒木塞螺旋起子模型创建完成,如图 3-8-17 所示。

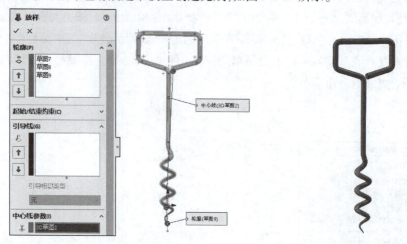

图 3-8-16　放样　　　　　　　　图 3-8-17　红酒木塞螺旋起子

【工作任务 2】绘制螺旋弹簧

用 SolidWorks 软件建立图 3-8-18 所示的螺旋弹簧三维模型。

视　频

绘制螺旋弹簧

图 3-8-18　螺旋弹簧

任务分析

螺旋弹簧左右对称,建模时可先创建弹簧的一半,然后通过镜像完成整个弹簧。建模用到的主要特征是扫描:扫描轮廓为圆,扫描路径由 U 形弯曲线、变径弹簧以及 3D 直线部分组成。该任务的主要难点是创建扫描的 3D 路径线。该模型的建模思路见表 3-8-2。

表 3-8-2　螺旋弹簧建模思路

第一阶段:创建扫描路径——3D 曲线	第二阶段:扫描螺旋弹簧并镜像
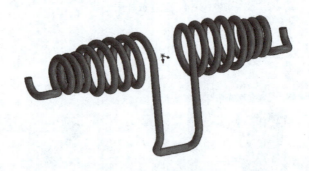	

第3章 零件特征建模

知识链接

曲线特征

除了在草图环境下绘制曲线,使用曲线特征也可以创建二维或三维的曲线。下列特征命令可以生成多种类型的3D曲线。

1) 投影曲线

投影曲线可以将绘制的曲线投影到模型面上来生成一条3D曲线,也可以用另一种方法生成曲线,首先在两个相交的基准面上分别绘制草图,此时系统会将每一个草图沿所在平面的垂直方向投影得到一个曲面,最后这两个曲面在空间中相交而生成一条3D曲线。生成投影曲线的步骤如下:

①单击"特征"工具栏中的"曲线"/"投影曲线"按钮⬛,或者在菜单中选择"插入"/"曲线"/"投影曲线"命令。

②在"投影曲线"的 PropertyManager 中,将"投影类型"设定成以下方式之一:

方式一:"面上草图"。使用此选择时,将绘制的曲线投影到模型面上,如图3-8-19所示。

➢ 在"要投影的草图"⬛下,从图形区域或弹出的 FeatureManager 设计树中选择草图线。

➢ 在"投影方向"⬛下,选择一个平面、边线、草图或面作为投影曲线的方向。

➢ 在"投影面"⬛下,选择模型上想投影草图的曲面。

➢ 如果需要,可勾选"反转投影"复选框,或单击图形区域中的空间控标。

➢ 勾选"双向"复选框以创建在草图两侧延伸的投影。

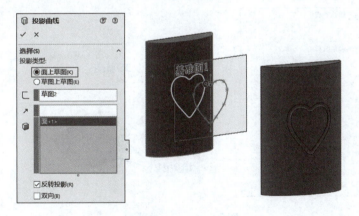

图 3-8-19 面上草图

方式二:"草图上草图"。使用此选择时,生成代表草图自两个相交基准面交叉点的曲线,如图3-8-20所示。

➢ 在相交的两个基准面上各绘制一个草图,完成后关闭每个草图。

➢ 对正这两个草图轮廓,以使当它们垂直于草图基准面投影时,所隐含的曲面将会相交,从而生成所需结果。

➢ 在要"投影的草图"⬛下面,从弹出的 FeatureManager 设计树中或图形区域选择两个草图。

➢ 勾选"反转投影"复选框,以反转投影的方向。

➢ 勾选"双向"复选框,以创建在草图两侧延伸的投影。

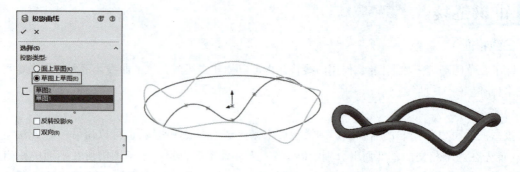

图 3-8-20　草图上草图

③单击"确定"按钮✔。

2)组合曲线

该特征将不同的曲线连接起来创建成一条曲线。组合曲线可以将多个草图、曲线特征及边线连接起来形成一条连续的曲线。生成组合曲线的步骤如下:

①单击"特征"工具栏中的"曲线"/"组合曲线"按钮⌒,或者在菜单中选择"插入"/"曲线"/"组合曲线"命令。

②在"组合曲线"的 PropertyManager 中,单击要组合的项目(如草图实体、边线等),如图 3-8-21 所示。

③单击"确定"按钮✔。

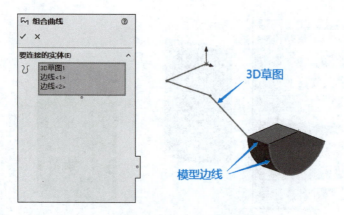

图 3-8-21　组合曲线

3)通过 XYZ 点的曲线

该特征创建一条通过指定 XYZ 坐标的曲线。坐标数据可以存成外部文件以供调用,也可以通过插入 SolidWorks 曲线文件或文本文件获取坐标信息。操作步骤如下:

①单击"特征"工具栏中的"曲线"/"通过 XYZ 点的曲线"按钮ʓ,或者在菜单中选择"插入"/"曲线"/"通过 XYZ 点的曲线"命令。

②双击 X、Y 和 Z 坐标列中的单元格并在每个单元格中输入一个点坐标,生成一套新的坐标,注意输入数值时,图形区域中会显示曲线的预览。(生成在草图外的 X、Y 和 Z 坐标相对于前视基准面坐标系而进行转换。)

③单击"确定"按钮以显示曲线。"通过 XYZ 点的曲线"按钮出现在 FeatureManager 设计树的曲线名称旁边。

4）通过参考点的曲线

该特征创建一条用户定义点或已存在的顶点的曲线。该特征也可以创建闭合曲线。操作步骤如下：

①单击"特征"工具栏中的"曲线"/"通过参考点的曲线"按钮，或者在菜单中选择"插入"/"曲线"/"通过参考点的曲线"命令。

②按照要生成曲线的次序选择草图点或顶点。当选择点时，实体会列在"通过点"列表框中显示。

③如果想将曲线封闭，须勾选"闭环曲线"复选框。

④单击"确定"按钮以显示曲线，如图 3-8-23 所示。

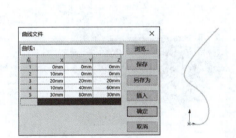

图 3-8-22 通过 XYZ 点的曲线

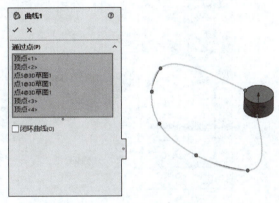

图 3-8-23 通过参考点的曲线

5）分割线

该特征将实体（草图、实体、曲面、面、基准面或曲面样条曲线）投影到表面、曲面或平面，它将所选面分割成多个单独面，可使用一个命令分割多个实体上的曲线。操作步骤如下：

①单击"特征"工具栏中的"曲线"/"分割线"按钮，或者在菜单中选择"插入"/"曲线"/"分割线"命令。

②在 PropertyManager 中的"分割类型"选项组中选择以下方式之一：

方式一：轮廓。

➢ 选取一基准面作为"拔模方向"投影穿过模型的轮廓线（外边线）。

➢ 为"要分割的面"选择投影基准面所到之面（面不能是平面），如图 3-8-24 所示。

➢ 设定"角度"以生成拔模角。

➢ 单击"确定"按钮。

方式二：投影

➢ 在"选择"区域单击一草图以用于"要投影的草图"。

➢ 为"要分割的面"选择投影草图所用的面，如图 3-8-25 所示。

➢ 勾选"单向"复选框，指向一个方向投影分割线。

➢ 单击"确定"按钮。

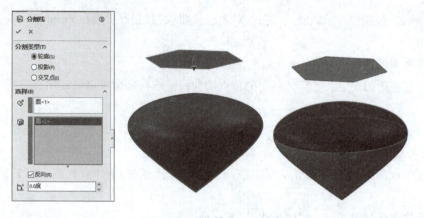

图 3-8-24　分割线——轮廓

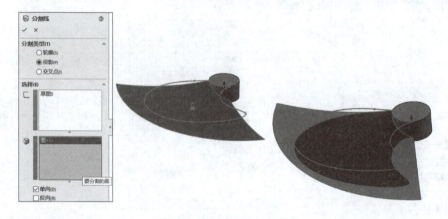

图 3-8-25　分割线——投影

方式三：交叉点。

➢ 为"分割实体/面/基准面"选择分割工具（交叉实体、曲面、面、基准面或曲面样条曲线）。

➢ 在"要分割的面/实体"中单击，然后选择要投影分割工具的目标面或实体，如图 3-8-26 所示。

➢ 选择"曲面分割选项"：自然或线性。

➢ 单击"确定"按钮。

图 3-8-26　分割线——交叉点

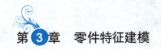

任务实施

第一阶段：创建扫描路径——3D 曲线。

步骤1：新建零件，保存文件名为"螺旋弹簧.SLDPRT"。单击"草图"工具栏中的"草图绘制"/"3D 草图"按钮，或在菜单中选择"插入"/"3D 草图"命令，在等轴测视图绘制图 3-8-27 所示草图。绘制 3D 草图过程中，可通过按【Tab】键切换绘图平面。绘制完成后，退出 3D 草图。

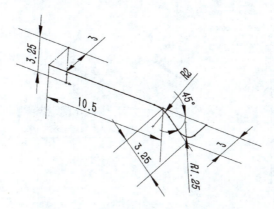

图 3-8-27 绘制 3D 草图 1——直线部分

步骤2：创建变螺距和直径的螺旋曲线。新建一个与"前视基准面"平行且过 3D 草图一个端点的"基准面 1"。在"基准面 1"上绘制一个圆心在原点的圆，且圆与 3D 草图的一个端点添加"重合"几何关系，如图 3-8-28（a）所示。选择圆，单击"特征"工具栏中的"曲线"/"螺旋线/涡状线"按钮，设定参数如图 3-8-28（b）所示。

步骤3：创建投影曲线。在"前视基准面"上绘制草图：半径为 $R2.25$ 的半圆弧，如图 3-8-29（a）所示，退出草图。在"右视基准面"绘制图 3-8-29（b）所示草图，单击"确定"按钮退出草图。单击"特征"工具栏中的"曲线"/"投影曲线"按钮，或者在菜单中选择"插入"/"曲线"/"投影曲线"命令。在"投影曲线"PropertyManager 中，将"投影类型"设定成"草图上草图"，在图形区域选择刚刚绘制的两个草图，如图 3-8-29（c）所示。单击"确定"按钮，完成投影曲线绘制。

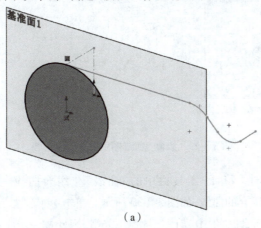

(a)

图 3-8-28 绘制 3D 草图 1——螺旋线

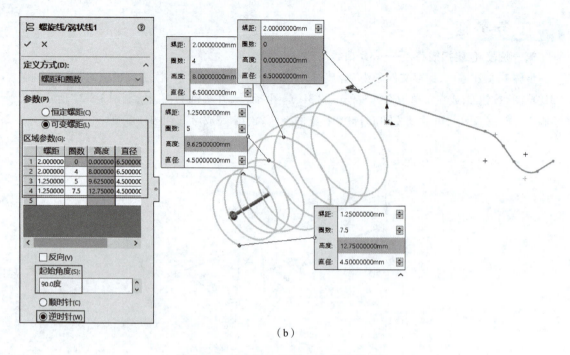

(b)

图 3-8-28　绘制 3D 草图 1——螺旋线（续）

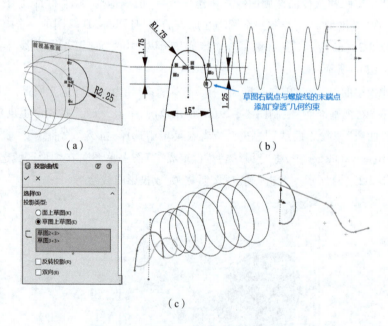

图 3-8-29　绘制 3D 草图 1——投影曲线

步骤 4：组合曲线。单击"特征"工具栏中的"曲线"/"组合曲线"按钮，在"组合曲线"的 PropertyManager 中，单击要组合的曲线，如图 3-8-30 所示。单击"确定"按钮，完成组合曲线。

步骤 5：套合曲线。由于此时的 3D 草图连续但不光滑，因此进一步应用"套合样条曲线"来使 3D 草图线光滑。单击"草图"工具栏中的"草图绘制"/"3D 草图"按钮，新建"3D 草图 2"。单击"草

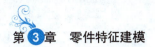

图"工具栏中的"转换实体引用"按钮,将组合曲线转换为草图实体。选择所有草图实体,在菜单中选择"工具"/"样条曲线工具"/"套合样条曲线"命令,设置"公差"为0.1,如图3-8-31所示。单击"确定"按钮,完成"3D草图2"绘制。

图 3-8-30　组合曲线

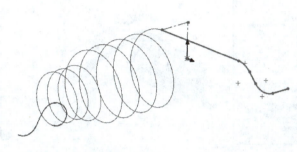

图 3-8-31　套合曲线

> 第二阶段:扫描螺旋弹簧。

步骤6: 扫描弹簧。单击"特征"工具栏中的"扫描"按钮,选择"圆形轮廓"单选按钮,路径为"3D草图2"。单击"确定按钮"✓,完成螺旋弹簧一半结构的创建,如图3-8-32所示。

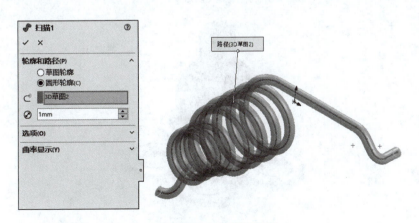

图 3-8-32　扫描螺旋弹簧

步骤7：镜像弹簧。单击"特征"工具栏中的"镜像"按钮，以"前视基准面"为镜像面，将"扫描1"特征镜像，完成螺旋弹簧模型创建，如图3-8-33所示。

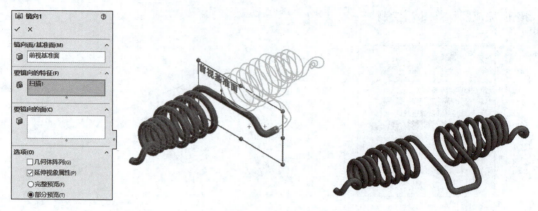

图3-8-33　镜像螺旋弹簧

强化练习

练习1：节能灯

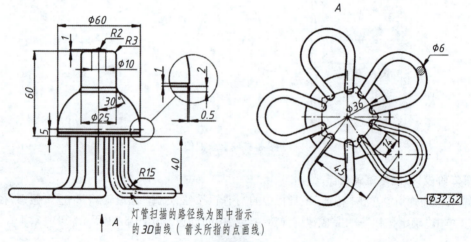

灯管扫描的路径线为图中指示的3D曲线（箭头所指的点画线）

练习 2：星形弹簧（弹簧丝直径 φ4）

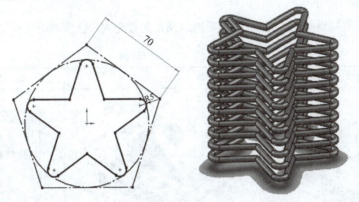

3.9 配 置

学习目标

1. 在一个 SolidWorks 文件中使用配置表示一个零件的不同版本；
2. 利用配置改变零件的尺寸；
3. 利用配置压缩或解除压缩特征。

视 频

绘制基座

【工作任务 1】绘制基座

用 SolidWorks 软件建立图 3-9-1 所示基座的三种规格型号的模型（规格型号及尺寸参见图中表格）。

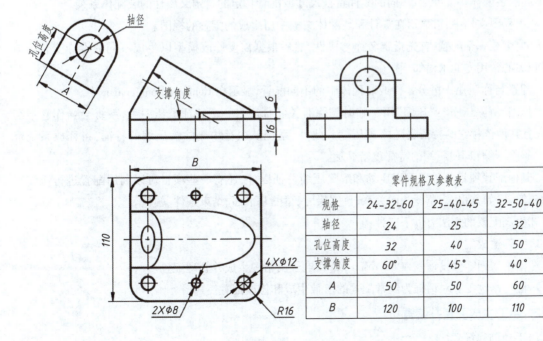

零件规格及参数表			
规格	24-32-60	25-40-45	32-50-40
轴径	24	25	32
孔位高度	32	40	50
支撑角度	60°	45°	40°
A	50	50	60
B	120	100	110

图 3-9-1 基座

任务分析

同一零件不同规格型号的模型创建,主要通过添加配置完成。该模型的建模思路见表3-9-1。

表3-9-1 基座建模思路

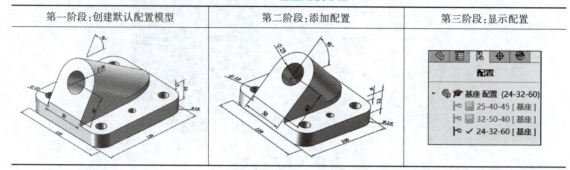

第一阶段:创建默认配置模型	第二阶段:添加配置	第三阶段:显示配置

知识链接

1. 配置概述

①配置可以在单一的文件中对零件或装配体生成多个设计变化。配置提供了简便的方法来开发与管理一组有着不同尺寸或其他参数的零部件模型。

➢零件文档中,配置可以生成具有不同尺寸、特征和属性(包括自定义属性)的零件系列。例如,通过修改零件尺寸或通过压缩特征(如孔、倒角、凸台等),可以得到尺寸和特征不同的相似零件。

➢装配体文档中,可以使用配置压缩零部件的某些特征以简化设计;可以使用不同的零部件配置、不同的装配体特征参数、不同的零件特征尺寸或配置特定的自定义属性的装配体系列。

➢工程图文档中,可显示在零件和装配体文档中所生成的配置的视图。

②要生成一个配置,首先指定名称与属性,然后根据需要修改模型以生成不同的设计变化。与配置相关的常用专业术语如下:

"配置名称":用于区分零件或装配体中的不同配置,显示在ConfigurationManager 中。

"压缩/解除压缩":"压缩"用于临时删除有关特征。当一个特征被压缩后,系统会当作它不存在,而且其他依赖它的特征也随之被压缩。此外,系统从内存中删除被压缩的特征,将释放系统资源。"解除压缩"即使压缩的特征重新显示。

"其他配置项目":除了可以压缩和解除压缩特征以外,还有一些项目可以利用配置进行压缩和解除压缩,比如方程式、草图几何关系、草图尺寸、草图基准面、结束条件、颜色等。

③生成配置的方法有以下三种:
➢手工生成配置。
➢使用系列零件设计表在 Microsoft Excel 电子表格中生成并管理配置。
➢使用修改配置对话框为经常配置的参数生成和修改配置。

2. 手工生成配置并编辑

1) 手动创建配置

①打开一个零件,单击 FeatureManager 设计树顶部的 ConfigurationManager 标签🔲以切换到

ConfigurationManager。打开的"配置"窗口中会带有一个"默认"配置,这个配置是建模时创建的零件,没有任何改变或压缩。

②在 ConfigurationManager 中,右击零件名称,在弹出的快捷菜单中选择"添加配置"命令,如图 3-9-2 所示。

③在"添加配置"属性管理器中,输入一个"配置名称"(不允许在配置名称中使用特殊字符,如"/")并指定新配置的属性,如图 3-9-3 所示。"材料明细表选项"是指当零件用于一个装配体时,材料明细表用来设定在零件序号下出现的名称。"高级选项"中,"压缩特征"是指当其他配置处于激活状态且当前配置为不激活状态时,该选项控制着最后创建特征的状态。选择该选项时,当前配置中新加入的特征将会被压缩。"使用配置指定颜色"是指可以使用调色板为每个配置设置不同的颜色,不同的材料表现为不同的颜色。"添加重建/保存标记"是指当零件保存时重建并保存配置数据。

④单击"确定"按钮 ✔,新配置添加到配置列表中,并自动处于激活状态(激活的配置前显示 ✔),如图 3-9-4 所示。

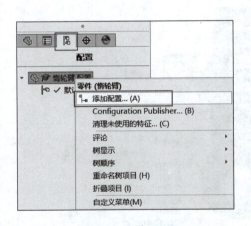

图 3-9-2　添加配置　　　　图 3-9-3　设定配置属性　　　　图 3-9-4　完成新配置添加

⑤单击 FeatureManager 设计树选项卡 ⌂,返回到 FeatureManager 设计树,按照需要修改模型以生成设计变体。修改完成后,保存零件。任何更改(尺寸变更或特征压缩)都会被保存为当前配置的一部分。图 3-9-5 所示为惰轮臂的两种配置。

2)编辑配置

(1)"修改零件尺寸"

① 激活所需的配置。

②切换到 FeatureManager 视图,然后在零件文档中,根据需要修改零件尺寸。注意在尺寸"修改"对话框中,一定选择"此配置"选项,否则修改的尺寸将添加到所有配置中,如图 3-9-6 所示。

③保存零件。

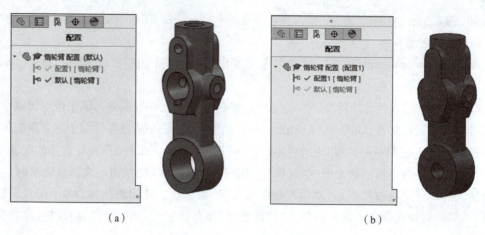

图 3-9-5 惰轮臂的不同配置

(2)配置"压缩/解除压缩"特征(有两种方法)

方法一：

①激活所需的配置。

②切换到 FeatureManager 视图，右击要压缩(或解除压缩)的特征，在弹出的快捷工具栏中单击"压缩"按钮，此特征在该配置中被删除，如图 3-9-7 所示。

③保存零件。

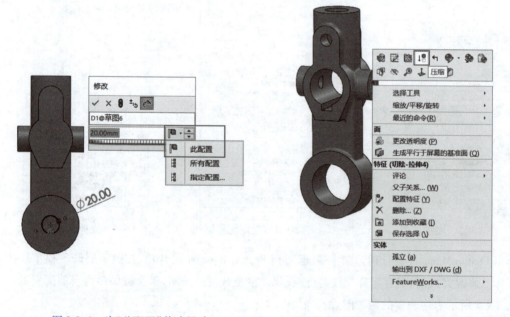

图 3-9-6 为"此配置"修改尺寸　　　图 3-9-7 压缩/解除压缩特征(方法一)

方法二：

①切换到 FeatureManager 视图，在设计树中右击要压缩(或解除压缩)的特征，在弹出的快捷菜单中选择"配置特征"命令，弹出"修改配置"窗口，如图 3-9-8 所示。双击图形区域中模型上需要压缩的特征或双击 FeatureManager 设计树中的项目(特征、草图等)，可以向"修改配置"表格中添加这些项目的可配置参数。

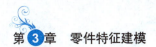

②在表格中根据配置需要,勾选是否压缩某一特征。这种方法可以快速为所有配置设定好要压缩的所有特征。

③完成后关闭表格,保存零件。

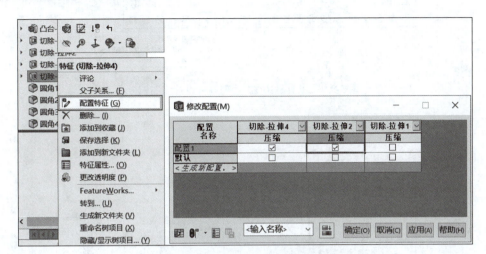

图 3-9-8　压缩/解除压缩特征(方法二)

注意:压缩特征时,系统会自动压缩该特征的所有子特征。

3. 使用系列零件设计表生成并管理配置

使用系列零件设计表生成配置,是指通过在嵌入的 Microsoft Excel 工作表中指定参数,构建多个不同配置的零件或装配体。系列零件设计表保存在模型文件中,并且不会连接到原来的 Excel 文件。在模型中所进行的更改不会影响原来的 Excel 文件。当然,也可将模型文档链接到 Excel 文件。

在零件中,可以通过系列零件设计表控制以下参数:
➤ 尺寸、特征的压缩状态、异形孔向导孔的大小。
➤ 配置属性,包括材料明细表中的零件编号、派生的配置、方程式、草图几何关系、备注、材料以及自定义属性。

在装配体中,可以通过系列零件设计表控制以下参数:
➤ 零件——压缩状态、参考的配置、固定或浮动位置;
➤ 装配体特征——尺寸、压缩状态、异形孔向导孔的大小;
➤ 配合——距离和角度配合的尺寸、压缩状态;
➤ 配置属性——零件编号及其在材料明细表中的显示(作为子装配体使用时)、派生的配置、方程式、草图几何关系、备注、自定义属性及显示状态。

1)插入系列零件设计表

插入系列零件设计表有数种不同的方法,如:自动插入系列零件设计表、插入空白系列零件设计表、将外部文件作为系列零件表插入。下面介绍"自动插入系列零件设计表"的方法。

①在零件或装配体文档中,单击"工具"工具栏中的"系列零件设计表"按钮,或在菜单中选择"插入"/"表格"/"设计表"命令,如图 3-9-9 所示。

②在"系列零件设计表"属性管理器的"源"选项中,选中"自动生成"单选按钮,并根据需要设定

"编辑控制"和"选项",完成后单击"确定"按钮✔,如图3-9-10所示。

③根据所选定的设定,可能会弹出一个对话框(见图3-9-11),询问需要添加哪些尺寸或参数。

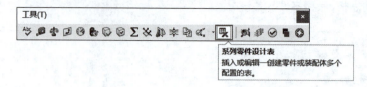

图 3-9-9　工具栏中的"系列零件设计表"按钮

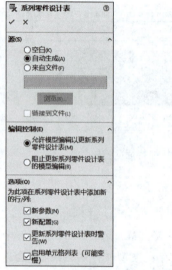

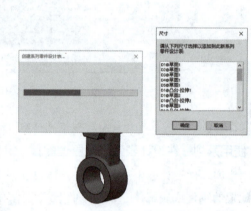

图 3-9-10　"系列零件设计表"属性管理器　　　图 3-9-11　"设置参数"对话框

④在窗口中弹出一个嵌入的 Excel 工作表,此时 Excel 工具栏会替换 SolidWorks 工具栏。单元格 A1 标识工作表为:"系列零件设计表为:模型名称",如图 3-9-12 所示。

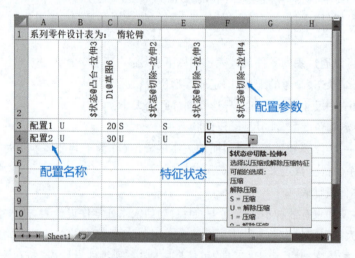

图 3-9-12　系列零件设计表

⑤要在设计表中手动添加某些类型的参数,可以执行表 3-9-2 所示的操作。

第3章 零件特征建模

表 3-9-2 系列零件设计表中插入参数的方法

参数类型	操作	结果
尺寸	在图形区域中双击某个尺寸(在打开系列零件设计表之前,确定所有必要的尺寸都已显示)	此时 $Dimension@feature\_name$ 或 $Dimension@Sketchn$ 参数插入到单元格中
特征压缩	双击特征的一个面	此时 $\$STATE@feature\_name$ 参数插入到单元格中
零部件压缩	在零部件的一个面上双击	此时 $\$STATE@component<实例>$ 参数插入到单元格中

注意:系列零件设计表中使用的尺寸、特征、零部件和配置名称必须与模型中的名称匹配。添加配置后的系列零件设计表见图 3-9-12。

⑥单击工作表以外的任何地方(但在图形区域内)关闭系列零件设计表,系统将提示"此系列零件设计表生成以下配置"。在 ConfigurationManager 中,可查看生成的所有配置,如图 3-9-13 所示。

2)编辑系列零件设计表

①在 ConfigurationManager 中,右击"系列零件设计表"按钮,在弹出的快捷菜单中选择"编辑表格"或"在单独窗口中编辑表格"命令,如图 3-9-14 所示,工作表会出现在窗口中(如果选择"在单独窗口中编辑表格"命令,则工作表会在单独的 Excel 窗口中打开)。

②根据需要编辑该表格。可以改变单元格中的参数值,添加行以容纳增加的配置,或是添加列以控制所增加的参数。

③如果系列零件设计表需要出现在工程图中,则可以通过在模型文件中编辑表格,来改变系列零件设计表的外观,比如可以编辑单元格的格式,使用 Excel 功能来修改字体、对正、边框等。

④在表格外单击以关闭系列零件设计表(如果是在单独的窗口中处理系列零件设计表,可在菜单中选择"文件"/"关闭"命令)。

⑤收到确认信息"系列零件设计表已生成新的配置"后单击"确定"按钮。此时配置被更新,以反映系列零件表中参数设置的变化。

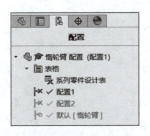

图 3-9-13 "系列零件设计表"生成的配置

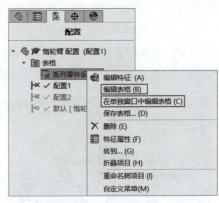

图 3-9-14 编辑"系列零件设计表"

3)删除系列零件设计表

①在 ConfigurationManager 中右击"系列零件设计表"按钮,在弹出的快捷菜单中选择"删除"命令。

②单击"是"按钮确认删除(系列零件设计表可被删除,但配置未被删除)。

4. 删除配置

①在 ConfigurationManager 中激活一个想保留的配置,想要删除的配置必须是处于非激活状态。

②在想删除的配置名称上右击,在弹出的快捷菜单中选择"删除"命令。
③收到确认信息"确认删除配置"后单击"是"按钮,所选配置被删除。

任务实施

第一阶段:创建基座的默认配置模型。

步骤1: 新建零件,在 FeatureManager 设计树中单击"上视基准面",在弹出的关联菜单中单击"草图绘制"按钮,按图 3-9-1 零件规格"24-32-60"绘制基座的底座草图,如图 3-9-15(a)所示;绘制完成后退出草图绘制环境,拉伸凸台,完成基座底座建模,如图 3-9-15(b)所示。

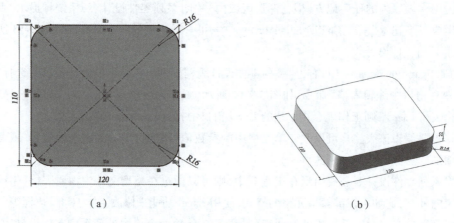

图 3-9-15 创建基座的底座

步骤2: 新建基准面,创建基座的倾斜凸台。单击"特征"工具栏中的"参考几何体"/"基准面"按钮,弹出"基准面1"属性管理器。"第一参考"选择"基座底座顶面左边的边线","第二参考"选择"基座底座的顶面",并设定"两面夹角"为60°,如图 3-9-16(a)所示,完成基准面的新建。以新建的"基准面1"作为草图绘制平面,绘制基座倾斜凸台的草图轮廓,如图 3-9-16(b)所示。退出草图绘制,拉伸凸台,选择"成形到下一面",完成基座倾斜凸台的建模,如图 3-9-16(c)所示。在倾斜凸台的斜面上绘制圆,拉伸切除出轴孔,如图 3-9-16(d)所示。

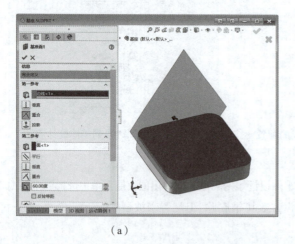

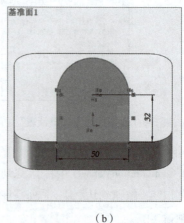

图 3-9-16 创建基座的倾斜凸台

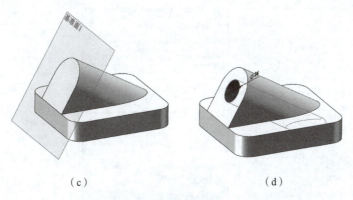

（c）　　　　　　　　　　（d）

图 3-9-16　创建基座的倾斜凸台（续）

步骤 3：将基座的底座顶面向下拉伸切除 6 mm。以底座顶面作为草图绘制平面，单击"草图"工具栏中的"转换实体引用"/"转换实体引用"按钮，选择底座顶面，则底座顶面轮廓转换为草图轮廓，如图 3-9-17(a)所示。退出草图后，将此轮廓草图向下拉伸切除 6 mm，如图 3-9-17(b)所示。在新的底座顶面上，分别创建出 4 个 φ12 和 2 个 φ8 的孔，如图 3-9-17(c)所示，完成基座默认配置建模。

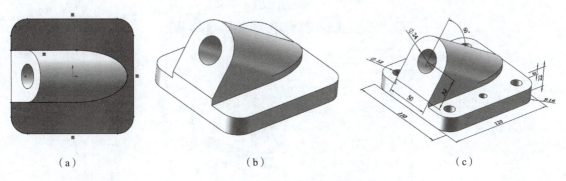

（a）　　　　　　　　　（b）　　　　　　　　　（c）

图 3-9-17　基座默认配置模型

第二阶段：添加配置。

步骤 4：单击 FeatureManager 设计树顶部的 ConfigurationManager 标签，切换到 ConfigurationManager。打开的"配置"窗口中会带有一个"默认"配置，这个配置是建模时创建的零件，没有任何改变或压缩。在 ConfigurationManager 中，右击零件名称，在弹出的快捷菜单中选择"添加配置"命令，如图 3-9-18(a)所示。在"添加配置"的 PropertyManager 中，输入配置名称"25-40-45"，如图 3-9-18(b)所示。单击"确定"按钮，新配置添加到配置列表中，并自动处于激活状态，如图 3-9-18(c)所示。

步骤 5：切换到 FeatureManager 视图，在零件文档中，根据需要修改零件尺寸。右击设计树中的"注解"选项，在弹出的快捷菜单中选择"显示特征尺寸"命令，此时，模型中的所有尺寸在图中显示出来，如图 3-9-19 所示；选择配置"25-40-45"中需要修改的尺寸，比如尺寸 B，需要由 120 改为 100，则双击模型中的尺寸 120，在弹出的"修改"对话框中输入尺寸"100"，并且一定选择"此配置"选项，否则修改的尺寸将添加到所有配置中，如图 3-9-20 所示。用此方法，修改配置"25-40-45"中的其他尺寸：轴径、孔位高度、支撑角度、尺寸 A。完成后，单击按钮重建模型，添加配置"25-40-45"的模型如图 3-9-21 所示。

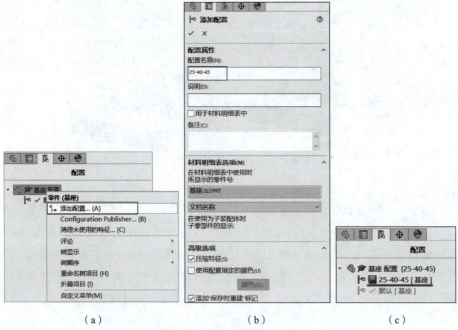

图 3-9-18　添加配置 25-40-45

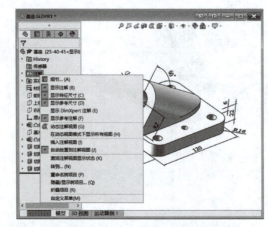

图 3-9-19　显示模型特征尺寸

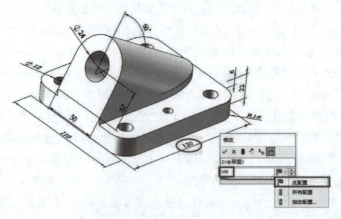

图 3-9-20　修改配置"25-40-45"尺寸

步骤6：用上述方法添加第三种配置"32-50-40"，结果如图 3-9-22 所示。

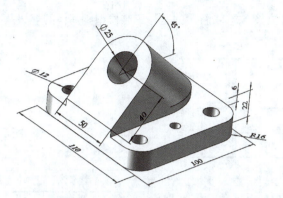

图 3-9-21　生成配置"25-40-45"模型

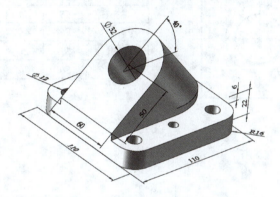

图 3-9-22　生成配置"32-50-40"模型

第三阶段：显示配置。

步骤7：单击 FeatureManager 设计树顶部的 ConfigurationManager 标签，切换到 ConfigurationManager。两次单击"默认"配置，修改名称为"24-32-60"，此时，完成了题目所要求的基座三种规格型号模型的创建，如图 3-9-23 所示。根据需要，双击配置名称，可显示不同的配置。

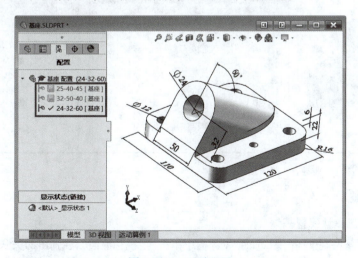

图 3-9-23　显示配置

【工作任务 2】绘制基体

用 SolidWorks 软件建立图 3-9-24 所示的基体三维模型。基体的规格及参数见图中表格所示。

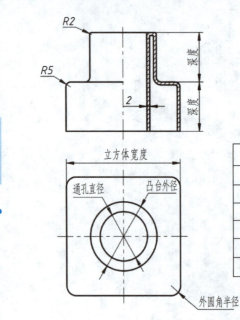

零件规格及参数表

规格	默认配置	更改1	更改2	更改3
立方体宽度	120	120	90	120
凸台外径	75	50	60	30
通孔直径	50	40	10	10
外圆角半径	10	15	30	25
深度	50	30	15	90

图 3-9-24 基体

任务分析

同一零件不同规格型号的模型创建,除了用添加配置完成,还可用系列零件设计表完成。该模型的建模思路见表 3-9-3。

表 3-9-3 基体建模思路

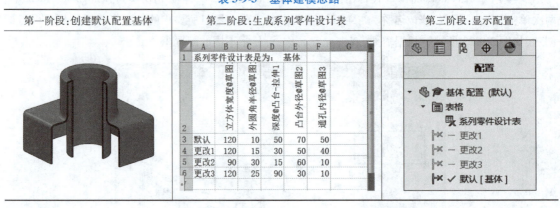

任务实施

第一阶段:创建默认配置基体。

步骤 1:新建零件,在 FeatureManager 设计树中单击"上视基准面",在弹出的关联菜单中单击"草图绘制"按钮,按默认配置的相关参数绘制基体的立方体草图,如图 3-9-25(a)所示;绘制完成后退出草图绘制环境,拉伸凸台高度为50,并为立方体上表面倒圆角 R5,完成基体的立方体建模,如图 3-9-25(b)所示。

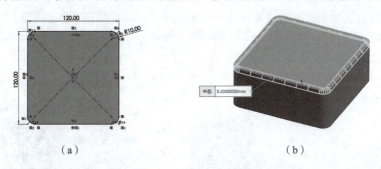

（a）　　　　　　　　　　　　　　（b）

图 3-9-25　创建立方体

步骤2:以立方体的上表面作为草绘平面,绘制基体上部圆柱草图,如图 3-9-26(a)所示,拉伸凸台高度为50,完成基体圆柱的建模,如图 3-9-26(b)所示。

（a）　　　　　　　　　　　　　　（b）

图 3-9-26　创建圆柱

步骤3:拉伸切除基体的圆柱通孔 $\phi50$,如图 3-9-27(a)所示;基体圆柱顶面倒圆角 R2,底面倒圆角 R5,完成后如图 3-9-27(b)所示。

（a）　　　　　　　　　　　　　　（b）

图 3-9-27　创建圆柱通孔及圆角

步骤4:基体抽壳。单击"特征"工具栏中的"抽壳"命令,厚度为2,"移除的面"选择基体底面,如图 3-9-28(a)所示,参数设置完成后,单击"确定"按钮,完成基体抽壳,如图 3-9-28(b)所示。

第二阶段:生成系列零件设计表。

步骤5:根据基体的零件规格及参数表,将相关的尺寸进行链接数值(使用链接数值,又称"共享数值"或"链接尺寸",无须使用关系式或几何关系,就可以链接两个或多个尺寸。当尺寸用这种方式链接起来后,该组中任何尺寸都可以当成驱动尺寸来使用,即改变链接数值中的任意一个数值,都会改变与其链接的所有其他数值)。右击设计树中的"注解"选项,在弹出的快捷菜单中选择"显示特征尺寸"命令,此时,模型中的所有尺寸在图中显示出来。将鼠标放在立方体宽度尺寸120上并右击,在弹出的快捷菜单中选择"链接数值"命令,弹出"共享数值"对话框,在"名称"文本框中输入"立方体宽度",完成链接数值,如图3-9-29所示。将另一尺寸120也与"立方体宽度链接"。另外,完成基体规格及参数表中其他尺寸"凸台外径""通孔直径""外圆角半径""深度"的链接数值,如图3-9-30所示。

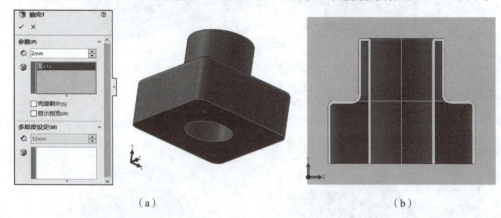

图 3-9-28　基体抽壳

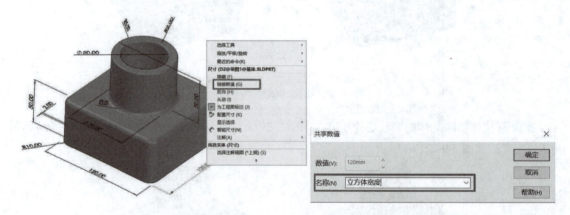

图 3-9-29　链接数值

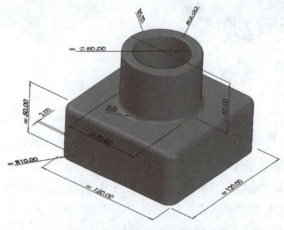

图 3-9-30　完成链接数值后的基体

步骤 6：单击"工具"工具栏中的"系列零件设计表"按钮，或在菜单中选择"插入"/"表格"/"设计表"命令，弹出"系列零件设计表"的 PropertyManager，在"源"选项中，选中"自动生成"单选按钮，并根据需要设定"编辑控制"和"选项"，完成后单击"确定"按钮✓，弹出"尺寸"对话框，如图 3-9-31 所示，选择需要添加的 5 个尺寸参数。单击"确定"按钮后，在窗口中弹出一个嵌入的 Excel 工作表，此时 Excel 工具栏会替换 SolidWorks 工具栏。单元格 A1 标识工作表为："系列零件设计表为：基体"，此时在表格中输入新配置名称及尺寸参数，如图 3-9-32 所示。完成后在绘图区域任一地方单击，Excel 系列零件表消失，完成添加配置。

| 图 3-9-31 选择尺寸添加到系列零件设计表 | 图 3-9-32 填写系列零件设计表 |

第三阶段：显示配置。

步骤 7：单击 FeatureManager 设计树顶部的 ConfigurationManager 标签，切换到 ConfigurationManager，可以看到生成了基体的四种配置，分别是"更改 1、更改 2、更改 3 及默认（基体）"，各种配置形状结构如图 3-9-33 所示。根据需要，双击配置名称，可显示不同的配置。

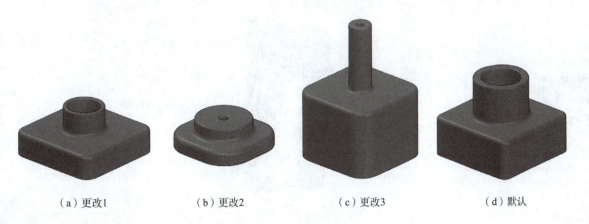

(a) 更改1　　(b) 更改2　　(c) 更改3　　(d) 默认

图 3-9-33 基体的四种配置

强化练习

根据所给三视图，创建模型的三种不同配置。

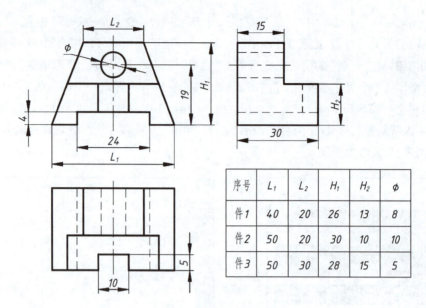

序号	L_1	L_2	H_1	H_2	ϕ
件1	40	20	26	13	8
件2	50	20	30	10	10
件3	50	30	28	15	5

3.10　多实体零件

学习目标

1. 掌握创建多实体零件的不同方法；
2. 掌握组合实体的特征；
3. 掌握镜像/阵列实体；
4. 掌握分割实体。

【工作任务1】绘制支架2

用 SolidWorks 软件建立图 3-10-1 所示多实体零件。

视频
绘制支架2

图 3-10-1　支架

任务分析

对于形状复杂的几何形体，利用常见的成形方法很难实现建模成形，可以考虑通过"多实体"建模然后再组合实体来得到。该模型的建模思路见表 3-10-1。

表 3-10-1　支架的建模思路

第一阶段：创建多实体零件	第二阶段：创建桥接	第三阶段：组合实体

知识链接

1. 多实体

（1）多实体概述

多实体是指一个零件文档中包含有多个单独的实体。当单个零件文件中有多个实体时，FeatureManager 设计树中会出现一个名为"实体"的文件夹。"实体"文件夹旁边的括号中会显示零件文件中的实体数。

可采用与操作单一实体相同的方式来操作多实体。例如，可以对每一个实体单独添加和修改特征，并更改每个实体的名称和颜色。

有很多种使用多实体的建模技术和特征，其中最常用的多实体技术是桥接。设计图 3-10-2 所示零件踏架时，首先建模踏架左端的圆筒及右端的平板特征，形成多实体零件，然后再创建"桥接"将多实体连接在一起，形成一个单实体零件。

图 3-10-2　踏架

（2）多实体用途

多实体零件主要有两个用途，一个多实体零件可以是一个单个实体设计的中间形成步骤，亦或可以用一个多实体零件替代一个装配体。

（3）创建多实体的方法

有多种创建多实体的方法：

➢ 用多个不连续的轮廓创建凸台。

➢ 将单个实体分割成多个实体。

➢ 创建一个与零件的其他几何体隔开一定距离的凸台特征。

➢ 创建一个与零件其他几何体相交的凸台特征并清空"合并结果"选项。"合并结果"选项将使多个特征连接在一起形成一个单一的实体。该选项的复选框会在凸台和阵列特征的界面中显示,清除这个选项将阻止特征与现有的几何体合并。清除该选项后创建的特征将产生一个单独的实体,即使它与现有的特征相交。

2. 组合实体

在多实体零件中,可使用"组合"命令,将多个实体组合生成一个单一实体零件或另一个多实体零件。通过"组合"命令,可以添加、删减或共同多个实体生成单一实体。

(1) 组合实体——添加

在多实体零件中,可以将多个实体组合创建一个单一实体。操作步骤如下:

① 单击"特征"工具栏中的"组合"按钮,或在菜单中选择"插入"/"特征"/"组合"命令。

② 在 PropertyManager 的"操作类型"选项组中选择"添加"单选按钮;在"要组合的实体"区域,选择要组合的各个实体,可以在图形区域中选择实体,也可以在 FeatureManager 设计树的实体文件夹中进行选择,如图 3-10-3 所示。

③ 单击"显示预览"按钮以预观特征。

④ 单击"确定"按钮。

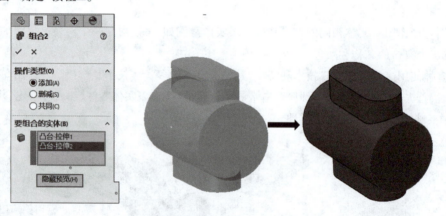

图 3-10-3　组合实体——添加

(2) 组合实体——删减

在多实体零件中,可以从一个实体中减除一个或多个实体。操作步骤如下:

① 单击"特征"工具栏中的"组合"按钮,或在菜单中选择"插入"/"特征"/"组合"命令。

② 在 PropertyManager 的"操作类型"选项组中选择"删减"单选按钮;在"主要实体"区域,选择要保留的实体,在"减除的实体"区域,选择想移除其材料的实体,可以在图形区域中选择实体,也可以在 FeatureManager 设计树的实体文件夹中进行选择,如图 3-10-4 所示。

③ 单击"显示预览"按钮以预观特征。

④ 单击"确定"按钮。

(3) 组合实体——共同

在多实体零件中,可以创建一个由多个实体的交叉处所定义的实体。操作步骤如下:

① 单击"特征"工具栏中的"组合"按钮,或在菜单中选择"插入"/"特征"/"组合"命令。

②在 PropertyManager 的"操作类型"选项组中选择"共同"单选按钮;在"组合的实体"区域,选择要组合的各个实体,可以在图形区域中选择实体,也可以在 FeatureManager 设计树中的实体文件夹中进行选择,如图 3-10-5 所示。

③单击"显示预览"按钮以预观特征。

④单击"确定"按钮。

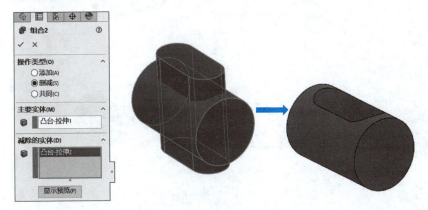

图 3-10-4　组合实体——删减

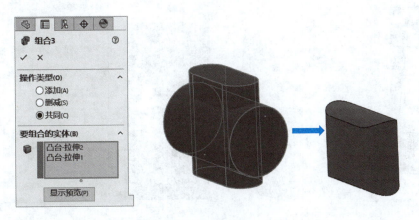

图 3-10-5　组合实体——共同

任务实施

第一阶段:创建支架的多实体零件。

步骤 1: 新建零件,在 FeatureManager 设计树中单击"右视基准面",在弹出的关联菜单中单击"草图绘制"按钮,绘制支架的顶部圆柱和底部半圆柱草图,如图 3-10-6(a)所示;绘制完成后退出草图绘制环境,分别两侧对称拉伸凸台长度为 57、76,如图 3-10-6(b)所示。

步骤 2: 创建支架梯形连接板。在 FeatureManager 设计树中单击"前视基准面",在弹出的关联菜单中单击"草图绘制"按钮,绘制支架梯形连接板侧面草图,如图 3-10-7(a)所示;绘制完成后退出草图绘制环境,拉伸凸台(方向 1 和方向 2 均选择"完全贯穿"),如图 3-10-7(b)所示;在"前视基准面"绘制图 3-10-7(c)所示草图,注意两条斜边与上下圆的相切关系;完成后退出草图环境,拉伸-切除凸台,深度选择"完全贯穿",勾选"反侧切除"复选框,"特征范围"中"所选实体"为刚刚创建的梯形连接板,如图3-10-7(d)所示;完成后以"前视基准面"为镜像面,"镜像"梯形连接板,此时的支架为包含有4个实体的多实体零件,如图3-10-7(e)所示。

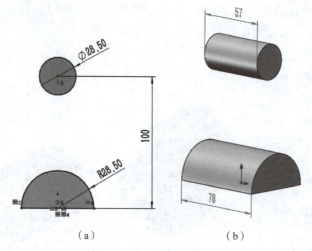

图 3-10-6　创建圆形凸台

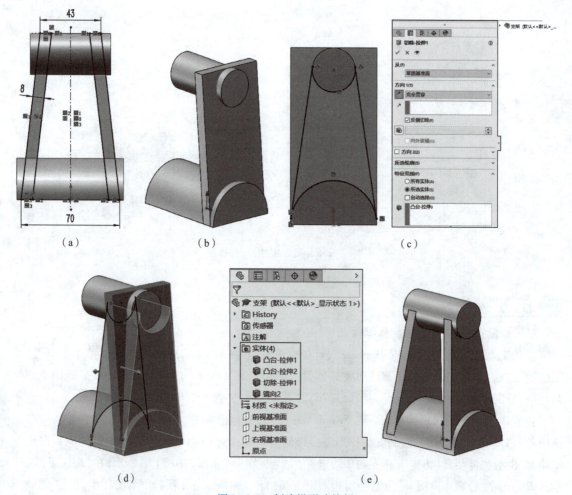

图 3-10-7　创建梯形连接板

第二阶段：创建桥接。

步骤 3：在 FeatureManager 设计树中单击"前视基准面"，绘制支架的桥接部分草图，如图 3-10-8（a）所示；绘制完成后退出草图绘制环境，两侧对称拉伸凸台长度为 8，勾选"合并结果"复选框，此时支架由多实体零件，变成了单一实体零件，如图 3-10-8（b）所示。

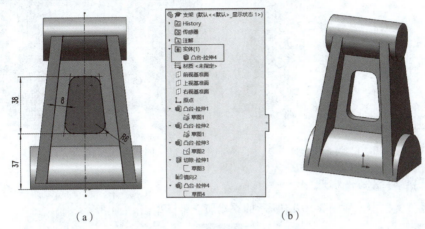

图 3-10-8　创建支架桥接部分

步骤 4：在 FeatureManager 设计树中单击"上视基准面"，绘制支架耳板部分的草图，如图 3-10-9（a）所示；绘制完成后退出草图绘制环境，拉伸凸台长度为 16，取消勾选"合并结果"复选框，完成后的耳板如图 3-10-9（b）所示。以"右视基准面"为镜像平面，镜像"耳板"实体，完成支架成为一个包含 3 个实体的多实体零件，如图 3-10-9（c）所示。

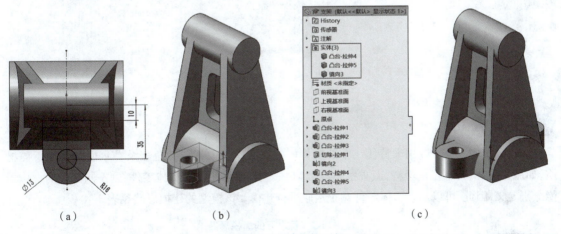

图 3-10-9　创建支架耳板

第三阶段：组合实体。

步骤 5：单击"特征"工具栏中的"组合"按钮，或在菜单中选择"插入"/"特征"/"组合"命令，在 PropertyManager 的"操作类型"选项组中选择"添加"单选按钮；在"组合的实体"区域，选择要组合的各个实体，如图 3-10-10 所示，单击"显示预览"按钮以预观特征，单击"确定"按钮，支架形成一个单一实体零件。

步骤 6：创建支架上下圆柱部分的通孔，如图 3-10-11 所示。

步骤 7: 为支架创建 R1.5 的圆角,完成支架建模,如图 3-10-12 所示。

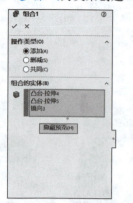 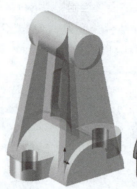 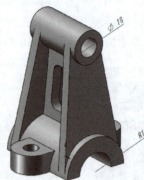 

图 3-10-10　组合实体　　　　图 3-10-11　创建支架通孔　　　　图 3-10-12　支架

【工作任务 2】绘制香水瓶

在一个零件文档中创建图 3-10-13 所示的香水瓶三维模型。

绘制香水瓶

图 3-10-13　香水瓶

任务分析

一个多实体零件可以用来替代一个装配体。香水瓶模型中,瓶身、瓶盖及香水通常使用不同材质,如瓶身是玻璃,瓶盖是塑料,而香水是有机物——水,如果使用单实体零件,则不同部位的材质不能分别定义,因此,可以用多实体零件对香水瓶进行建模。该模型的建模思路见表 3-10-2。

表 3-10-2　香水瓶的建模思路

第一阶段:创建香水瓶整体结构	第二阶段:分割瓶盖瓶身	第三阶段:创建香水液体

任务实施

第一阶段：创建香水瓶整体结构。

步骤 1：新建零件，在 FeatureManager 设计树中，用"上视基准面"作为草图绘制平面，绘制香水瓶的底面正四边形（边长为 40mm）；创建距离"上视基准面"120 mm 的"基准面 1"，在"基准面 1"上绘制香水瓶的顶面正四边形（与底面正四边形等距距离为 8 mm），如图 3-10-14（a）所示；以底面四边形和顶面四边形的对顶点为参考，创建"基准面 2"，在"基准面 2"上绘制图 3-10-14（b）所示的样条曲线 2 条；单击"特征"工具栏中的"放样凸台/基体"按钮，在"放样"属性管理器中，"轮廓"选择香水瓶底面四边形（草图 1）和顶面的四边形（草图 2），"引导线"选择草图 3 中的两条样条曲线，完成香水瓶的放样，如图 3-10-14（c）所示；单击"特征"工具栏中的"弯曲"按钮，在"弯曲"属性管理器中，"弯曲输入"中实体选择"放样 1"、类型选择"扭曲"、"角度"为 90°，扭曲后的香水瓶如图 3-10-14（d）所示。

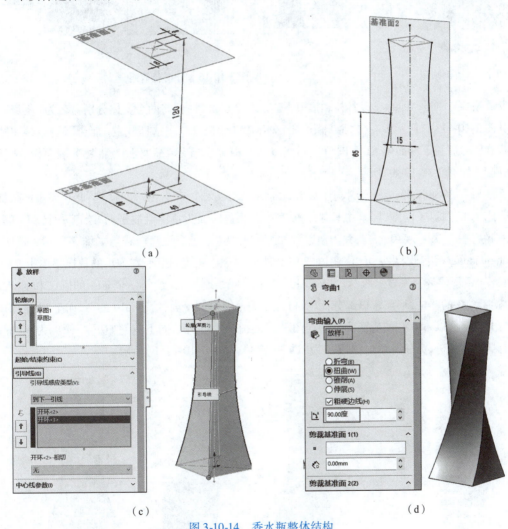

图 3-10-14 香水瓶整体结构

步骤 2：为香水瓶上所有边线做 R2 的圆角，如图 3-10-15 所示。

第二阶段：分割瓶盖瓶身。

步骤 3：用"前视基准面"作为草图绘制平面，绘制一条距离香水瓶底面 92 mm 的水平线，完成后退出草图,如图3-10-16(a)所示;单击"特征"工具栏中的"分割"按钮,在"分割"属性管理器中,"剪裁工具"选择刚刚绘制的直线(草图4),单击"切除零件"按钮,在"所产生的实体"区域,勾选全部复选框,如图3-10-16(b)所示,完成香水瓶瓶盖和瓶身的分割。

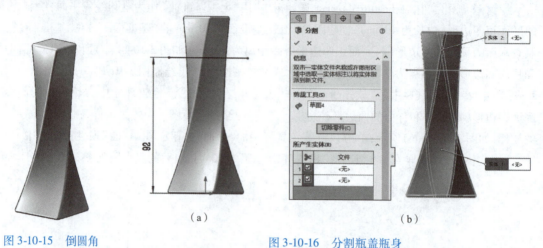

图3-10-15　倒圆角　　　　　　　　　　图3-10-16　分割瓶盖瓶身

步骤4: 在FeatureManager设计树中展开"实体(2)"文件夹,将两个实体分别命名为"瓶身""瓶盖",如图3-10-17(a)所示。右击"瓶身"选项,在弹出的快捷菜单中选择,将"瓶身"隐藏,屏幕中只显示瓶盖。为瓶盖下端面做R1.5圆角。同理,隐藏"瓶盖",显示"瓶身",为瓶身上端面做R1.5圆角,完成后,如图3-10-17(b)所示。

步骤5: 在FeatureManager设计树中展开"实体(2)"文件夹,右击"瓶身"选项,在弹出的快捷菜单中选择,将"瓶身"隐藏,屏幕中只显示瓶盖。以瓶盖底面为草图绘制平面,绘制一个$\phi14$的圆,"拉伸切除"一个深度为10的孔,并为瓶盖添加"外观"为"红色高光泽塑料",如图3-10-18(a)所示;在FeatureManager设计树中展开"实体(2)"文件夹,右击"瓶盖"选项,在弹出的快捷菜单中选择,将"瓶盖"隐藏,屏幕中只显示瓶身。以瓶身顶面为草图绘制平面,绘制一个$\phi14$的圆,"拉伸凸台"一个高度为10的圆柱,形成瓶口部分;以瓶口顶面为草图绘制平面,绘制$\phi10$的圆,向下"拉伸切除"深度为13的孔;以$\phi10$孔的底面为草图绘图平面,绘制$\phi12$的圆,向下"拉伸切除"深度为80的孔,形成瓶身空腔部分,为瓶身添加"外观"为"透明玻璃",如图3-10-18(b)所示。

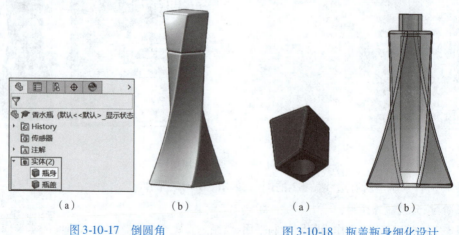

图3-10-17　倒圆角　　　　　　　　　　图3-10-18　瓶盖瓶身细化设计

第三阶段：创建香水液体。

步骤 6：以瓶身圆柱内腔底面为草图绘制平面，绘制 φ12 的圆（等于圆柱内腔直径），向上"拉伸凸台"高度为 60，注意在"拉伸凸台"属性管理器中，取消勾选"合并实体"复选框。此步骤创建的圆柱实体为香水，添加"外观"为红色的"细小波纹水"，如图 3-10-19 所示。

步骤 7：添加圆顶。单击"特征"工具栏中的"圆顶"按钮，"参数"中"到圆顶的面"选择香水瓶的顶面或底面，"距离"为 3，单击"反向"按钮，以使香水瓶顶面或底面形成凹面，香水瓶设计全部完成，如图 3-10-20 所示。香水瓶是一个包含有三个实体的零件。

  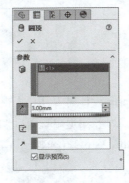 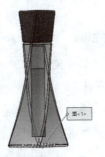 

图 3-10-19　创建香水　　　　　　　　图 3-10-20　添加圆顶

【工作任务 3】绘制手柄

如图 3-10-21 所示，根据所给零件图，创建手柄三维模型。

视频●
绘制手柄

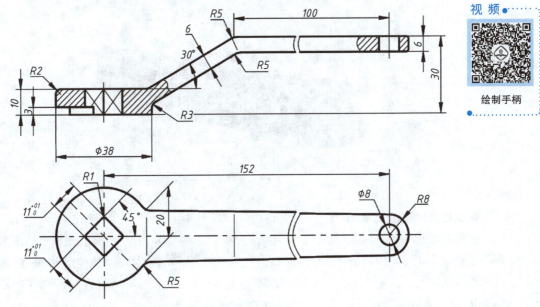

图 3-10-21　手柄零件图

任务分析

根据所给手柄零件图可知，手柄的轮廓形状由主视图和俯视图共同确定，建模时需要用两个视图结合来确定手柄的主要结构形状，因此可以分别根据主视图及俯视图，创建两个方向的实体，然后通过求取两实体共同部分完成手柄建模。该模型的建模思路见表3-10-3。

表3-10-3　手柄的建模思路

第一阶段:创建第一实体	第二阶段:创建第二实体	第三阶段:组合实体——共同

任务实施

第一阶段:创建第一实体。

步骤1: 新建零件,在 FeatureManager 设计树中,用"上视基准面"作为草图绘制平面,根据手柄的俯视图,绘制草图轮廓,如图 3-10-22(a)所示;退出草图后,单击"特征"工具栏中的"拉伸凸台/基体"按钮,拉伸第一实体高度为 30 mm,如图 3-10-22(b)所示。

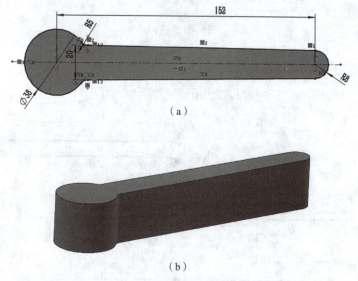

(a)

(b)

图 3-10-22　第一实体

第二阶段:创建第二实体。

步骤2: 在 FeatureManager 设计树中,用"前视基准面"作为草图绘制平面,根据手柄的主视图,绘制草图轮廓,如图 3-10-23(a)所示;退出草图后,单击"特征"工具栏中的"拉伸凸台/基体"按钮,注意在属性管理器中,"方向1"和"方向2"的深度均选择"完全贯穿",取消勾选"合并实体"复选框,如图 3-10-23(b)所示。

第三阶段:组合实体——共同。

步骤3: 单击"特征"工具栏中的"组合"按钮,或在菜单中选择"插入"/"特征"/"组合"命令,在"组合"属性管理器的"操作类型"选项组中选择"共同"单选按钮;在"组合的实体"区域,选择要组合的各个实体,如图 3-10-24 所示,单击"显示预览"按钮以预观特征,单击"确定"按钮,手柄形成一个单一实体零件。

第 3 章 零件特征建模

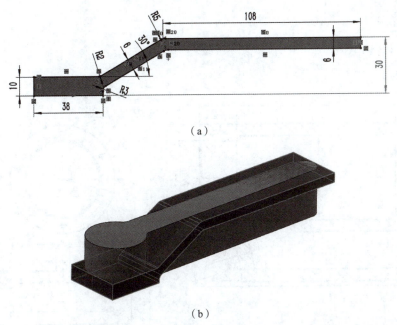

(a)

(b)

图 3-10-23 第二实体

步骤4： 用手柄圆形头部顶面作为草图绘制平面，根据手柄俯视图，绘制边长为 11 的方形草图轮廓，退出草图后，单击"特征"工具栏中的"拉伸-切除"按钮，创建通孔，如图 3-10-25(a)所示；用手柄圆形头部底面作为草图绘制平面，根据手柄俯视图，绘制倾斜 45°的半圆轮廓，退出草图后，单击"特征"工具栏中的"拉伸-切除"按钮，切除深度为 3 mm，如图 3-10-25(b)所示；用手柄右端顶面作为草图绘制平面，根据手柄俯视图，绘制 $\phi8$ 的圆形草图轮廓，退出草图后，单击"特征"工具栏中的"拉伸-切除"按钮，创建通孔，如图 3-10-25(c)所示；最后根据零件图，为手柄边缘创建 $R2$ 的"圆角"特征，完成手柄建模。

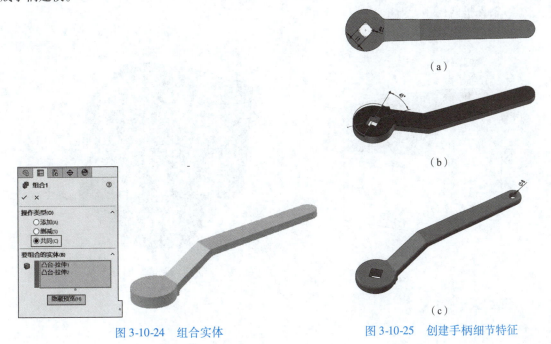

图 3-10-24 组合实体   图 3-10-25 创建手柄细节特征

155

强化练习

练习1:铣刀头座体

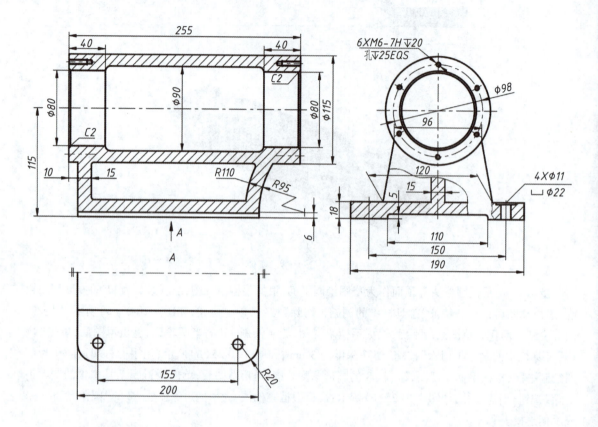

练习2:保护网板

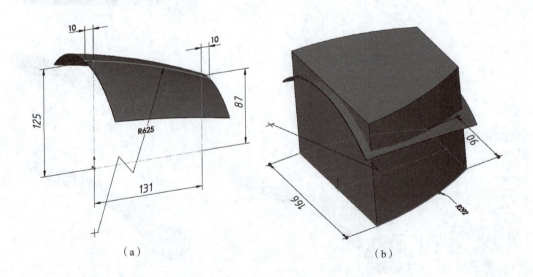

(a)　　　　　　　　(b)

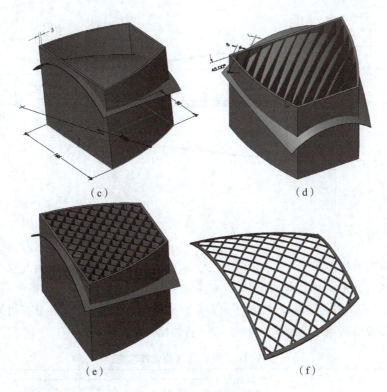

（c）　　　　　　　　　　（d）

（e）　　　　　　　　　　（f）

3.11　方程式

学习目标

1. 学习使用全局变量绑定数值；
2. 学习创建方程式；
3. 学习使用全局变量和方程式定义尺寸参数；
4. 学习评估质量属性。

【工作任务】绘制叉架

创建图 3-11-1 所示叉架零件的模型，其中：$A = 230$ mm，$B = 85$ mm，$X = A/4$，$Y = (2*B)/3$；建模完成后，若该零件的材料为 1060 铝合金，密度为 2 700 kg/m³，求该零件的质量是多少？

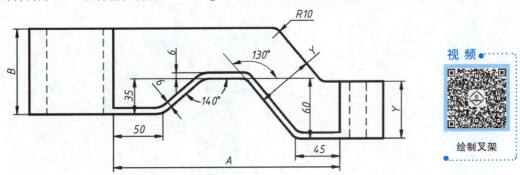

图 3-11-1　叉架零件图

视　频
绘制叉架

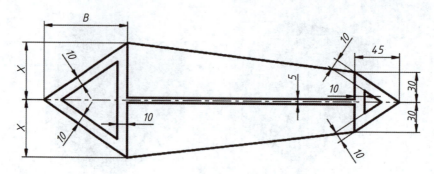

图 3-11-1 叉架零件图(续)

任务分析

通过读零件图,发现该零件的尺寸定义有三种类型,一种类型是常规的尺寸定义方式:直接给出尺寸数值;第二种尺寸是通过用字母表示的自变量所定义(自变量题中赋予了数值);第三种尺寸是通过使用方程式的形式定义尺寸,这类尺寸随着自变量的变化而变化。由此分析可知,该零件在建模过程中,尺寸需要链接到自变量或方程式。该零件的建模思路见表 3-11-1。

表 3-11-1 叉架零件的建模思路

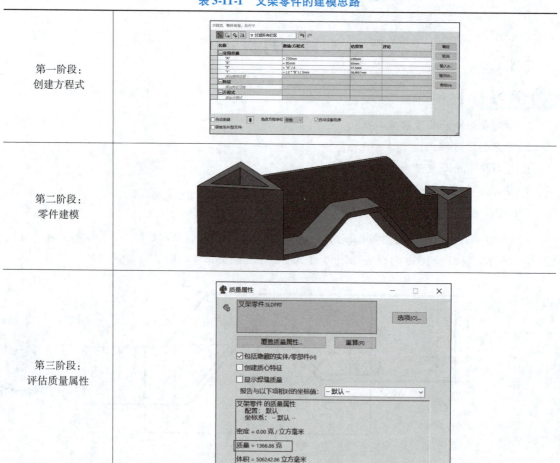

| 第一阶段:创建方程式 |
| 第二阶段:零件建模 |
| 第三阶段:评估质量属性 |

知识链接

全局变量与方程式

使用"全局变量"和"方程式"定义尺寸,并生成零件和装配体中两个或更多尺寸之间的数学关系。"全局变量"是独立的可以设置为任何值的数值。"方程式"用于建立尺寸之间的数字关系。

1)全局变量

创建"全局变量"时用户可以直接给定名称和数值。全局变量可以用驱动尺寸作为唯一的数值,也可以直接应用于尺寸,同时还可以结合方程式一起使用。全局变量要求具备唯一的名称和一个数值。

在方程式中添加全局变量的步骤如下:

①在菜单中,选择"工具"/"Σ方程式"命令,或者右击设计树中的 FeatureManager 文件夹"方程式",在弹出的快捷菜单中选择"管理方程式"命令。

②选择方程式视图Σ。

③在"全局变量"对话框中单击名称列中的空单元格,输入全局变量的名称,如 A。

此时,SolidWorks 软件将进行以下操作:

➢ 用引号括住名称"A"。
➢ 将光标移动"数值/方程式"列并插入" = "。
➢ 显示一弹出式菜单,带有开启"全局变量"选项。

④在" = "后通过以下方法给全局变量添加术语:

➢ 在图形区域中单击尺寸。
➢ 输入一数字或条件语句。
➢ 从弹出式菜单选取"测量"命令,并使用测量工具生成术语。

当"✔"按钮出现在单元格中时,表示句法有效。

⑤当全局变量定义完成时,单击✔按钮,全局变量的解出现在"估算到"一列,光标移动到"全局变量"的下一个单元格中。

⑥在"评论栏"中可以输入评论以记录设计意图。

⑦单击"确定"按钮关闭该对话框,如图 3-11-2 所示。

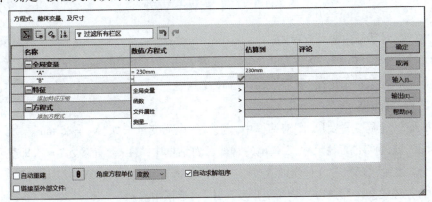

图 3-11-2 定义"全局变量"

2)方程式

通过方程式可以在模型的尺寸之间建立关联,即使用全局变量和数学函数定义尺寸,并生成零件和装配体中两个或更多尺寸之间的数学关系。

SolidWorks 中方程的形式为:因变量 = 自变量。自变量是指驱动方程式的参数,因变量是指被方程式驱动的参数。如方程"$Y = (2*X)/3$"中,"X"是自变量,"Y"是因变量。在方程式中可以使用尺寸名称、全局变量、其他方程式、数学关系、文件属性、测量等作为变量。创建方程式的方法有三种:

(1)在"方程式、全局变量及尺寸"对话框中输入方程式

①在菜单中,选择"工具"/"Σ方程式"命令,或者右击设计树中的 FeatureManager 文件夹"方程式",在弹出的快捷菜单中选择"管理方程式"命令。

②选择方程式视图Σ。

③在"方程式、全局变量及尺寸"对话框中,定义好"全局变量",如"X" = 85 mm。

④光标移至"方程式、全局变量及尺寸"对话框中的"方程式""名称"一列空格单元(添加方程式)处,单击绘图区域中要添加方程式的尺寸,此时"数值/方程式"一列会出现" = ",在" = "后面选择"全局变量"/"X",或者输入方程式:$(2*X)/3$。如图 3-11-3(a)所示。

注意:在创建方程式时,可以使用标准运算符和函数。运算符的运算顺序依赖于具体的运算类型,同时函数的值依赖于等式中的全局变量。"文件属性"和"测量"同样可以应用于创建方程式。方程式按照"按序排列的视图"中列出的顺序进行求解。如果勾选"自动求解组序"复选框,方程式的顺序将被自动检测到,以免类似无限循环的求解问题。

⑤单击✓按钮,尺寸前会出现一个方程式图标Σ。完成方程式定义,如图 3-11-3(b)所示。

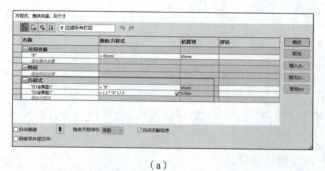 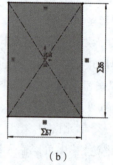

(a)   (b)

图 3-11-3   定义"方程式"方法一

(2)在"修改"对话框中输入方程式

①在菜单中,选择"工具"/"Σ方程式"命令,或者右击设计树中的 FeatureManager 文件夹"方程式",在弹出的快捷菜单中选择"管理方程式"命令。

②选择方程式视图Σ。

③在"方程式、全局变量及尺寸"对话框中,定义好"全局变量",如"X" = 85 mm。

④在绘图区域,为零件标注尺寸,在弹出的"修改"对话框中,"距离"处输入" = ",即显示一弹出式菜单,带有"全局变量""函数""文件属性"选项," = "后输入方程式:$(2*X)/3$ mm,如图 3-11-4(a)所示。输入的方程式会在"方程式、全局变量及尺寸"对话框中显示。

⑤单击Σ按钮,尺寸前会出现一个方程式图标Σ。完成方程式定义,如图 3-11-4(b)所示。

(3)在属性管理器中输入方程式

①完成图 3-11-4 所示的长方形草图定义后,退出草图。

第 3 章 零件特征建模

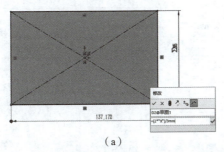

（a）

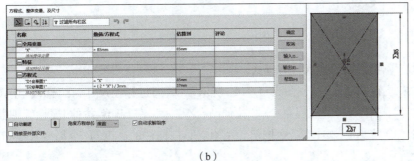

（b）

图 3-11-4　定义"方程式"方法二

②单击"特征"工具栏中的"拉伸凸台"按钮，弹出"凸台—拉伸"属性管理器，在"深度"文本框中输入"="，在"="后面选择"全局变量"/"X"，即对拉伸高度定义了方程式。如图 3-11-5 所示。

注意：除了拉伸、旋转、圆角、镜像等特征，都可以通过在属性管理器数值栏中通过"="输入方程式，输入的方程式会在"方程式、全局变量及尺寸"对话框中显示。

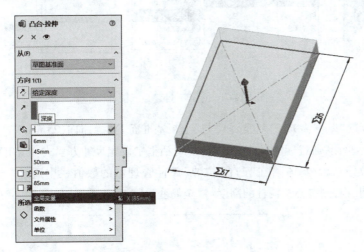

图 3-11-5　定义"方程式"方法三

任务实施

第一阶段：创建方程式——设置全局变量。

步骤 1：新建零件，在菜单中选择"工具"/"Σ方程式"命令，弹出"方程式、整体变量及尺寸"对话框，设置"全局变量"如图 3-11-6 所示；设置好后单击"确定"按钮，完成全局变量的创建。

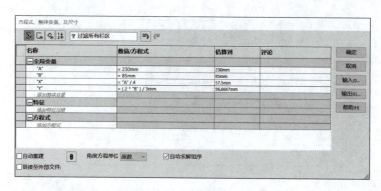

图 3-11-6　创建全局变量

第二阶段：零件建模，设置尺寸方程式。

步骤 2：在"上视基准面"绘制图 3-11-7(a)所示草图，通过标注尺寸，在"修改"中设置尺寸方程式。退出草图后，单击"特征"工具栏中的"拉伸凸台/基体"，在"凸台-拉伸"属性管理器的数值栏中通过"＝"选择"全局变量"/B，单击✓按钮。左侧空心三棱柱的高度与"全局变量"/"B"相关联，如图 3-11-7(b)所示。

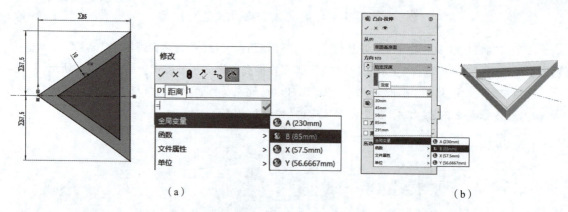

(a)   (b)

图 3-11-7　创建左侧空心三棱柱

步骤 3：创建新的"基准面 1"，"基准面 1"与"上视基准面"平行，向下 25 mm。在"基准面 1"上绘制图 3-11-8(a)所示草图，通过标注尺寸，在"修改"对话框中设置尺寸方程式。退出草图后，单击"特征"工具栏中的"拉伸凸台/基体"，在"凸台-拉伸"属性管理器的数值栏中通过"＝"选择"全局变量"/Y，单击✓按钮。右侧空心三棱柱的高度与"全局变量""Y"相关联，如图 3-11-8(b)所示。

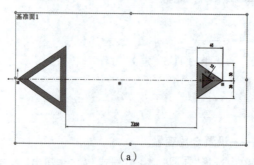

(a)

图 3-11-8　创建右侧空心三棱柱

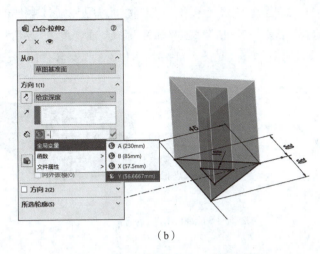

(b)

图 3-11-8　创建右侧空心三棱柱（续）

步骤 4： 在"前视基准面"绘制图 3-11-9（a）所示草图；退出草图后，单击"特征"工具栏中的"拉伸凸台/基体"按钮，在"凸台-拉伸"属性管理器的"方向 1"和"方向 2"中，都选择"完全贯穿"选项，单击✔按钮完成连接板建模，如图 3-11-9（b）所示；在"上视基准面"绘制图 3-11-9（c）所示草图；退出草图后，单击"特征"工具栏中的"拉伸切除"按钮，在"切除-拉伸 1"属性管理器的"方向 1"和"方向 2"中，都选择"完全贯穿"选项，单击✔按钮完成连接板剪切，如图 3-11-9（d）所示。

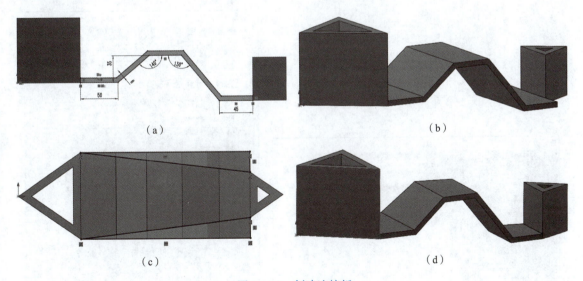

图 3-11-9　创建连接板

步骤 5： 创建筋板。在"前视基准面"绘制图 3-11-10（a）所示草图，标注图中尺寸时，在"修改"对话框中输入"＝""全局变量"/Y；退出草图后，单击"特征"工具栏中的"筋"按钮，设置"筋厚度"为 5，两侧对称，完成后如图 3-11-10（b）所示。

步骤 6： 创建 $R10$ 的圆角。建模完成后的零件如图 3-11-11 所示。

第三阶段：评估质量属性。

步骤 7： 右击 FeatureManager 设计树中的"材质"选项，在弹出的"材料"表中，选择材料为"铝合金/1060合金",如图3-11-12所示。完成后单击"应用"按钮,完成材质及密度设置。

步骤8:在菜单中选择"工具"/"评估"/"质量属性"命令,或者单击"评估"工具栏中的"质量属性"按钮,在弹出的"质量属性"表中(见图3-11-13),可以看到叉架零件的质量为1 366.86 g。

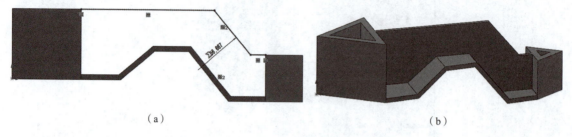

(a)   (b)

图3-11-10　创建筋

图3-11-11　完成零件建模

图3-11-12　设置材质

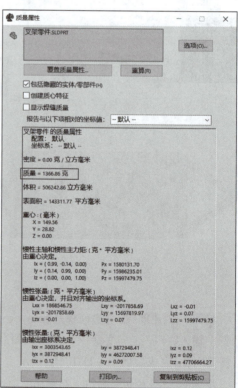

图3-11-13　评估质量属性

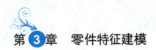

强化练习

在图 3-11-1 所示的叉架模型中,通过"管理方程式",将参数更改为:$A = 251$ mm,$B = 88$ mm,$X = A/4$,$Y = (2*B)/3$,其他条件保持不变,测量该零件的质量是多少?

3.12 曲 面

学习目标

1. 理解曲面;
2. 学习使用曲面特征工具,如拉伸曲面、旋转曲面、扫描曲面、放样曲面、延展曲面等;
3. 学习使用曲面控制工具,如填充曲面、缝合曲面、剪裁曲面、延伸曲面等。

绘制吊钩

【工作任务 1】绘制吊钩

用 SolidWorks 软件建立图 3-12-1 所示吊钩的三维模型。

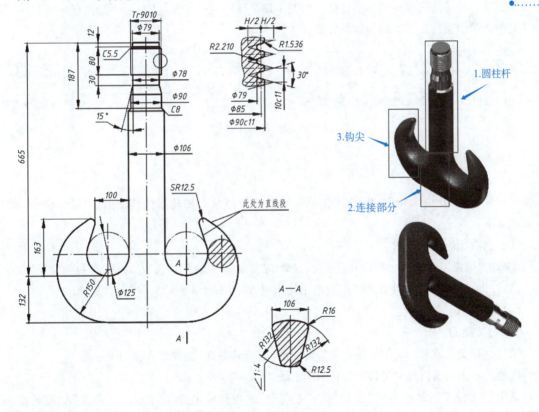

图 3-12-1 吊钩示意图

任务分析

吊钩主要由圆柱杆、连接部分(倒梯形状)和钩尖三部分组成,这三部分表面光滑连接。建模时,可分别创建这三部分结构,然后组合实体形成吊钩。该模型的建模思路见表 3-12-1。

表 3-12-1　吊钩的建模思路

第一阶段： 创建圆柱杆部分	第二阶段： 创建连接实体	第三阶段： 创建钩尖部分	第四阶段： 组合实体

知识链接

曲面

曲面是一种可用来生成实体的特征。如图 3-12-2 所示，在"曲面"工具栏中提供有曲面工具。曲面工具包括了曲面特征和曲面控制两大类。

图 3-12-2　曲面工具栏

1）曲面特征

（1）拉伸曲面

可以从包含 2D 或 3D 面的模型创建拉伸曲面，也可以从草图轮廓拉伸曲面。"拉伸曲面"的操作步骤如下：

①绘制曲面的轮廓草图。

②单击"曲面"工具栏中的"拉伸曲面"按钮❤，或在菜单中选择"插入"/"曲面"/"拉伸曲面"命令。

③在"曲面—拉伸"属性管理器中设定相关选项，如图 3-12-3 所示。

④单击"确定"按钮✔。

（2）旋转曲面

可以选择交叉或非交叉的草图生成旋转曲面。"旋转曲面"的操作步骤如下：

①绘制一个轮廓以及它将绕着旋转的中心线。

②单击"曲面"工具栏中的"旋转曲面"按钮❤，或在菜单中选择"插入"/"曲面"/"旋转曲面"命令。

③在"曲面—旋转"属性管理器中，在"所选轮廓"区域选定草图轮廓，并设定相关选项，如图 3-12-4 所示。

④单击"确定"按钮✔。

（3）扫描曲面

"扫描曲面"的操作步骤如下：

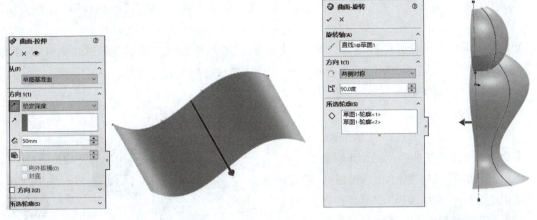

图3-12-3　拉伸曲面　　　　　　　　　图3-12-4　旋转曲面

①分别绘制扫描轮廓、扫描路径草图。如果使用引导线,则绘制引导线草图时,注意在引导线与轮廓之间建立"穿透"几何关系。

②单击"曲面"工具栏中的"扫描曲面"按钮 ,或在菜单中选择"插入"/"曲面"/"扫描曲面"命令。

③设定"曲面—扫描"属性管理器中的相关选项,如图3-12-5所示。

④单击"确定"按钮 。

(4) 放样曲面

"放样曲面"的操作步骤如下：

①为放样的每个轮廓截面建立基准面。在基准面上分别绘制放样轮廓。

②如果有必要,可以使用引导线。绘制引导线草图时,注意在引导线与轮廓之间建立"穿透"几何关系。

③单击"曲面"工具栏中的"放样曲面"按钮 ,或在菜单中选择"插入"/"曲面"/"放样曲面"命令。

④设定"曲面—放样"属性管理器中的相关选项,如图3-12-6所示。

⑤单击"确定"按钮 。

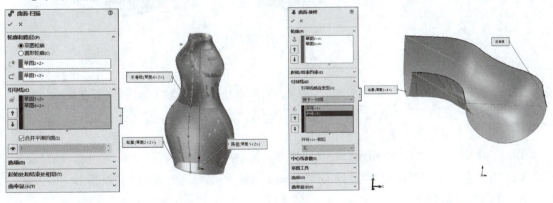

图3-12-5　扫描曲面　　　　　　　　　图3-12-6　放样曲面

(5) 等距曲面

"等距曲面"的操作步骤如下：

①单击"曲面"工具栏中的"等距曲面"按钮，或在菜单中选择"插入"/"曲面"/"等距曲面"命令。

②在"等距曲面"属性管理器中，在图形区域中单击"要等距的曲面或面"按钮，并为"等距距离"设定一数值。如有必要，单击"反转等距方向"按钮更改等距的方向，如图3-12-7所示。

③单击"确定"按钮。

(6) 延展曲面

"延展曲面"工具通过沿所选平面方向延展实体或曲面的边线来生成曲面。操作步骤如下：

①单击"曲面"工具栏中的"延展曲面"按钮，或在菜单中选择"插入"/"曲面"/"延展曲面"命令。

②在"延展曲面"属性管理器中，为"延展方向参考"在图形区域中选择一个与曲面延展方向平行的面或基准面；为"要延展的边线"在图形区域中选择一条边线或一组连续边线；如有必要，单击"反转延展方向"按钮以相反方向延展曲面；如果模型有相切面并且希望延展的曲面沿这些面继续，勾选"沿切面延伸"复选框；设置"延展距离"来决定延展曲面的宽度，如图3-12-8所示。

图3-12-7 等距曲面

③单击"确定"按钮。

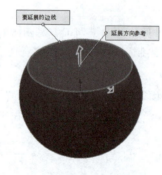

图3-12-8 延展曲面

(7) 平面区域

可以由非相交闭合草图、一组闭合边线、多条共有平面分型线、一对平面实体(如曲线或边线)等生成平面区域。从草图中生成有边界的平面区域，操作步骤如下：

①绘制一个非相交、单一轮廓的闭环草图。

②单击"曲面"工具栏中的"平面区域"按钮，或在菜单中选择"插入"/"曲面"/"平面区域"命令。

③在"平面"属性管理器中，为"边界实体"在图形区域中选择草图，如图3-12-9所示。

④单击"确定"按钮。

(8) 边界曲面

"边界曲面"特征可用于生成在两个方向上(曲面所有边)相切或曲率连续的曲面。大多数情况下，这样产生的曲面比放样工具产生的曲面结果质量更高。操作步骤如下：

①单击"曲面"工具栏中的"边界曲面"按钮◈,或在菜单中选择"插入"/"曲面"/"边界曲面"命令。

②在"边界曲面"属性管理器中,为"方向1"选择边线,为"方向2"选择边线,设置其他相关参数,如图3-12-10所示。

③单击"确定"按钮✓。

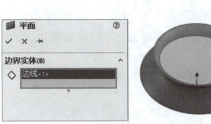

图3-12-9　平面区域　　　　　　　　　图3-12-10　边界曲面

2) 曲面控制

(1) 填充曲面

"填充曲面"◈特征可以在现有模型边线、草图或曲线(包括组合曲线)定义的边界内构成带任何边数的曲面修补。为有助于形成曲面修补,填充曲面还可使用草图点和样条曲线作为约束曲线。操作步骤如下:

①单击"曲面"工具栏中的"填充曲面"按钮◈,或在菜单中选择"插入"/"曲面"/"填充曲面"命令。

②在"曲面填充"属性管理器中,为"修补边界"选择边线,在"约束曲线◈"区域,选择作为约束曲线的草图,如图3-12-11所示。

③单击"确定"按钮✓。

(2) 缝合曲面

"缝合曲面"工具🗗可以将两个或多个面(或曲面)组合成一个曲面。缝合曲面时注意以下有关事项:

➤ 曲面的边线必须相邻并且不重叠。

➤ 曲面不必处于同一基准面上。

➤ 选择整个曲面实体或选择一个或多个相邻曲面实体。

➤ 缝合曲面会吸收用于生成它们的曲面实体。

➤ 在缝合曲面形成一闭合体积或保留为曲面实体时生成一实体。

➤ 选定"合并实体",会将面与相同的内在几何体进行合并。

➤ 选定"缝隙控制"可查看缝隙,根据所产生的缝隙修改缝合公差可以改进曲面缝合。

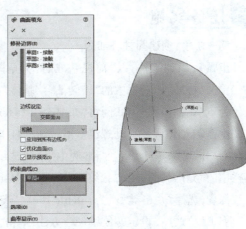

图3-12-11　填充曲面

"缝合曲面"的操作步骤如下：

①单击"曲面"工具栏中的"缝合曲面"按钮，或在菜单中选择"插入"/"曲面"/"缝合曲面"命令。

②在"缝合曲面"属性管理器中，为"要缝合的曲面和面"选择面，根据需要勾选"创建实体"或"合并实体"复选框，设定"缝合公差"，如图3-12-12所示。

③单击"确定"按钮。

（3）加厚

通过加厚一个或多个相邻曲面，可以生成实体特征。需要注意的是，如果想加厚的曲面由多个相邻的曲面组成，则必须先缝合曲面才能加厚曲面。操作步骤如下：

①单击"曲面"工具栏中的"加厚"按钮，或在菜单中选择"插入"/"凸台/基体"/"加厚"命令。

②在"加厚"属性管理器中，从图形区域中选择"要加厚的曲面"，选择想加厚的曲面侧边，检查预览，然后输入"厚度"值，如图3-12-13所示。

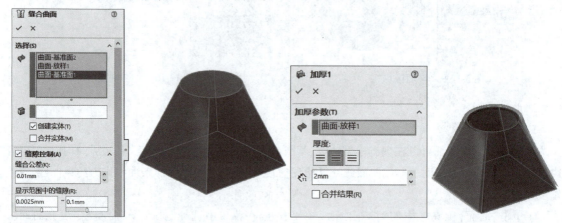

图3-12-12 缝合曲面　　　　　　　　　图3-12-13 加厚

③单击"确定"按钮。

任务实施

第一阶段：创建圆柱杆部分。

步骤1： 新建零件，以"前视基准面"为草图绘制平面，绘制图3-12-14所示草图，完成后退出草图。单击"特征"工具栏中的"旋转凸台/基体"按钮，选择"旋转轴"，设定旋转角度为360°，单击按钮。为φ106轴段创建C8倒角，如图3-12-14（b）所示。

步骤2： 创建圆柱杆外螺纹。吊钩圆柱杆上端的螺纹，可以通过扫描切除的方法完成（本章3.3节已对扫描切除做过介绍）。本例中采用"螺纹线"的方式创建圆柱杆上端外螺纹。单击"特征"工具栏中的"异形孔向导"/"螺纹线"按钮，弹出"螺纹线"属性管理器。选择"圆柱体的边线"，给定螺纹深度，选择"规格类型"为"Metric Die"，"覆盖直径"设定为90 mm，"覆盖螺距"设定为10 mm，单击"剪切螺纹线"以设定螺纹线创建方法，单击"确定"按钮，完成圆柱杆外螺纹创建，如图3-12-15所示。用此方法创建的螺纹为近似螺纹。

第二阶段：创建连接部分。

步骤3： 创建与"右视基准面"相距115.5 mm的平行基准面——"基准面1"，在"基准面1"上绘

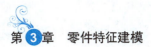

制图3-12-16(a)所示的草图,完成后退出草图。单击"曲面"工具栏中的"平面区域"按钮,弹出"平面"属性管理器,为"边界实体"在图形区域中选择"草图2",如图3-12-16(b)所示。单击"确定"按钮,完成连接部分的倒梯形截面创建。

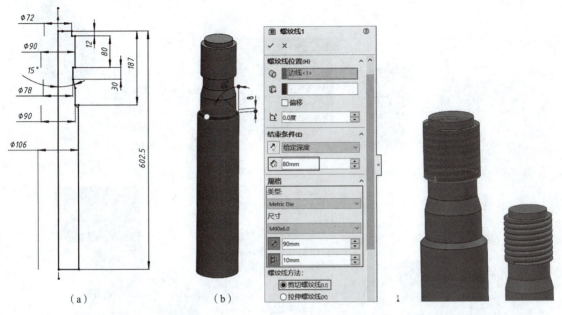

(a)　　　　　　　　　　(b)

图3-12-14　创建圆柱杆　　　　　　　　图3-12-15　创建圆柱杆外螺纹

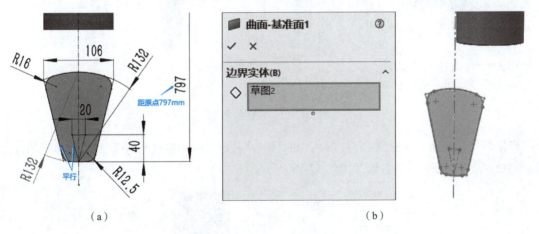

(a)　　　　　　　　　　(b)

图3-12-16　创建倒梯形截面

步骤4: 创建放样曲面1。单击"特征"工具栏中的"曲线"/"组合曲线"按钮,选择图3-12-17(a)所示的3条边线,创建"组合曲线1"。以"圆柱杆底面"为草图绘制平面,绘制图3-12-17(b)所示直线,完成后退出草图。单击"特征"工具栏中的"曲线"/"分割线"按钮,弹出"分割线"属性管理器。"分割类型"选择"投影","要投影的草图"选择"草图3(直线)","分割的面"选择圆面,单击"确定"按钮,将圆面一分为二,如图3-12-17(c)所示。以"前视基准面"为草图绘制平面,绘制图3-12-17(d)所示草图,注意添加圆弧左端点与"组合曲线1"的"穿透"几何约束、圆弧右端点与"圆柱杆底圆半圆弧"的"穿透"几何约束,此条曲线为放样曲面的引导线。退出草图后,单击"曲面"工具栏中的"放样曲面"按钮,选择"轮廓"草图和"引导线"草图,如图 3-12-17(e)所示,完成放样曲面 1 的创建。

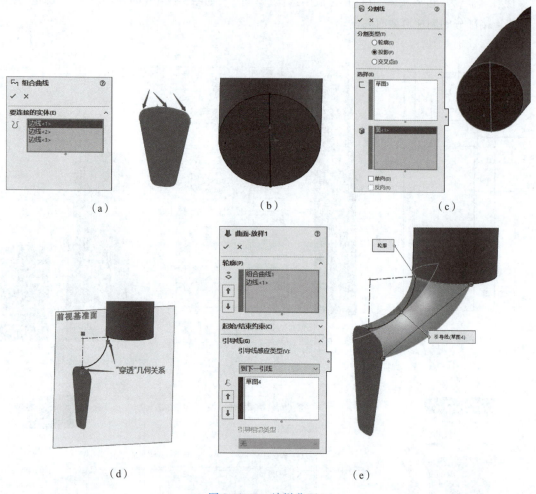

图 3-12-17　放样曲面 1

步骤 5:镜像曲面。单击"特征"工具栏中的"镜像"按钮,选择"右视基准面"作为镜像平面,将左侧的平面和放样曲面镜像到右侧,如图 3-12-18 所示。

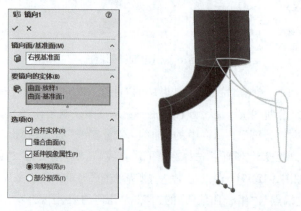

图 3-12-18　镜像曲面

步骤 6：拉伸曲面。以"基准面 2"为草图绘制平面，通过"转换实体引用"绘制图 3-12-19（a）所示草图，完成后退出草图。单击"曲面"工具栏中的"拉伸曲面"按钮，或在菜单中选择"插入"/"曲面"/"拉伸曲面"命令，在"曲面—拉伸"属性管理器中设定"方向一：终止条件"为"成形到一面"，如图 3-12-19（b）所示，单击"确定"按钮，完成拉伸曲面创建。

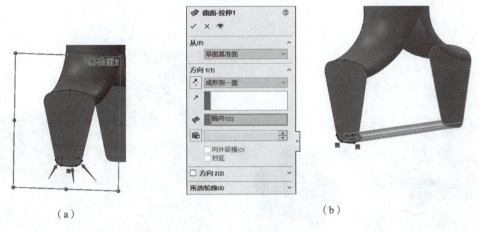

图 3-12-19　拉伸曲面

步骤 7：填充曲面。单击"曲面"工具栏中的"填充曲面"按钮，在"曲面填充"属性管理器中，为"修补边界"选择边线，如图 3-12-20 所示。单击"确定"按钮完成曲面填充。同理，创建另一个方向的"曲面填充 2"。

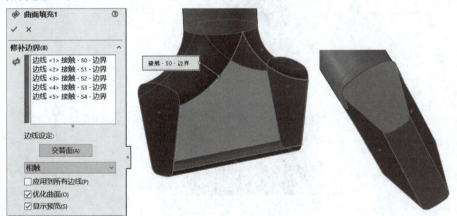

图 3-12-20　填充曲面

步骤 8：创建连接实体。首先将圆柱杆部分隐藏。单击"曲面"工具栏中的"平面区域"按钮，在"平面"属性管理器中，为"边界实体"在图形区域中选择图 3-12-21（a）所示两个半圆边线，单击"确定"按钮。单击"曲面"工具栏中的"缝合曲面"按钮，在"缝合曲面"属性管理器中，为"要缝合的曲面和面"选择图 3-12-21（b）所示的 8 个面，勾选"创建实体"复选框，单击"确定"按钮，完成连接实体创建。

第三阶段：创建钩尖部分。

步骤 9：创建放样曲面 2。在"前视基准面"绘制图 3-12-22（a）所示草图 6，注意"穿透"几何关系的添加。完成后退出草图。在"前视基准面"上绘制草图，利用"转换实体引用"完成图 3-12-22（b）所示草图，完成后退出草图。单击"曲面"工具栏中的"旋转曲面"按钮，旋转草图 7，形成半球面，如

173

图3-12-22(c)所示。创建"基准面3"("基准面3"与"上视基准面"平行,且过草图6中的一条中心线),在基准面3上绘制图3-12-22(d)所示圆,注意"重合"几何关系的添加,完成后退出草图。单击"曲面"工具栏中的"放样曲面"按钮,选择"轮廓"草图和"引导线"草图,如图3-12-22(e)所示,完成放样曲面2的创建。

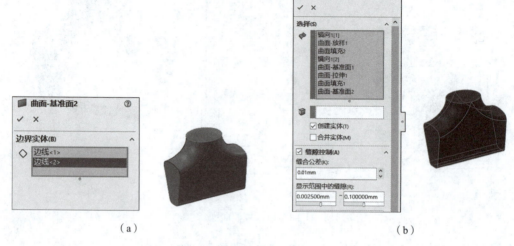

图3-12-21　缝合曲面

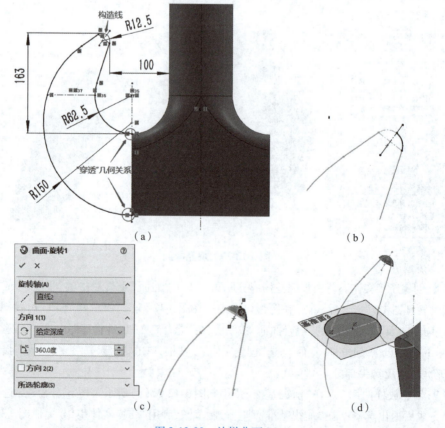

图3-12-22　放样曲面2

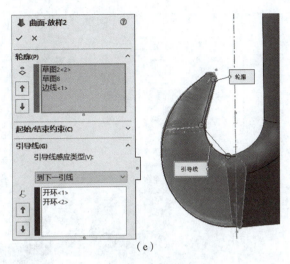

(e)

图 3-12-22　放样曲面 2（续）

步骤 10：创建钩尖实体。首先将圆柱杆部分和连接实体隐藏。单击"曲面"工具栏中的"平面区域"按钮，在"平面"属性管理器中，为"边界实体"在图形区域中选择图 3-12-23（a）所示边线，单击"确定"按钮。单击"曲面"工具栏中的"缝合曲面"按钮，在"缝合曲面"属性管理器中，为"要缝合的曲面和面"选择图 3-12-23（b）所示的 3 个面，勾选"创建实体"复选框，单击"确定"按钮，完成钩尖实体创建。

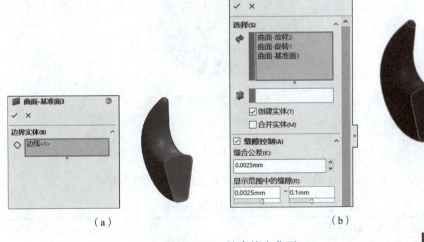

(a)　　　　　　　　　　　　(b)

图 3-12-23　缝合钩尖曲面

第四阶段：组合实体。

步骤 11：镜像钩尖实体。单击"特征"工具栏中的"镜像"按钮，选择"右视基准面"作为镜像平面，将左侧钩尖实体镜像到右侧，如图 3-12-24 所示。

步骤 12：组合吊钩实体。单击"特征"工具栏中的"组合"按钮，在"组合"属性管理器中，"操作类型"选择"添加"，选择圆柱杆、连接实体及左

图 3-12-24　镜像钩尖实体

右钩尖作为"要组合的实体",如图 3-12-25 所示。单击"确定"按钮✓,完成组合实体。建模完成后的吊钩如图 3-12-26 所示。

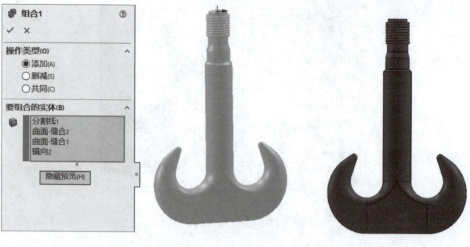

图 3-12-25　组合吊钩实体　　　　　　　　图 3-12-26　吊钩

【工作任务2】绘制鱼缸

用 SolidWorks 软件创建图 3-12-27 所示的鱼缸三维模型。

视频

绘制鱼缸

图 3-12-27　鱼缸

任务分析

鱼缸主要由缸体和花边边缘两部分组成。鱼缸的建模思路见表 3-12-2。

表 3-12-2　鱼缸的建模思路

第一阶段:创建缸体部分	第二阶段:创建花边边缘

任务实施

第一阶段:创建缸体部分。

步骤1: 新建零件,保存文件名为"鱼缸.SLDPRT"。以"前视基准面"作为草图绘制平面,绘制图3-12-28(a)所示草图,绘制完成后退出草图。单击"曲面"工具栏中的"旋转曲面"按钮,旋转草图1,形成缸体部分,如图3-12-28(b)所示。

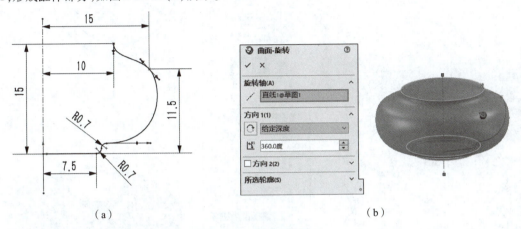

(a)   (b)

图3-12-28 旋转缸体曲面

第二阶段:创建花边边缘部分。

步骤2: 以"前视基准面"作为草图绘制平面,绘制图3-12-29(a)所示的斜线草图,绘制完成后退出草图。单击"曲面"工具栏中的"旋转曲面"按钮,旋转草图2,如图3-12-29(b)所示。

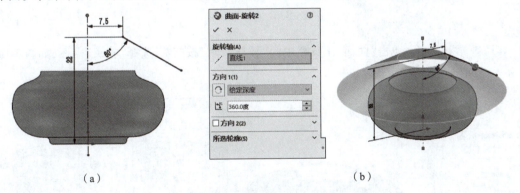

(a)   (b)

图3-12-29 旋转曲面2

步骤3: 创建投影曲线。以"上视基准面"作为草图绘制平面,绘制草图。此草图较复杂,分三步绘制,先绘制三个大小相等且相切的小圆,如图3-12-30(a)所示;然后修剪成两段圆弧并圆周阵列,如图3-12-30(b)所示;最后添加1个"相切"、2个"重合"几何关系,使草图完全定义,如图3-12-30(c)所示。绘制完成后退出草图。单击"特征"工具栏中的"曲线"/"投影曲线"按钮,在"投影曲线"属性管理器中,将"投影类型"设定成"面上草图","要投影的草图"选择图形区域刚刚绘制的草图,"投影面"选择"旋转曲面2",如图3-12-30(d)所示。单击"确定"按钮,完成投影曲线绘制。

步骤4: 删除旋转曲面2。单击"特征"工具栏中的"删除/保留实体"按钮,删除旋转曲面2,如图3-12-31所示。

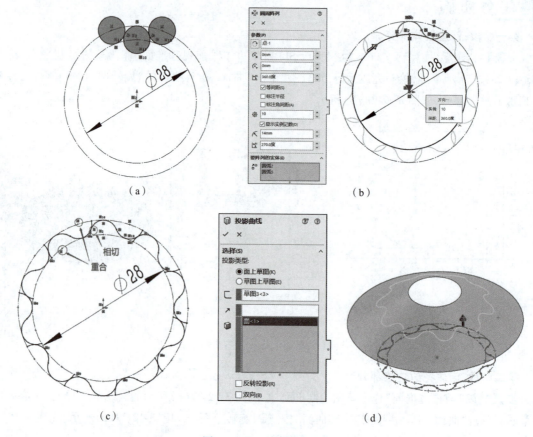

图 3-12-30　绘制投影曲线

步骤 5：放样曲面。单击"曲面"工具栏中的"放样曲面"按钮，选择"轮廓"草图，如图 3-12-32 所示，完成鱼缸花边边缘的创建。

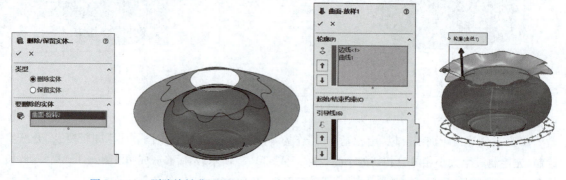

图 3-12-31　删除旋转曲面 2　　　　　　　　图 3-12-32　放样曲面

步骤 6：缝合曲面。单击"曲面"工具栏中的"缝合曲面"按钮，在"缝合曲面"属性管理器中，为"要缝合的曲面和面"选择"旋转曲面 1"和"放样曲面"，如图 3-12-33 所示，单击"确定"按钮。

步骤 7：加厚。单击"曲面"工具栏中的"加厚"按钮，在"加厚"属性管理器中，从图形区域中选择"要加厚的曲面◆",选择想加厚的曲面侧边,输入"厚度"值为0.5,单击"确定"按钮✓,如图3-12-34所示。

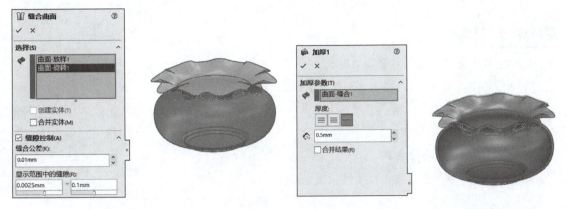

图 3-12-33　缝合曲面　　　　　　　图 3-12-34　扫描螺旋弹簧

步骤 8:创建完整圆角。单击"特征"工具栏中的"圆角"按钮,"圆角类型"选择完整圆角,在图形区域选择"面组 1""中央面组""面组 2",如图 3-12-35 所示。单击"确定"按钮✓,完成鱼缸的创建。

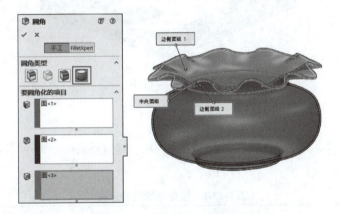

图 3-12-35　创建完整圆角

强化练习

练习 1:花瓶　　　　　　　　　　　　　　练习 2:水果盘

3.13 钣 金

学习目标

1. 学习使用基体法兰创建钣金零件的方法；
2. 学习添加边线法兰、斜接法兰到钣金零件；
3. 学习褶边、成形工具、通风口等钣金工具的使用方法；
4. 学习将实体转化到钣金的技术。

【工作任务1】绘制钣金件

用 SolidWorks 软件建立图 3-13-1 所示钣金件。

视频
绘制钣金件

图 3-13-1 钣金件

任务分析

钣金件总体结构可分为方框主体、异形框边、中间空心结构三部分。该模型的建模思路见表 3-13-1。

表 3-13-1 钣金件的建模思路

第一阶段：创建方框主体	第二阶段：创建异形边框	第三阶段：创建空心结构

知识链接

钣金

钣金零件通常用作零部件的外壳，或用于支撑其他零部件。在 SolidWorks 中，钣金零件是通过特有功能创建的具有特殊属性的一类模型：

➢钣金是很薄的零件；

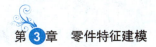

➢钣金零件在边角具有折弯；
➢钣金能够被展开。

1）创建钣金零件的方法

通常,可以使用特定的钣金特征来快速生成钣金实体。但是,在某些情况下,当需要设计某些类型的几何体时,可以使用非钣金特征工具建模,然后再插入折弯或将零件转换到钣金。创建钣金零件的方法主要有以下几种:

①使用钣金特征将零件生成为钣金零件。比如可以使用开环或闭环轮廓草图应用"基体法兰/薄片"工具直接创建钣金零件,如图 3-14-2 所示。此种方法因为从最初设计阶段开始就生成钣金零件,所以在后续钣金建模过程中消除了多余步骤。

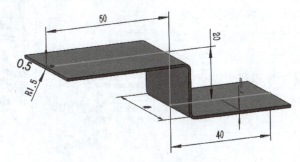

图 3-13-2　使用钣金特征创建钣金零件

②创建一个零件,将其抽壳,然后插入钣金折弯。图 3-13-3 所示为利用非钣金特征建造实体,先进行基体拉伸(带锥度)、抽壳,然后插入折弯形成可展开的钣金件。

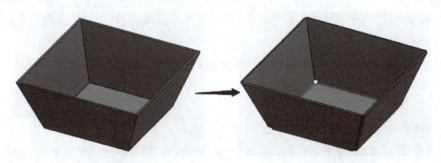

图 3-13-3　使用"插入折弯"特征创建钣金零件

③转换到钣金。将实体零件转换为钣金零件。可转化实体、曲面实体或已输入的零件。

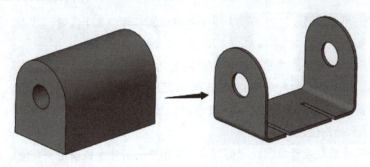

图 3-13-4　转换到钣金

2）钣金工具

（1）基体法兰

"基体法兰"是钣金零件的第一个特征。基体法兰特征被添加到 SolidWorks 零件后，系统就会将该零件标记为钣金零件。折弯添加到适当位置，并且特定的钣金特征被添加到 FeatureManager 设计树中。生成基体法兰的操作步骤如下：

①绘制基体法兰草图。基体法兰特征是从草图生成的，草图可以是单一开环、单一闭环或多个连通闭环。图 3-13-5 所示的基体法兰草图是多个连通闭环。

②单击"钣金"工具栏中的"基体法兰/薄片"按钮 ，或在菜单中选择"插入"/"钣金"/"基体法兰"命令。

③在"基体法兰"属性管理器中设置选项。基体法兰特征的厚度和折弯半径将成为其他钣金特征的默认值。

④单击"确定"按钮。

 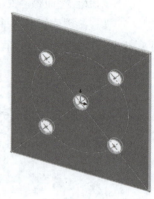

图 3-13-5　基体法兰

（2）边线法兰

边线法兰可以添加到一条或多条边线上。一般的边线法兰，褶边厚度链接到钣金零件的厚度上，轮廓的草图直线必须位于所选边线上。"边线法兰"的操作步骤如下：

①打开钣金零件，单击"钣金"工具栏中的"边线法兰"按钮 ，或在菜单中选择"插入"/"钣金"/"边线法兰"命令。

②在图形区域中，为"边线" 选择一条或多条边线。如果添加边线法兰到弯曲边线，则弯曲边线法兰必须是从平面基体所生成的边线法兰。边线法兰的默认方向与边线上的基体法兰垂直。

③在"边线法兰"属性管理器中设置选项，如图 3-13-6（a）所示。

➢"法兰参数"："边线" 用于在图形区域中选择边线；取消勾选"使用默认半径"复选框后，可以设定"折弯半径"和"间隙距离"。

➢"角度"：在默认状态下，会添加一个直角法兰，但也可以用所选的面进行定位或更改为某一角度。

➢"法兰长度"：可以设置法兰的长度为一个数值或到零件中某个位置。其中"给定深度"的测量点可以是"外部虚拟交点" 、"内部虚拟交点" 及"双弯曲" 。

➢"法兰位置"：用于设定法兰和折弯相对于所选边线的位置，包括"材料在内" 、"材料在外" 、"折弯向外" 、"虚拟交点的折弯" 、"与折弯相切" 五种选项。

➢"剪裁侧边折弯"选项通常用于切除一个新的边线法兰和一个已有法兰发生接触时的折弯处。"等距"允许法兰从选择的位置偏移一定距离。

➢"自定义折弯系数"：选择以便设定折弯系数类型并为折弯系数设定一数值。

➢"自定义释放槽类型"：选取"自定义释放槽类型"可以添加释放槽切除，并选择释放槽切除的类型:矩形、矩圆形、撕裂形。

④单击"确定"按钮。

⑤"编辑轮廓草图"。如果需要,可编辑边线法兰的轮廓草图。编辑后的草图轮廓,可以是多开环或闭环轮廓,或者多重封闭轮廓,但是轮廓的一条草图直线必须位于生成边线法兰时所选择的边线上,此条绘制的直线不必与所选的边线长度相等。编辑草图轮廓,可执行以下操作之一:

➢ 单击"法兰参数"区域的"编辑法兰轮廓"按钮。

➢ 在图形区域,拖动草图绘制实体之一来修改草图。

➢ 在FeatureManager设计树中,右击"边线—法兰"下的"草图",在弹出的快捷工具栏中单击"草图编辑"按钮,即可进入草图模式,修改法兰轮廓,如图3-13-7(a)所示。图3-13-7(b)中,左侧的边线法兰草图轮廓已进行修改。

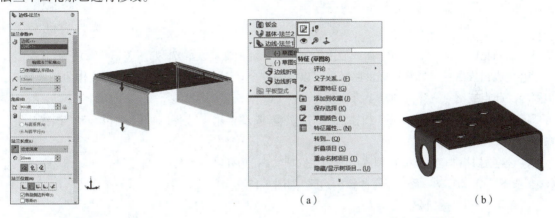

图3-13-6 边线法兰　　　　　　　图3-13-7 编辑法兰轮廓

(3)斜接法兰

"斜接法兰"特征可以将一系列法兰添加到钣金零件的一条或多条边线上。"斜接法兰"的操作步骤如下:

①绘制斜接法兰草图。斜接法兰的草图必须遵循以下条件:

➢ 草图只可包括直线或圆弧;

➢ 斜接法兰轮廓可以包括一个以上的连续直线(例如,可以是L形轮廓);

➢ 草图基准面必须垂直于生成斜接法兰的第一条边线,如图3-13-8(a)所示。

②选择斜接法兰草图后,单击"钣金"工具栏中的"斜接法兰"按钮,或在菜单中选择"插入"/"钣金"/"斜接法兰"命令。

③在"斜接法兰"属性管理器中,"沿边线"显示生成斜接法兰的边线,图形区域中还有斜接法兰的预览。设置"折弯半径""法兰位置""缝隙距离"等相关选项,如图3-13-8(b)所示。

④单击"确定"按钮。

(4)扫描法兰

使用"扫描法兰"工具可以在钣金零件中生成复合折弯。"扫描法兰"工具与"扫描"工具相似:需要轮廓和路径以生成法兰。要生成"扫描法兰",需要绘制作为轮廓的开环轮廓草图,绘制作为路径的草图或选择一系列现有钣金边线作为路径草图。

"扫描法兰"的操作步骤如下:

(a)

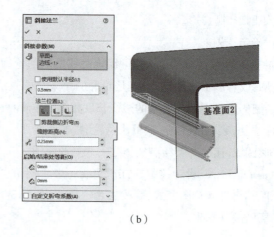
(b)

图 3-13-8 斜接法兰

①绘制轮廓草图。在一基准面或面上绘制一个开环的非相交轮廓,如图 3-13-9(a)所示命令。

②生成扫描法兰轮廓将遵循的路径。可以使用一个草图或一系列现有钣金边线作为扫描路径,但路径的起点或终点必须与轮廓基准面重合。

③单击"钣金"工具栏中的"扫描法兰"按钮,或在菜单中选择"插入"/"钣金"/"扫描法兰"命令。

④设定"扫描法兰"属性管理器中的相关选项。在图形区域中,为"轮廓"选择一个草图,为"路径"选择一个草图或一系列现有的钣金边线,如图 3-13-9(b)所示。

⑤单击"确定"按钮。

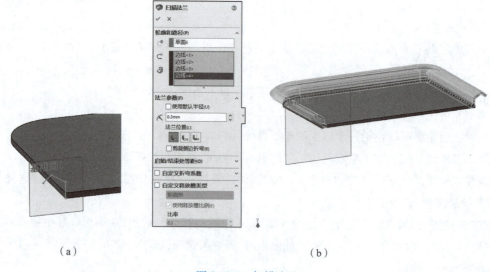

(a)　　　　　　　　　　　　　　(b)

图 3-13-9 扫描法兰

"扫描法兰"还可以创建圆锥/圆柱法兰,具体操作步骤如下:

①单击"钣金"工具栏中的"扫描法兰"按钮,或在菜单中选择"插入"/"钣金"/"扫描法兰"命令。

②设定"扫描法兰"属性管理器中的相关选项。在图形区域中,为"轮廓"选择一个草图,为"路径"选择一个草图,如图 3-13-10(a)所示。

③勾选"圆柱/圆锥实体"复选框,选择轮廓的一部分线性草图段作为固定实体,如图 3-13-10(b)所示。

④单击"确定"按钮✔。

⑤单击"钣金"工具栏中的"展开"按钮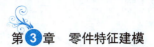,以查看产生的平板形式,如图 3-13-10(c)所示。

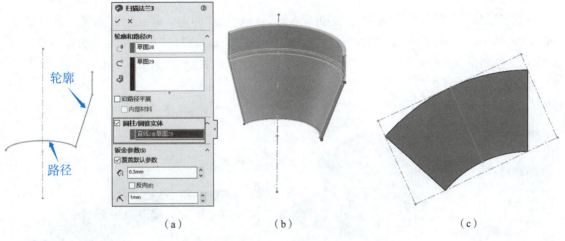

图 3-13-10　扫描圆锥/圆柱法兰

(5) 褶边

"褶边"工具可将褶边添加到钣金零件所选的边线上。使用"褶边"工具时需要注意:所选边线必须为直线。斜接边角被自动添加到交叉褶边上。

"褶边"的操作步骤如下:

①打开钣金零件,单击"钣金"工具栏中的"褶边"按钮,或在菜单中选择"插入"/"钣金"/"褶边"命令。

②在"褶边"属性管理器中,从图形区域选择想添加褶边的边线,所选边线出现在"边线"中。

➢ 在"边线"区域:

单击"编辑褶边宽度"按钮以编辑轮廓的草图,如图 3-13-11 所示。

选择"材料在内"或"折弯在外"指定添加材料的位置。

单击"反向"按钮,可在零件的另一边生成褶边。

➢ 在"类型和大小"区域:

选择褶边类型:闭合、开环、撕裂形、滚轧。

设定大小:长度(只对于闭合和开环褶边)、间隙距离(只对于开环褶边)、角度(只对于撕裂形和滚轧褶边)、半径(只对于撕裂形和滚轧褶边)。

➢ 根据需要,设定"自定义折弯系数"及"自定义释放槽类型"。

③单击"确定"按钮✔。

(6) 绘制的折弯

"绘制的折弯"类似于"边线法兰"所产生的折弯,这两个实体在折叠状态下相同,但它们在平板形式中的展开方式不同。当具有绘制的折弯实体展开平板形式时,其长度等于原始实体长度,而边线法兰实体在展开平板形式时,边线法兰的平板形式长度取决于其折弯系数,长度可能相等,也可能不同。

"绘制的折弯"操作步骤如下：

①在钣金零件的平面上绘制一条直线。

②单击"钣金"工具栏中的"绘制的折弯"按钮，或在菜单中选择"插入"/"钣金"/"绘制的折弯"命令。

③在"绘制的折弯"属性管理器中，在"折弯参数"区域单击"固定面"，选定"折弯位置"（单击"折弯中心线"、"材料在内"、"材料在外"或"折弯在外"），设定"折弯角度""折弯半径"等，如图 3-13-12 所示。

④单击"确定"按钮。

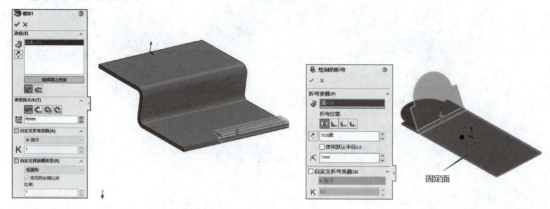

图 3-13-11　褶边　　　　　　　　图 3-13-12　绘制的折弯

（7）闭合角

"闭合角"特征可以在钣金特征之间添加材料，比如用闭合角特征来闭合相邻且带角度的边线法兰之间的开敞空间。闭合角操作步骤如下：

①单击"钣金"工具栏中的"边角"/"闭合角"按钮，或在菜单中选择"插入"/"钣金"/"闭合角"命令。

②在"闭合角"属性管理器中，从图形区域选择"要延伸的面"和"要匹配的面"，如图 3-13-13 所示，设定以下选项：

➢ "边角类型"："对接"、"重叠"或"欠重叠"。

➢ "缝隙距离"：输入一个值。

➢ "重叠/欠重叠比率"：设定一数值。

➢ 根据需要勾选或取消勾选"开放折弯区""共平面""狭窄边角""自动延伸"等复选框。

③单击"确定"按钮。

（8）转折

"转折"工具通过从草图线生成两个折弯而将材料添加到钣金零件上。使用"转折"工具时需要注意：草图必须只包含一条直线，但这条作为折弯线的直线长度不一定非得与正折弯的面的长度相同。"转折"操作步骤如下：

①在想生成转折的钣金零件的面上绘制一条直线。

②单击"钣金"工具栏中的"转折"按钮，或在菜单中选择"插入"/"钣金"/"转折"命令。

③在"转折"属性管理器中，在图形区域为"固定面"选择一个面，如图 3-13-14 所示。设定以下

选项:
- 设定"折弯半径。
- 在"转折等距"区域:在终止条件中选择一个选项,为"等距距离"设定一数值,并选择"尺寸位置"为"外部等距"、"内部等距"或"总尺寸"。
- 如果想让转折的面保持相同的长度,勾选"固定投影长度"复选框。
- 在"转折位置"区域,选择"折弯中心线"、"材料在内"、"材料在外"或"折弯向外"。
- 为"转折角度"设定一数值。
- 如要使用默认折弯系数以外的其他项,选择自定义折弯系数,然后设定一折弯系数类型和数值。

④单击"确定"按钮。

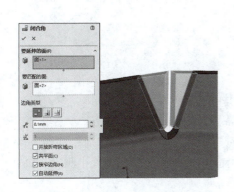

图 3-13-13　闭合角

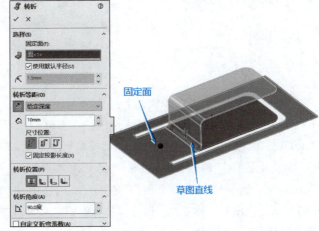

图 3-13-14　转折

(9)放样折弯

钣金零件中,"放样折弯"使用两个开环轮廓草图进行放样连接。"放样折弯"操作步骤如下:

①在两个基准面上,绘制两个单独的开环轮廓草图,如图 3-13-15(a)所示。两个开环草图轮廓要求无锐边线,且轮廓开口同向对齐以使平板形式更精确。

②单击"钣金"工具栏中的"放样折弯"按钮,或在菜单中选择"插入"/"钣金"/"放样折弯"命令。

③在"放样折弯"属性管理器中,"制造方法"选择"成形";在图形区域中选择两个草图;为"厚度"设定一数值,如图 3-13-15(b)所示。

④单击"确定"按钮。

(10)成形工具

成形工具是可以用作折弯、伸展或成形钣金的冲模的零件,能够生成一些成形特征,如百叶窗、矛状器具、法兰和筋。SolidWorks 软件中包含一些成形工具零件范例,它们储存于:<安装目录>\\ProgramData\\SolidWorks\\SolidWorks<版本>\\design library\\forming tools。

有两种方法可以创建成形工具:

第一种:创建一个"*.sldftp"文件,然后将其存储在任何文件夹中。成形工具的功能基于文件扩展名。在创建这些文件时,使用了更新的技术。

187

第二种:创建一个"*.sldprt"文件,然后将其存储到一个在设计库中标记为成形工具文件夹的文件夹中。在创建这些文件时,使用了传统的技术。

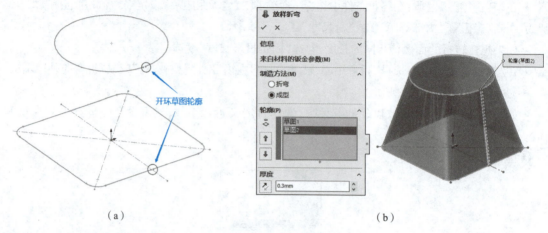

图 3-13-15　放样折弯

生成"成形工具"的操作步骤如下:

①建模一个用于成形工具的零件,如图 3-13-16(a)所示。

②单击"钣金"工具栏中的"成形工具"按钮，或在菜单中选择"插入"/"钣金"/"成形工具"命令。

③在"成形工具"属性管理器中:

➢"类型"选项卡:选择一个面作为"停止面",选择一个或多个面作为"要移除的面",如图 3-13-16(b)所示。将成形工具放置在钣金零件上时,在"要移除的面"中选定的面将从零件中删除。如果不想移除任何面,可以不为要移除的面选取任何面。

➢"插入点"选项卡:使用尺寸和几何关系工具定义插入点。插入点可帮助用户确定成形工具在目标零件上的精确位置。

④单击"确定"按钮。完成后的成形工具如图 3-13-16(c)所示。将成形工具保存为"名称.sldftp",如图 3-13-16(d)所示,注意文件类型为"*.sldftp",保存位置为<安装目录>\\ProgramData\\SolidWorks\\SolidWorks<版本>\\design library\\forming tools。

成形工具创建完成后,将成形工具应用到钣金件的步骤如下:

①打开钣金零件,浏览设计库中的成形工具文件夹,如图 3-13-17(a)所示。

②将成形工具从设计库拖动到想修改形状的钣金面上,松开鼠标,显示成形工具的预览。

③在"成形工具特征"属性管理器中设置:

➢"类型"选项卡:设置"旋转角度";根据需要可单击"反转工具"按钮。

➢"位置"选项卡:单击图形区域,使用尺寸和几何关系工具设定成形工具位置,如图 3-13-17(b)所示。

④单击"确定"按钮,成形工具应用到钣金实体,如图 3-13-17(c)所示。

(11)切口

"切口"特征通常用于生成钣金零件,但也可将切口特征添加到任何零件。操作步骤如下:

①打开一个具有相邻平面且厚度一致的零件。零件上相邻平面形成一条或多条线性边线。也可以在某一平面上从顶点到另一顶点绘制单一的草图线性实体。

第 3 章 零件特征建模

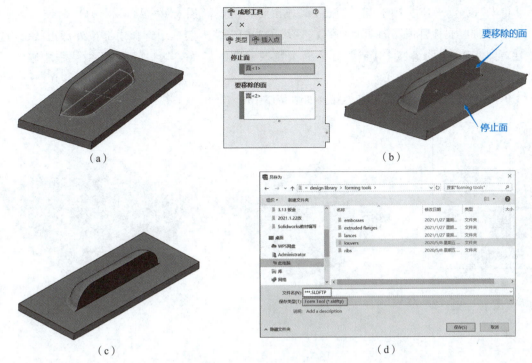

图 3-13-16 创建成形工具

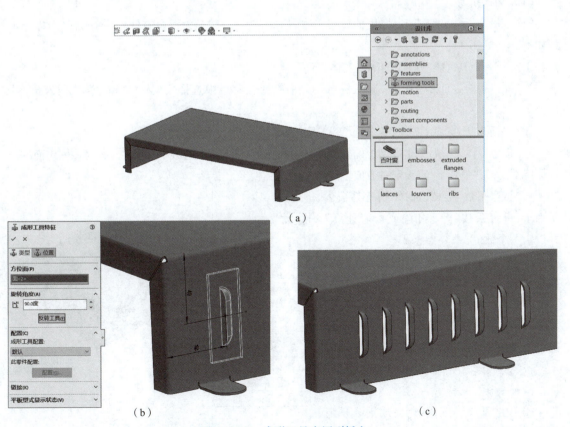

图 3-13-17 成形工具应用到钣金

②单击"钣金"工具栏中的"切口"按钮,或在菜单中选择"插入"/"钣金"/"切口"命令。

③在"切口"属性管理器的"切口参数"区域的"边线"列表框中选择内部或外部边线,或选择线性草图实体,如图 3-13-18(a)所示。若要更改缝隙距离,在"切口缝隙"微调框中输入一个值。

④单击"确定"按钮,完成切口创建,如图 3-13-18(b)所示。

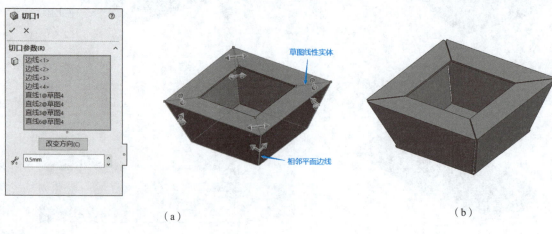

图 3-13-18 创建切口

(12)插入折弯

"插入折弯"可将具有统一厚度的薄壁实体(如抽壳零件)转换为钣金零件。"插入折弯"操作步骤如下:

①打开一个具有统一厚度的薄壁实体零件。

②单击"钣金"工具栏中的"插入折弯"按钮,或在菜单中选择"插入"/"钣金"/"插入折弯"命令。

③在"插入折弯"属性管理器中,设置以下选项:

➢ "折弯参数"区域:单击模型上的一个面或边线作为"固定面或边线",零件展开时该固定面的位置保持不变;为"折弯半径"设定一数值。

➢ "折弯系数"区域,选择"折弯系数表、K-因子、折弯系数、折弯扣除或折弯计算",并设定一个数值。

➢ 选择"自动切释放槽"复选框,设定释放槽比例。

➢ 圆角折弯中使用切口特征,则在"切口参数"区域的"边线"列表框中选择内部或外部边线,或选择线性草图实体,如图 3-13-19 所示。若要更改缝隙距离,在"切口缝隙"微调框中输入一个值。

④单击"确定"按钮,完成插入折弯,将薄壁零件转换为钣金件。

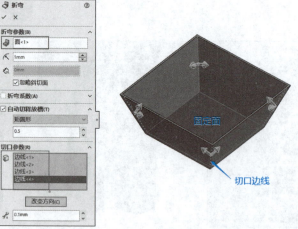

图 3-13-19 插入折弯

(13) 通风口

"通风口"需要先绘制通风口草图。设定筋和翼梁数,系统会自动计算流动区域。"通风口"操作步骤如下:

①在钣金零件的一个面上,绘制一个通风口草图,如图 3-13-20(a)所示。

②单击"钣金"工具栏中的"通风口"按钮,或在菜单中选择"插入"/"扣合特征"/"通风口"命令。

③在"通风口"属性管理器中,设置以下选项:

➢ "边界":为通风口的边界选择形成闭合轮廓的 2D 草图线段。

➢ "几何体属性":选择一个放置通风口的面。

➢ "筋":选择代表通风口筋的 2D 草图段,并设置筋宽度。

➢ "翼梁":选择代表通风口翼梁的 2D 草图段,并设置翼梁宽度。

➢ "填充边界":为通风口选择形成闭合轮廓以定义支撑边界的 2D 草图段。

④单击"确定"按钮,完成通风口的创建,如图 3-13-20 所示。

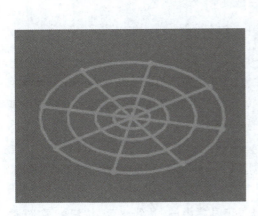

(a)

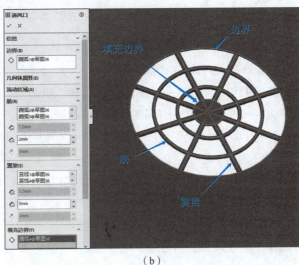

(b)

图 3-13-20 通风口

任务实施

第一阶段:创建方框主体。

步骤 1:创建基体法兰。新建零件,以"上视基准面"作为草图绘制平面,绘制边长为 200 的正方形,完成后退出草图。单击"钣金"工具栏中的"基体法兰/薄片"按钮,设置钣金厚度为 2 mm,单击"确定"按钮,如图 3-13-21 所示。

步骤 2:创建边线法兰 1。单击"钣金"工具栏中的"边线法兰"按钮。设置法兰长度为 30 mm,角度为 90°,材料在内,如图 3-13-22 所示。

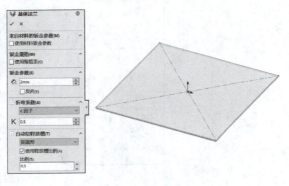

图 3-13-21 创建基体法兰

步骤3：创建边线法兰2。单击"钣金"工具栏中的"边线法兰"按钮，设置法兰长度为16 mm，角度为90°，材料在内，勾选"剪裁侧边折弯"复选框，如图3-13-23所示。

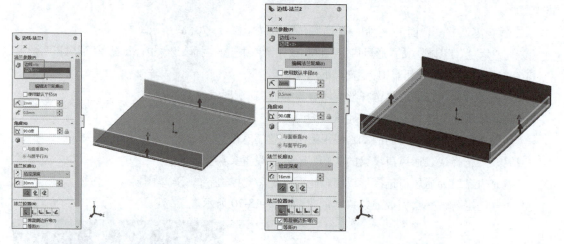

图3-13-22　创建边线法兰1　　　　　图3-13-23　创建边线法兰2

第二阶段：创建异形边框。

步骤4：创建边线法兰3，编辑法兰轮廓。单击"钣金"工具栏中的"边线法兰"按钮，在图形区域单击生成边线法兰的边，如图3-13-24（a）所示。单击"编辑法兰轮廓"按钮，修改法兰轮廓草图，如图3-13-24（b）所示。设置法兰角度为90°，材料在内，勾选"剪裁侧边折弯"复选框，生成边线法兰3，如图3-13-24（c）所示。

步骤5：在边线法兰3上创建孔。通过"拉伸切除"创建一个 $\phi 3$ 的通孔；通过"异形孔向导"创建一个M3.5的锥形沉头通孔，如图3-13-25所示。

步骤6：创建边线法兰4，编辑法兰轮廓。单击"钣金"工具栏中的"边线法兰"按钮，在图形区域单击生成边线法兰的边。单击"编辑法兰轮廓"按钮，修改法兰轮廓草图，如图3-13-26（a）所示。设置法兰角度为90°，材料在内，勾选"剪裁侧边折弯"复选框，生成边线法兰4，如图3-13-26（b）所示。

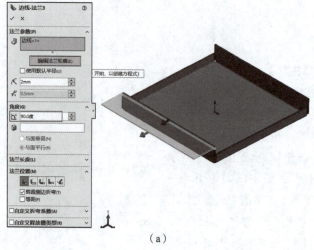

(a)

图3-13-24　创建边线法兰3

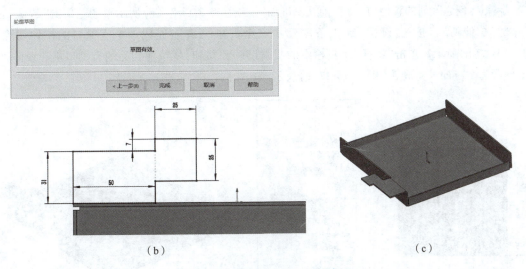

图 3-13-24　创建边线法兰 3（续）

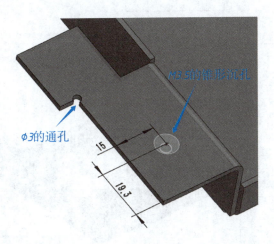

图 3-13-25　创建边线法兰 3 上的孔

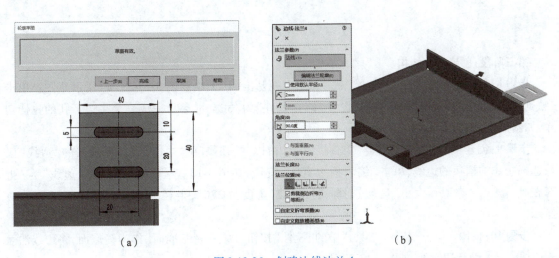

图 3-13-26　创建边线法兰 4

步骤 7：创建阵列的直槽口。在"前视基准面"上绘制图 3-13-27（a）所示草图。单击"特征"工具栏中的"拉伸切除"按钮，设置"终止条件"为"完全贯穿-两者"，完成一个直槽口的拉伸切除，如图 3-13-27（b）所示。单击"特征"工具栏中的"线性阵列"按钮，将拉伸切除的直槽口沿边线阵列 19 个，间距为 10 mm。完成后如图 3-13-27（c）所示。

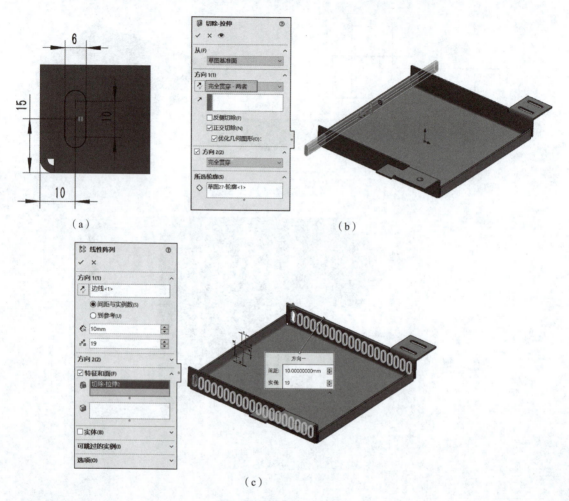

图 3-13-27 创建阵列直槽口

第三阶段：创建空心结构。

步骤 8：创建基体法兰上的多边形孔。在"上视基准面"上绘制图 3-13-28（a）所示草图。单击"特征"工具栏中的"拉伸切除"按钮，设置"终止条件"为"完全贯穿"，完成一个多边形孔的拉伸切除，如图 3-13-28（b）所示。

步骤 9：创建褶边。单击"钣金"工具栏中的"褶边"按钮，在"褶边"属性管理器的"边线"区域选择想添加褶边的边线，单击"编辑褶边宽度"按钮，如图 3-13-29（a）所示；设置"边线"为"折弯在外"，在"类型和大小"区域选择"滚扎"，角度为 270°，半径为 2 mm，如图 3-13-29（b）所示。

步骤 10：镜像。单击"特征"工具栏中的"镜像"按钮，以"右视基准面"作为镜像面，将边线法兰 3、边线法兰 4 及褶边镜像，如图 3-13-30 所示。

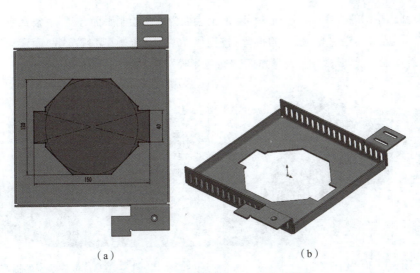

(a)   (b)

图 3-13-28   创建基体法兰上的多边形孔

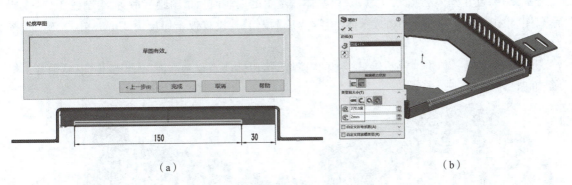

(a)   (b)

图 3-13-29   创建褶边

步骤 11：创建边线法兰 5。单击"钣金"工具栏中的"边线法兰"按钮，在图形区域单击生成边线法兰的边。设置边线法兰长度为 25，如图 3-13-31 所示。

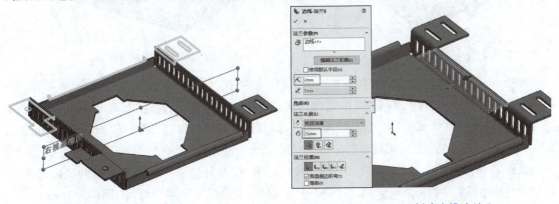

图 3-13-30   镜像   图 3-13-31   创建边线法兰 5

步骤 12：创建褶边 2。单击"钣金"工具栏中的"褶边"按钮，在"褶边"属性管理器的"边线"区域选择想添加褶边的边线；设置"边线"为"材料在内"，在"类型和大小"区域选择"闭合"，长度为 10 mm，如图 3-13-32 所示。

步骤 13：创建绘制的折弯。以边线法兰 4 的上表面为草图绘制平面，绘制一条直线，如图 3-13-33 所示。单击"钣金"工具栏中的"绘制的折弯"按钮，在"折弯参数"区域单击"固定面"，选择"折弯位置"为"折弯中心线"，设定"折弯角度""折弯半径"等，如图 3-13-33 所示。

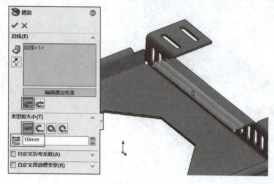
图 3-13-32　创建褶边 2

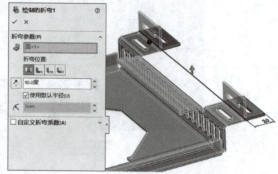
图 3-13-33　创建绘制的折弯

步骤 14：创建基体法兰（薄片 1）。以基体法兰 1 的上表面为草图绘制平面，绘制图 3-13-34 所示草图，单击"钣金"工具栏中的"基体法兰/薄片"按钮，设置钣金厚度为 2 mm，单击"确定"按钮。

步骤 15：镜像。单击"特征"工具栏中的"镜像"按钮，以"右视基准面"作为镜像面，将薄片 1 镜像，如图 3-13-35 所示。

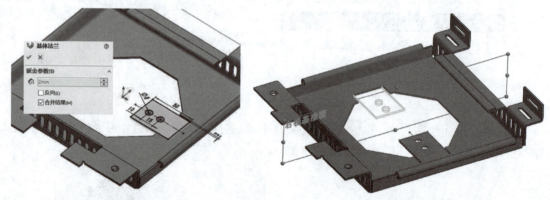

图 3-13-34　创建基体法兰 2　　　　　　　　图 3-13-35　镜像薄片 1

步骤 16：创建转折。以薄片 1 的上表面为草图绘制平面，绘制一条直线，如图 3-13-36 所示。单击"钣金"工具栏中的"转折"按钮，在"选择"区域单击"固定面"，设定"折弯半径"，在"转折等距"区域设置长度为 10 mm，"尺寸位置"为"总尺寸"，在"转折位置"区域选择"折弯向外"，如图 3-13-36 所示。另一侧亦创建相同转折。

步骤 17：断开边角。单击"钣金"工具栏中的"边角"/"断开边角"按钮，在"折断边角选项"区域单击需要做成倒角的角边线，如图 3-13-37 所示；设置"折断类型"为"倒角"，距离为 5 mm。

步骤 18：断开边角。单击"钣金"工具栏中的"边角"/"断开边角"按钮，在"折断边角选项"区域单击需要做成倒角的角边线，如图 3-13-38 所示；设置"折断类型"为"圆角"，距离为 5 mm。

步骤 19：展平。完成钣金件创建后，单击"钣金"工具栏中的"展平"按钮，将钣金件展开，如图 3-13-39 所示。

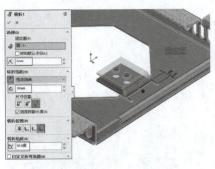  

图 3-13-36　创建转折　　　　　　图 3-13-37　断开边角—倒角

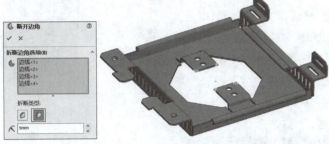 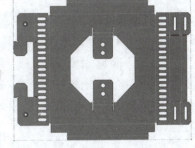

图 3-13-38　断开边角—圆角　　　　图 3-13-39　展平

【工作任务 2】绘制配电柜

用 SolidWorks 软件创建图 3-13-40 所示的配电柜。

图 3-13-40　配电柜

视　频

绘制配电柜

任务分析

配电柜包括柜体和柜门两个钣金件。配电柜的建模思路见表 3-13-2。

表 3-13-2　配电柜的建模思路

第一阶段:创建柜体	第二阶段:创建柜门	第三阶段:添加配合

任务实施

第一阶段:创建配电柜柜体。

步骤1: 新建零件,以"前视基准面"作为草图绘制平面,绘制 500 mm×600 mm 的中心矩形,完成后退出草图。单击"钣金"工具栏中的"基体法兰/薄片"按钮,设置钣金厚度为 1.8 mm,勾选"反向"复选框,单击"确定"按钮,如图 3-13-41 所示。

步骤2: 创建螺纹孔。以基体法兰平面为草图绘制平面,绘制图 3-13-42(a)所示的 8 个点。通过"异形孔向导"在外侧 4 个点上创建 M8 的钻孔,在内侧 4 个点上创建 M6 的钻孔,如图 3-13-42(b)所示。

步骤3: 创建斜接法兰。以基体法兰侧面作为草图绘制平面,绘制图 3-13-43(a)所示草图,完成后退出草图。选择斜接法兰草图后,单击"钣金"工具栏中的"斜接法兰"按钮,在图形区域选择基体法兰的外侧 4 条边线,选择"法兰位置"为"材料在内",设置"缝隙距离"为 0.25 mm,单击"确定"按钮完成斜接法兰创建。

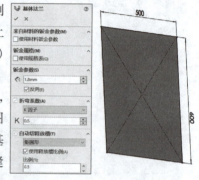

图 3-13-41 创建柜体基体法兰

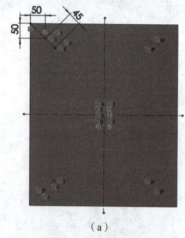

(a)

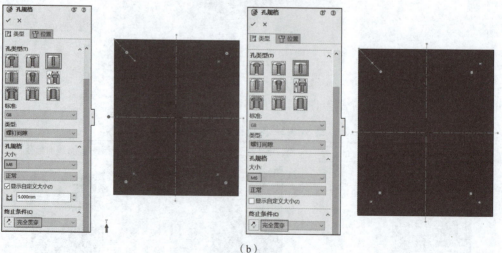

(b)

图 3-13-42 创建基体法兰上的钻孔

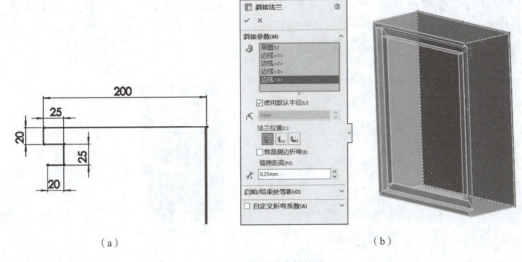

(a)　　　　　　　　　　　　　　(b)

图 3-13-43　创建斜接法兰

步骤 4：展开折弯。单击"钣金"工具栏中的"展开"按钮，在"展开"属性管理器的"选择"区域中单击基体法兰面作为"固定面"，选择柜体下面的 5 个折弯作为"要展开的折弯"，单击"确定"按钮，所选折弯全部展开，如图 3-13-44 所示。

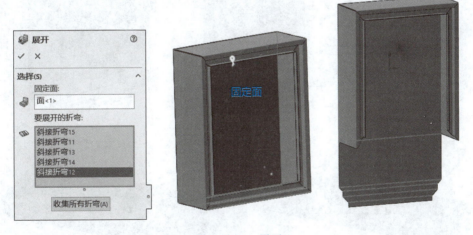

图 3-13-44　展开

步骤 5：切除直槽口。在图 3-13-45 所示面上，绘制直槽口草图。通过"拉伸切除"创建通孔直槽口。

步骤 6：单击"钣金"工具栏中的"折叠"按钮，在"折叠"属性管理器"选择"区域单击基体法兰面作为"固定面"，选择柜体下面的 5 个折弯作为"要折叠的折弯"，单击"确定"按钮，所选折弯全部折叠，如图 3-13-46 所示。

步骤 7：创建成形工具。在"前视基准面"上绘制 200 mm×70 mm 的矩形草图，完成后退出草图，将草图"拉伸凸台"形成矩形实体，如图 3-13-47（a）所示。在矩形平面上绘制图 3-13-47（b）所示草图，将草图"旋转凸台"90°，形成实体。单击"钣金"工具栏中的"成形工具"按钮，在"成形工具"属性管理器中，选择一个矩形平面作为"停止面"，选择一个粉色面作为"要移除的面"，如图 3-13-47（c）所示。选择"插入点"选项卡，选择中心点作为插入点。单击"确定"按钮，完成后的成形工具如

图3-13-47（d）所示。将成形工具保存为"百叶窗．sldftp"，注意文件类型为"＊．sldftp"，保存位置为＜安装目录＞\\ProgramData\\SolidWorks\\SolidWorks＜版本＞\\design library\\forming tools。

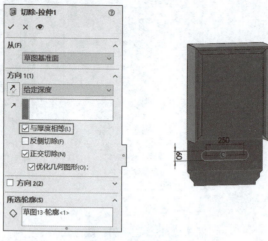

图3-13-45　切除直槽口

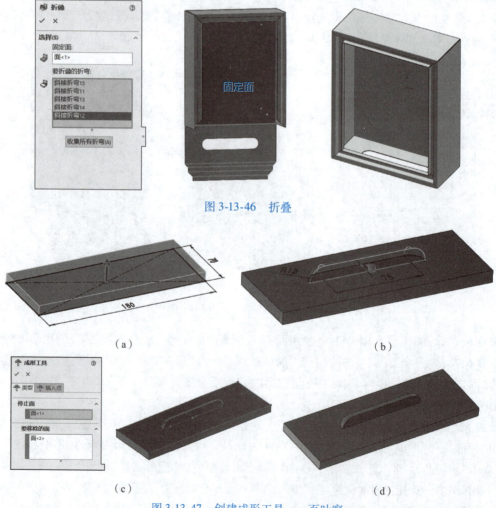

图3-13-46　折叠

图3-13-47　创建成形工具——百叶窗

步骤 8: 应用成形工具到钣金件。打开"配电柜"钣金零件,然后浏览到设计库中的成形工具文件夹,将成形工具"百叶窗"从设计库拖动到配电柜侧面上,松开鼠标。在"成形工具特征"属性管理器中设置:"旋转角度"为 180°,单击"反转工具"按钮。选择"位置"选项卡,单击图形区域,使用尺寸设定成形工具位置,如图 3-13-48(a)所示。单击"确定"按钮,成形工具应用到配电柜。将成形工具"百叶窗"线性阵列 15 个,间距 25 mm,如图 3-13-48(b)所示。以"右视基准面"作为镜像平面,将"百叶窗"镜像到配电柜另一侧,如图 3-13-48(c)所示。

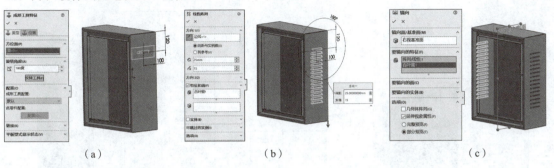

(a)　　　　　　　　　　(b)　　　　　　　　　　(c)

图 3-13-48　应用成形工具——百叶窗

步骤 9: 创建配电柜柜门的安装孔。

单击"钣金"工具栏中的"展开"按钮,在"展开"属性管理器中,单击图形区域中的基体法兰面作为"固定面",单击"收集所有折弯"按钮,单击"确定"按钮,柜体折弯全部展开,如图 3-13-49(a)所示。

在钣金上绘制图 3-13-49(b)所示的草图圆,退出草图后,"拉伸切除"通孔,"终止条件"选择"给定深度",勾选"与厚度相同"复选框。

单击"特征"工具栏中的"镜像"按钮,以"上视基准面"作为镜像面,将柜门定位安装孔镜像到下面,如图 3-13-49(c)所示。

单击"钣金"工具栏中的"折叠"按钮,在"折叠"属性管理器中,单击图形区域中的基体法兰面作为"固定面",单击"收集所有折弯"按钮,单击"确定"按钮,柜体折弯全部折叠,如图 3-13-49(d)所示。

完成后将此钣金件保存为"柜体.SLDPRT"。

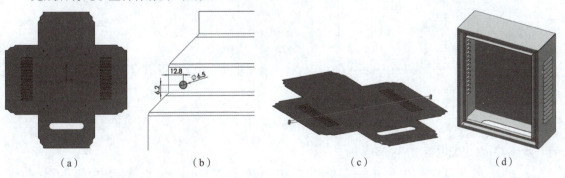

(a)　　　　　　(b)　　　　　　(c)　　　　　　(d)

图 3-13-49　创建柜门安装孔

第二阶段:创建配电柜柜门。

步骤 10: 新建零件,以"前视基准面"作为草图绘制平面,绘制 555 mm × 452 mm 的中心矩形,完成后退出草图。单击"钣金"工具栏中的"基体法兰/薄片"按钮,设置钣金厚度为 1.8 mm,勾选反向"复选框",单击"确定"按钮,如图 3-13-50 所示。

步骤 11:创建斜接法兰。以基体法兰侧面作为草图绘制平面,绘制图 3-13-51(a)所示草图,完成后退出草图。选择斜接法兰草图后,单击"钣金"工具栏中的"斜接法兰"按钮,在图形区域选择基体法兰的外侧 4 条边线,选择"法兰位置"为"材料在内",设置"缝隙距离"为 0.25 mm,单击"确定"按钮完成斜接法兰创建,如图 3-13-51(b)所示。

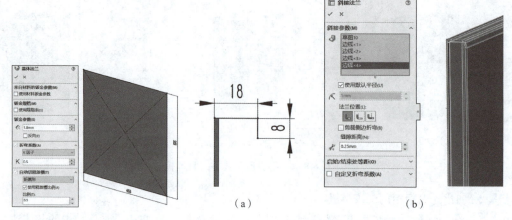

图 3-13-50　创建柜门基体法兰　　　　　图 3-13-51　创建柜门斜接法兰

步骤 12:创建柜门通风口。在柜门基体法兰面上绘制图 3-13-52(a)所示草图,完成后突出草图。单击"钣金"工具栏中的"通风口"按钮,在"通风口"属性管理器中,设置以下选项:"边界""几何体属性""筋""翼梁",单击"确定"按钮,完成通风口创建,如图 3-13-52(b)所示。

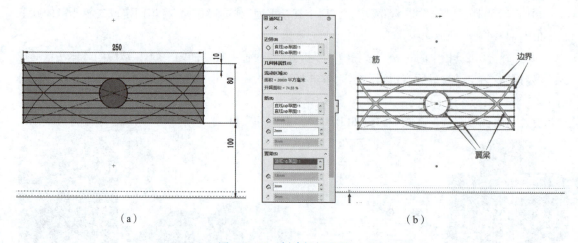

图 3-13-52　创建柜门通风口

步骤 13:创建配电柜柜门的安装轴。

单击"钣金"工具栏中的"展开"按钮,在"展开"属性管理器中,单击图形区域中的基体法兰面作为"固定面",单击"收集所有折弯"按钮,单击"确定"按钮,柜门的折弯全部展开,如图 3-13-53(a)所示。

在钣金上绘制图 3-13-53(b)所示的草图圆,退出草图后,将圆"拉伸凸台",拉伸高度为 15 mm。

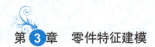

单击"特征"工具栏中的"镜像"按钮,以"上视基准面"作为镜像面,将柜门定位轴镜像到下面,如图 3-13-53(c)所示。

单击"钣金"工具栏中的"折叠"按钮,在"折叠"属性管理器中,单击图形区域中的基体法兰面作为"固定面",单击"收集所有折弯"按钮,单击"确定"按钮,柜门折弯全部折叠,如图3-13-53(d)所示。完成后将此钣金件保存为"柜门.SLDPRT"。

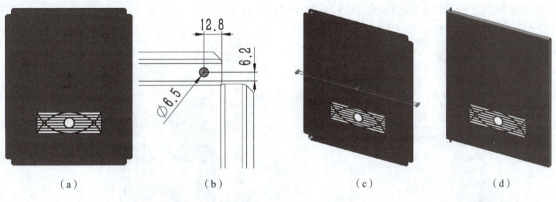

(a)　　　　　　　(b)　　　　　　　(c)　　　　　　　(d)

图 3-13-53　创建柜门安装轴

第三阶段:装配配电柜。

步骤14:新建装配体。

打开"柜体.SLDPRT"零件,在菜单中选择"文件"/"从零件制作装配体"命令,弹出"新建SolidWorks 文件"对话框,选择装配图的默认模板,单击"确定"按钮,如图3-13-54(a)所示。在"开始装配体"属性管理器中,单击"确定"按钮,将"柜体"作为固定零件插入到装配体中。

单击"装配体"工具栏中的"插入零部件"按钮,选择"柜门.SLDPRT",在图形区域单击,即可将新零件插入到装配体中,如图 3-13-54(b)所示。

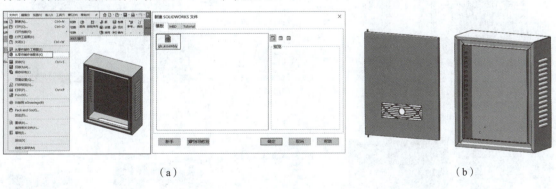

(a)　　　　　　　　　　　　　　　　(b)

图 3-13-54　插入装配体零件

步骤15:添加配合。

单击"装配体"工具栏中的"配合"按钮,在"配合"属性管理器中,单击"高级配合"区域的"宽度"按钮,在"配合选择"区域选择柜体的内侧顶面和底面作为"宽度选择",选择柜门的外侧顶面和底面作为"薄片选择",如图3-13-55(a)所示,单击"确定"按钮,完成宽度配合。

单击"装配体"工具栏中的"配合"按钮,在"配合"属性管理器中,选择柜门上的安装定位轴外圆柱面、柜体的安装定位孔内圆柱面作为"要配合的实体",此时图形区域自动弹出"配合快捷菜单",并默认选择"同心"◎,如图3-13-55(b)所示。单击"确定"按钮✓,完成同心配合。

单击"装配体"工具栏中的"配合"按钮◎,在"配合"属性管理器中,单击"高级配合"区域的"角度限制"按钮△,在"配合选择"区域选择柜门的正面和柜体的正面作为"要配合的实体",设定最大值为90°,最小值为0°,在"配合对齐"区域单击"同相配合"按钮⇄如图3-13-55(c)所示,单击"确定"按钮✓,使柜门只能在90°角度范围内转动,完成角度限制配合。

保存文件,完成配电柜的建模,如图3-13-55(d)所示。

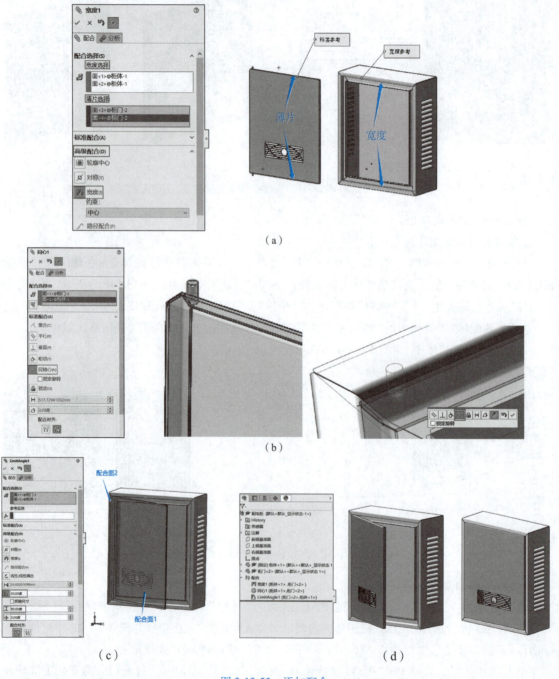

图3-13-55 添加配合

强化练习

练习 1：钣金外壳

练习 2：钣金箱体

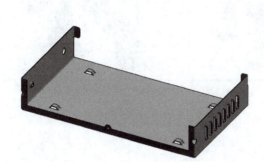
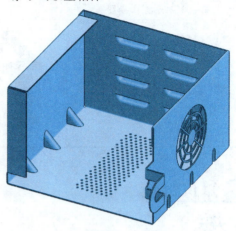

3.14 焊 件

学习目标

1. 了解焊件特征；
2. 学习创建结构构件；
3. 学习添加角撑板和顶端盖；
4. 学习添加焊缝。

【工作任务 1】 绘制方形钢架

用 SolidWorks 软件建立图 3-14-1 所示方形钢架焊件。

视 频

绘制方形钢架

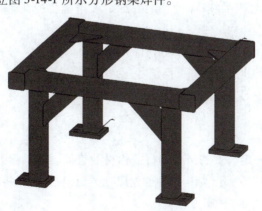

图 3-14-1　方形钢架

任务分析

方形钢架属于钢结构构件，应建模成焊件。焊件建模时，通常先绘制焊件结构的 3D 草图，再通过添加结构构件生成焊件,最后添加焊缝。该模型的建模思路见表 3-14-1。

表 3-14-1　方形钢架的建模思路

知识链接

焊件

焊件是由多个焊接在一起的零件组成的装配体。但在 SolidWorks 中,为方便地控制多个零件块,并且最大限度地简化复杂的文件关联,焊件按照多实体零件创建。SolidWorks 的焊件主要用于结构钢材和结构铝材,也常用于木工和吹塑。

1) 焊件特征

焊件特征可将零件指定为焊件,并激活焊件环境。焊件模型中的"焊件"特征是 FeatureManager 设计树中显示的第一个特征。焊件特征可以从焊件工具栏手动添加,也可在生成"结构构件"特征时自动添加。焊件特征添加到零件后,会有以下操作:

①激活专用焊件命令,如结构构件、角撑板、顶端盖、焊缝等。

②FeatureManager 设计树中出现"切割清单"文件夹,用来管理焊件中的多实体,也用于添加可在切割清单表中显示的属性。

③生成"焊件"特征后,所有后续特征的"合并结果"复选框会被自动清除,即新建的特征默认保持为分离的多实体。

④指派给焊件特征的自定义属性扩展到所有的切割清单项目。

手动添加"焊件"特征的步骤执行如下操作之一:

➢ 单击"焊件"工具栏中的"焊件"按钮 。

➢ 在菜单中,选择"插入"/"焊件"/"焊件"命令。

2) 结构构件

结构构件通常指具有一定长度的结构钢材或铝材的管筒、管道、梁及槽。"结构构件"特征是 SolidWorks 中焊件模型的主要特征。结构构件创建原理类似于扫描,即将轮廓草图沿路径线段进行扫描。

(1) 结构构件轮廓

结构构件轮廓是所要创建的结构构件的截面,即管筒、管道、梁及槽的截面,它是一个 2D 的闭合轮廓草图。

SolidWorks 软件自带了少量的初始轮廓,如图 3-14-2 所示。在创建结构构件时,可以依次选择轮廓标准、类型、大小。

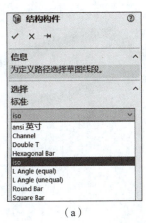　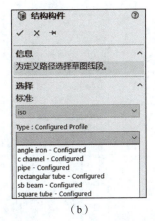　

（a）　　　　　　　　　　（b）　　　　　　　　　　（c）

（d）

图 3-14-2　选择结构构件轮廓

如果需要其他结构构件轮廓，可单击"任务窗格"/"设计库"/"SolidWorks 内容"/"Weldments"，按住【Ctrl】键的同时，单击需要下载的轮廓标准文件，用户即可下载相应标准轮廓文件，如图 3-14-3 所示。下载的轮廓文件为"*.zip"文件格式。解压缩后的轮廓文件需要保存在"C:\\Program Files\\SolidWorks Corp\\SolidWorks\\lang\\chinese-simplified\\weldment profiles"目录下，创建结构构件时，才可识别该轮廓文件。

（2）添加结构构件

操作步骤如下：

①绘制 2D 或 3D 草图，如图 3-14-4（a）所示。草图是建立结构构件的基础。在绘制草图时，应考虑创建结构构件的组。

②单击"焊件"工具栏中的"结构构件"按钮，或在菜单中选择"插入"/"焊件"/"结构构件"命令。

③在弹出的属性管理器中进行选择以定义结构构件的轮廓。

④在图形区域中，选择草图线段为结构构件定义路径，如图 3-14-4（b）所示。

⑤单击"确定"按钮。

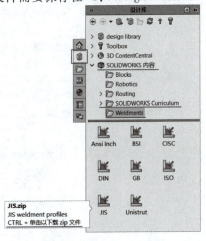

图 3-14-3　下载结构构件轮廓

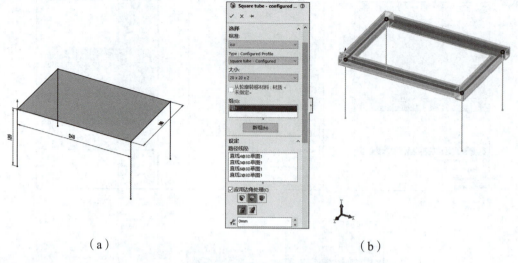

　　　　（a）　　　　　　　　　　　　　　　（b）

图 3-14-4　创建结构构件

（3）组

组是结构构件中相关线段的集合，结构构件可以包含一个或多个组。在"结构构件"属性管理器中，选择一条或一系列线段作为一组路径生成结构构件。同一组绘制路径必须相连或相互平行，如果要使用边角处理，则必须相连。

定义一个组以后，可以将其当作一个单位操作，但不影响结构构件中的其他线段或组。使用"结构构件"属性管理器可以：

➢ 指定组中线段的边角处理。

➢ 在线段之间生成焊接缝隙以留出焊缝空间。

➢ 镜向单个组的轮廓。

➢ 在不影响结构构件中其他组的情况下对齐、旋转或平移组的轮廓。

要生成下一个组，右击图形区域，在弹出的快捷菜单中选择"生成新组"命令，或在属性管理器的"选择"区域单击"新组"按钮，如图 3-14-5 所示。

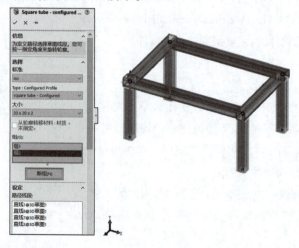

图 3-14-5　创建新路径组

在同一个特征中使用多个组,可以使系统自动在多实体间进行剪裁操作。

(4)边角处理

边角处理只有在结构构件的一个组的线段相交于一个端点时可以使用。

①边角处理的类型:"终端斜接" 、"终端对接1" ("终端对接2")。

选择"终端斜接" ,出现"合并斜接剪裁实体"复选框,如图3-14-6(a)所示。勾选此复选框,会使草图线段生成一个实体。

选择"终端对接1" (或"终端对接2"),出现"简单切除"和"封顶切除"两个选项,如图3-14-6(b)所示。勾选"允许突出"复选框,表示允许剪裁过的构件延伸超过草图的长度。

②焊接缝隙:第一行 是同一组中连接线段之间的缝隙,第二行 是不同组线段之间的缝隙。

③更改边角处理:在结构构件中,可在组内或在相邻的组之间覆盖边角处理,还可以将圆弧实体与相邻实体合并在一起并指定焊接缝隙和剪裁阶序。如图3-14-6(c)所示,单击图形区域中想修改边角的红色点,弹出"边角处理"对话框。设定剪裁阶序(带有较低剪裁阶序编号的组会剪裁带有较高编号的组。如果两个组拥有相同的剪裁阶序编号,则这两个组会相互斜接,剪裁带有较低编号的组,并被带有较高编号的组剪裁),选择边角处理,完成后单击"确定"按钮 。

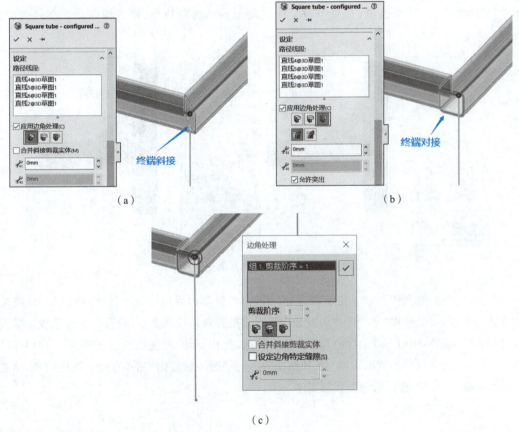

图3-14-6 边角处理

(5)轮廓位置设定

如图3-14-7所示,在"结构构件"属性管理器中,包含了用于轮廓定位的设定:

①"镜像轮廓":允许沿组的水平轴或竖直轴反转组的轮廓,这对于非对称的轮廓非常有用。

②"对齐":允许将组轮廓的轴(水平轴或竖直轴)与任何选定的向量对齐(边线、构造线等)。

③"旋转角度":按一定度数旋转结构构件。

④"找出轮廓":图形区域将轮廓放大,这样可相对于草图线段更改其穿透点。默认穿透点为草图原点。

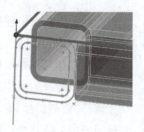

图 3-14-7　设定轮廓位置

3)剪裁/延伸

在焊件中,"剪裁/延伸"特征使用线段和其他实体来剪裁线段,使之在焊件零件中正确对接。"剪裁/延伸"的具体操作为:

①单击"焊件"工具栏中的"剪裁/延伸"按钮,或在菜单中选择"插入"/"焊件"/"剪裁/延伸"命令。

②在"剪裁/延伸"属性管理器中设定以下选项;

➤"边角类型":终端剪裁、终端斜接、终端对接1、终端对接2;

➤"要剪裁的实体":在图形区域单击要剪裁的实体(黄色)。对于"终端斜接""终端对接1""终端对接2"边角类型,选择要剪裁的一个实体;对于"终端剪裁"边角类型,选择要剪裁的一个或多个实体。勾选"允许延伸"复选框,如果剪裁实体线段未到达剪裁边界,则将线段延长至其边界,如图 3-14-8 所示。

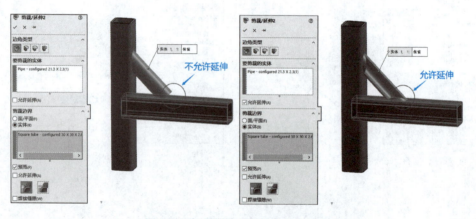

图 3-14-8　要剪裁的实体的允许延伸

➤"剪裁边界":在图形区域单击剪裁边界(粉色)。剪裁边界可以是实体,也可以是面(终端剪裁允许选择平面)。选择面/基准面作为剪裁边界通常更有效且性能更好,只有圆形管道或阶梯式曲面之类的非平面实体作为剪裁边界时选择实体。勾选"允许延伸"复选框,以允许延伸结构构件进行剪裁或延伸。"实体之间的简单切除",使结构构件与平面接触面相齐平(有助于制造);"实体之间的封顶切除",将结构构件剪裁到接触实体。

③单击"确定"按钮。

4)顶端盖

焊件中要闭合敞开的结构构件,可以添加顶端盖,包括内部顶端盖。添加"顶端盖"的操作步骤如下:

①单击"焊件"工具栏中的"顶端盖"按钮,或在菜单中选择"插入"/"焊件"/"顶端盖"命令。

②在"顶端盖"属性管理器中设定以下选项：

➢ "参数"区域，选择结构构件的一个面添加顶端盖；"厚度方向"设定顶端盖的方向，可选择"向外"、"向内"、"内部"，并输入顶端盖"厚度"。

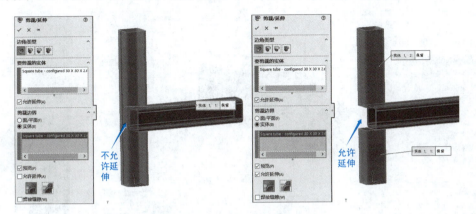

图 3-14-9　剪裁实体的允许延伸

➢ "等距"是指结构构件边线到顶端盖边线之间的距离。默认情况下，该距离减去外侧边线，减小顶端盖的大小。选择"厚度比率"或"等距值"作为计算等距的方式，然后输入一个值。选择"厚度比率"单选按钮，等距等于结构构件的壁厚乘以指定的厚度比率（厚度比率为介于 0~1 之间的值）。单击按钮以反转等距方向。

➢ "边角处理"区域，选择"倒角"或"圆角"单选按钮，对顶端盖边角进行处理，如图 3-14-10 所示。

③单击"确定"按钮。

5) 角撑板

角撑板可加固两个交叉带平面的结构构件之间的区域。添加"角撑板"的操作步骤如下：

①单击"焊件"工具栏中的"角撑板"按钮，或在菜单中选择"插入"/"焊件"/"角撑板"命令。

②在"角撑板"属性管理器中设定以下选项：

➢ "支撑面"区域，从两个交叉结构构件选择相邻平面作为包含角撑板的面。

➢ "轮廓"区域，首先选择"三角形"轮廓或"多边形"轮廓，并设置轮廓参数；然后确定厚度方位为"内边"、"两边"、"外边"之一，并设置角撑板厚度，如图 3-14-11 所示。

➢ "位置"区域，选择在何处定位角撑板轮廓："轮廓定位于起点"、"轮廓定位于中点"、"轮廓定位于端点"。如果勾选"等距"复选框，可设定角撑板位置等距距离。

③单击"确定"按钮。

6) 焊缝

"焊缝"特征允许在焊件零件和装配体以及多实体零件中添加焊缝。添加焊缝后，会自动生成焊接符号，并且在使用焊接表的工程图中包含焊缝属性。添加"焊缝"的操作步骤如下：

①在零件中，单击"焊件"工具栏中的"焊缝"按钮，或在菜单中选择"插入"/"焊件"/"焊缝"命令。在装配体中，在菜单中选择"插入"/"装配体特征"/"焊缝"命令。

②在"焊缝"属性管理器中设定选项：

➢ "焊接路径"区域，有两种方法选择焊接路径。第一种，使用"智能焊接选择工具"进行选择——单击 按钮,在图形区域按住鼠标左键从每组面上拖过,软件会自动生成新焊接路径,因为它认为每个焊缝之间的路径是不连续的。第二种,手动选择——选择两个面(或一个边线),应用焊缝,然后单击"新焊接路径"以生成另外的焊接路径。

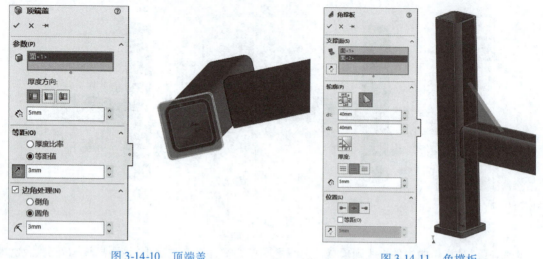

图 3-14-10　顶端盖　　　　　　　　　图 3-14-11　角撑板

➢"设定"区域,当选择"焊接几何体"单选按钮时,提供"焊缝起始点"和"焊缝终止点"两个选择框,在此选择要焊接的面和边线,如图 3-14-12(a)所示;当选择"焊接路径"单选按钮时,提供单个选择框,在此选择要焊接的面和边线,如图 3-14-12(b)所示。"焊缝大小" 用来设定焊缝厚度。勾选"切线延伸"复选框,将焊缝应用到与所选面或边线相切的所有边线。单击"定义焊接符号"按钮,弹出"焊接符号"对话框,以便定义焊接符号设置,如图 3-14-12(c)所示。

➢"'从/到'长度"用来设定焊缝的起始点及焊缝长度。

➢勾选"断续焊接"复选框,将焊缝设置为断续的,选中"缝隙与焊接长度"单选按钮,可以设置断续焊缝的焊接长度和缝隙;选中"节距与焊接长度"单选按钮,设置断续焊缝的焊接长度和缝隙,节距是指焊接长度加上缝隙,它是通过计算一条焊缝的中心到下一条焊缝的中心之间的距离而得出的。"交错"适用于设为"两侧"的焊缝。交错焊缝分别处于要焊接实体的两侧。

③单击"确定"按钮 ,完成后的焊缝如图 3-14-12(d)所示。

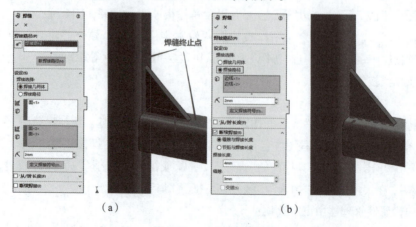

(a)　　　　　　　　　　　(b)

图 3-14-12　添加焊缝

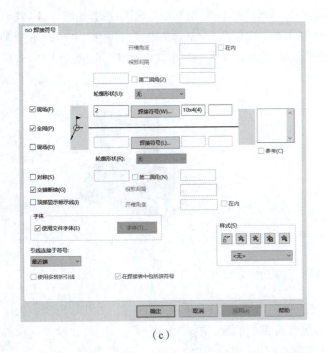
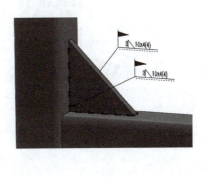

（c）　　　　　　　　　　　　　　　　　　　（d）

图 3-14-12　添加焊缝（续）

任务实施

第一阶段：创建 3D 草图。

步骤 1：绘制 3D 草图。新建零件，以"上视基准面"作为草图绘制平面，绘制 900 mm×750 mm 的矩形，完成后退出草图。新建 3D 草图，将矩形草图"转换实体引用"，并绘制图 3-14-13 所示的直线。

第二阶段：创建焊件。

步骤 2：单击"焊件"工具栏中的"结构构件"按钮 ，在属性管理器中选择结构构件的轮廓，在图形区域中分组选取草图线段作为结构构件定义路径，如图 3-14-14 所示。单击"确定"按钮 。

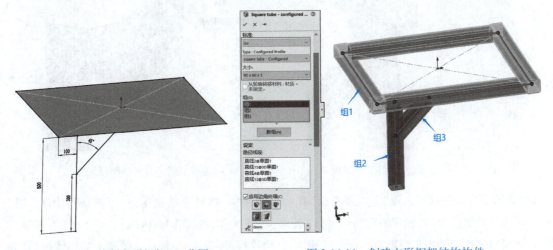

图 3-14-13　绘制方形钢架 3D 草图　　　　图 3-14-14　创建方形钢架结构构件

步骤 3：钢架底垫。以竖直结构构件底面作为草图绘制平面，绘制矩形轮廓草图，如图 3-14-15（a）所示，完成后退出草图。单击"特征"工具栏中的"拉伸凸台/基体"按钮，将矩形轮廓向下拉伸 20 mm。单击"特征"工具栏中的"异形孔向导"按钮，在矩形底垫上创建 M20 的螺栓孔，如图 3-14-15（b）所示。

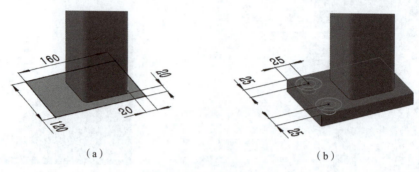

图 3-14-15　创建钢架底垫

步骤 4：创建角撑板。单击"焊件"工具栏中的"角撑板"按钮，在"角撑板"属性管理器中设定以下选项：选择组 1 结构构件相邻平面作为包含角撑板的面；选择"多边形"轮廓，并设置轮廓参数；然后确定厚度方位为"两边"，并设置角撑板厚度，如图 3-14-16 所示；选择"轮廓定位于中点"定位角撑板轮廓。单击"确定"按钮完成角撑板创建。

步骤 5：创建水平钢架顶端盖。单击"焊件"工具栏中的"顶端盖"按钮，在"顶端盖"属性管理器中设定以下选项：从图形区域选择水平结构构件的一个端面添加顶端盖；"厚度方向"选择"向外"，并输入顶端盖"厚度"；选择"厚度比率"为 0.5；在"边角处理"区域，选择"倒角"单选按钮，对顶端盖边角进行处理，如图 3-14-17 所示。单击"确定"按钮完成顶端盖创建。

图 3-14-16　创建方形钢架角撑板

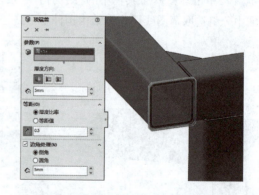

图 3-14-17　创建方形钢架顶端盖

步骤 6：镜像焊接结构。以"前视基准面"作为镜像平面，将竖直结构构件、倾斜结构构件、角撑板、顶端盖及底垫作为"要镜像的实体"，进行"镜像"特征操作，如图 3-14-18（a）所示。以"右视基准面"作为镜像平面，将竖直结构构件、倾斜结构构件、角撑板、顶端盖、底垫及其镜像 1 的实体作为"要镜像的实体"，进行再次"镜像"特征操作，如图 3-14-18（b）所示。

图 3-14-18 镜像实体

第三阶段:添加焊缝。

步骤 7:添加焊缝。单击"焊件"工具栏中的"焊缝"按钮，使用"智能焊接选择工具"在图形区域按住鼠标左键从每组面上拖过,创建图 3-14-19(a)所示 20 条焊缝。完成后的方形钢架焊件如图 3-14-19(b)所示。

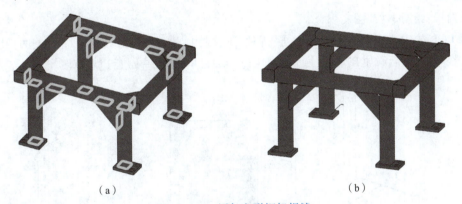

图 3-14-19 添加方形钢架焊缝

【工作任务 2】绘制钢管椅子

用 SolidWorks 软件创建图 3-14-20 所示的钢管椅子。

图 3-14-20 钢管椅子

视 频

绘制钢管椅子

任务分析

钢管椅子属于钢结构构件,应按焊件建模。焊件建模时,通常先绘制焊件结构的 3D 草图,再通过添加结构构件生成焊件,最后添加焊缝。该模型的建模思路见表 3-14-2。

表 3-14-2　钢管椅子建模思路

第一阶段:绘制 3D 草图	第二阶段:创建焊件	第三阶段:添加焊缝

任务实施

第一阶段:绘制 3D 草图。

步骤 1:绘制 3D 草图。新建零件,单击"焊件"工具栏中的"3D 草图"按钮,先绘制图 3-14-21(a)所示的直线草图,然后添加 R70 的"圆角",如图 3-14-21(b)所示,完成后退出草图。

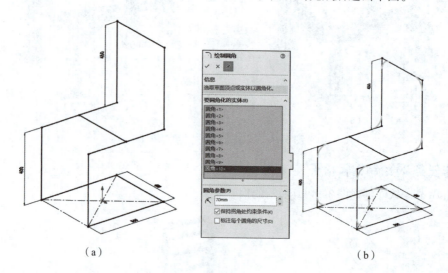

(a)　　　　　　　　　　　　　　　　　　　　(b)

图 3-14-21　绘制钢管椅子 3D 草图

第二阶段:创建焊件。

步骤 2:单击"焊件"工具栏中的"结构构件"按钮。在"结构构件"属性管理器中选择结构构件的轮廓为圆形钢管,尺寸为 33.7×4.0,在图形区域中选取椅子外轮廓草图线段作为结构构件定义路径,勾选"合并圆弧段实体"复选框,单击"确定"按钮,如图 3-14-22 所示。

步骤 3:由于椅子横梁钢管截面轮廓大小与步骤 2 中所创建结构构件截面轮廓不同,所以不能在一个结构构件中分组创建,需要单独生成结构构件。再次单击"焊件"工具栏中的"结构构件"按钮。在

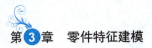

属性管理器中选择结构构件的轮廓为圆形钢管,尺寸为 21.3×2.3,在图形区域中选取椅子横梁草图线段作为结构构件定义路径,单击"确定"按钮,如图 3-14-23 所示。

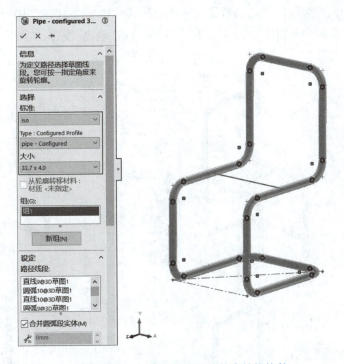

图 3-14-22　创建钢管椅子外轮廓结构构件

步骤 4:剪裁结构构件。单击"焊件"工具栏中的"剪裁/延伸"按钮,在"剪裁/延伸"属性管理器中设定:"边角类型"为"终端剪裁",、"要剪裁的实体"选择横梁,"剪裁边界"选择椅子外轮廓结构构件,如图 3-14-24 所示,单击"确定"按钮,完成横梁的剪裁。

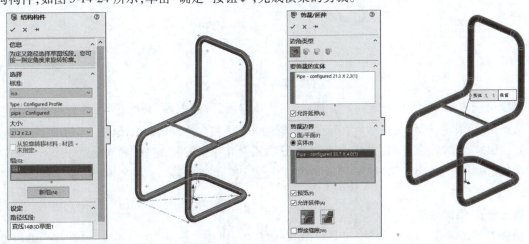

图 3-14-23　创建钢管椅子横梁结构构件　　　　图 3-14-24　剪裁横梁

步骤 5:沿曲线驱动阵列横梁钢管。新建"3D 草图 2",单击"转换实体引用"下拉按钮,将图 3-14-25(a)所示线段转换引用到 3D 草图。在 3D 草图中选取所有线段,单击"套合样条曲线",将 3D 曲线转换为单一样条曲线,如图 3-14-25(b)所示。单击"特征"工具栏中的"线性阵列"/"曲线驱动的阵列"按钮,在"曲线驱动的阵列"属性管理器中,"方向1"选择"3D草图2",数量为4,"要阵列的实体"选取横梁结构构件,单击"确定"按钮✓,如图3-14-25(c)所示,完成横梁的部分阵列。再次单击"特征"工具栏中的"线性阵列"/"曲线驱动的阵列"按钮,"方向1"选择"3D草图2",数量为8,单击"反向"按钮,"要阵列的实体"选取横梁结构构件,单击"确定"按钮,如图3-14-25(d)所示,完成横梁的剩余部分阵列。

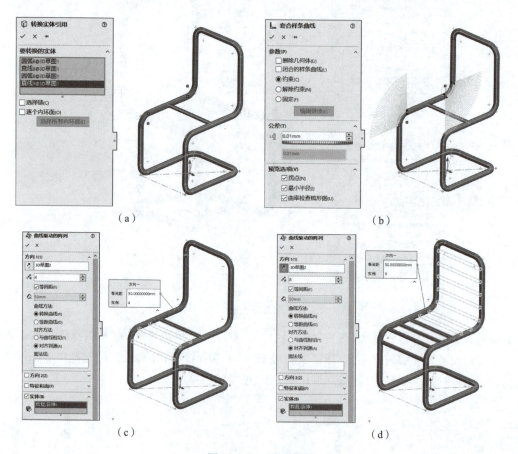

图 3-14-25　阵列横梁

步骤6:创建角撑板。单击"焊件"工具栏中的"角撑板"按钮,在"角撑板"属性管理器中设定以下选项:选择图3-14-26(a)所示竖直和水平钢管构件作为包含角撑板的面;选择"三角形"轮廓,并设置轮廓参数;然后确定厚度方位为"两边",并设置角撑板厚度,选择"轮廓定位于中点"定位角撑板轮廓。单击"确定"按钮✓完成角撑板创建。同理创建另一侧角撑板,如图3-14-26(b)所示。

第三阶段:添加焊缝。

步骤7:添加焊缝。单击"焊件"工具栏中的"圆角焊缝"按钮,在"圆角焊缝"属性管理器中设定以下选项:"焊缝类型"选择"全长",圆角大小为5 mm,"第一组面"选取角撑板平面,"第二组面"选取竖直钢管面,勾选"对边"复选框,使用同样的方法选组面组,如图3-14-27(a)所示。单击"确定"按钮完成圆角焊缝创建。同理创建另一侧圆角焊缝,如图3-14-27(b)所示。

建模完成的钢管椅子如图3-14-28所示。

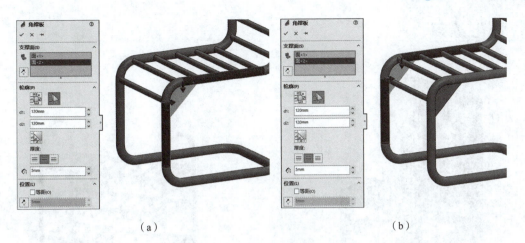

(a)   (b)

图 3-14-26　创建钢管椅子角撑板

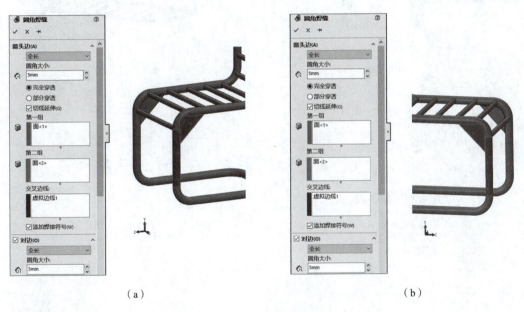

(a)   (b)

图 3-14-27　添加圆角焊缝

图 3-14-28　钢管椅子

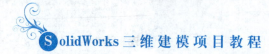

强化练习

练习 1：木椅

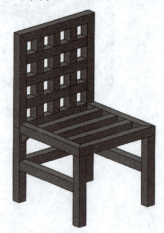

练习 2：鞋架

第4章 零件建模综合训练

4.1 轴套类零件

学习目标

1. 掌握轴套类零件的结构特点；
2. 学习轴套类零件的建模思路。

轴套类零件是机器、部件上的重要零件之一，主要用于支撑传动零件（如齿轮、带轮等），传递运动和动力，如光轴、齿轮轴、螺纹轴等。轴套类零件一般有如下结构特点：

①由同一轴线、不同直径的圆柱体（或圆锥体）所构成。

②带有键槽、砂轮越程槽、螺纹及螺纹退刀槽、倒角、倒圆、轴肩和中心孔等。

【工作任务】绘制轴

在 SolidWorks 软件中完成轴零件的创建，如图 4-1-1 所示。

视 频
绘制轴

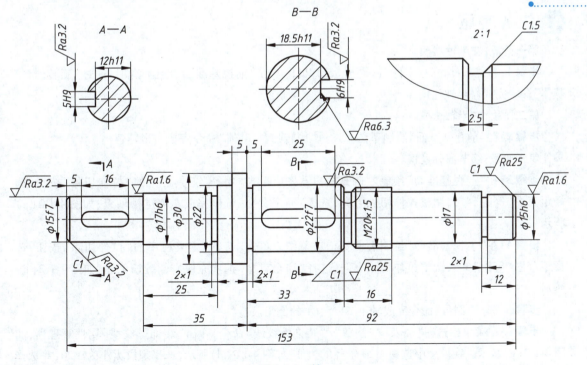

图 4-1-1 轴

图 4-1-1　轴(续)

任务分析

该轴轴向结构特征较多,建模时可分成左、右两部分完成,减少草图绘制过程中的错误。主体结构建模完成后,再完成局部细节部分建模。该模型的建模思路见表 4-1-1。

表 4-1-1　轴的建模思路

第一阶段:左半轴建模	第二阶段:右半轴建模	第三阶段:细节部分建模

任务实施

第一阶段:左半轴建模。

步骤 1: 新建零件,保存文件名为"轴.SLDPRT"。在"前视基准面"绘制草图。通过"旋转凸台/基体"命令完成左半轴建模。

第二阶段:右半轴建模。

步骤 2: 在"前视基准面"绘制草图。通过"旋转凸台/基体"命令完成右半轴建模。

第三阶段:细节部分建模。

步骤 3: 在"上视基准面"绘制左侧直槽口草图。单击"特征"工具栏中的"拉伸切除"按钮,选择距草图"等距"4.5,调整拉伸切除方向,选择"完全贯穿"选项完成左侧键槽创建,如图 4-1-2(a)所示。

步骤 4: 在"上视基准面"绘制右侧直槽口草图。单击"特征"工具栏中的"拉伸切除"按钮,选择距草图"等距"6.5,调整拉伸切除方向,选择"完全贯穿"选项完成右侧键槽创建,如图 4-1-2(b)所示。

步骤 5: 选择"倒角"命令完成轴上 $C1.5$、$C1$ 的倒角。

步骤 6: 在菜单中选择"插入"/"注解"/"装饰螺纹线"命令,弹出"装饰螺纹线"属性管理器,如图 4-1-2(c)所示。在模型中选择 M20 轴径的边线,如图 4-1-2(d)所示,选择螺纹大小为 M20,并选择"成形到一面"。单击"确定"按钮,完成螺纹装饰线的创建。

第 4 章 零件建模综合训练

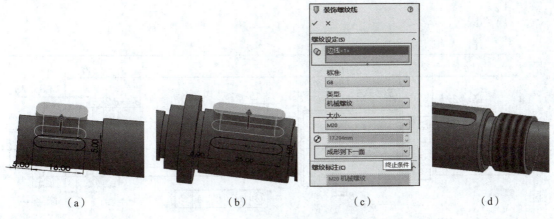

图 4-1-2 轴的建模

强化练习

练习 1

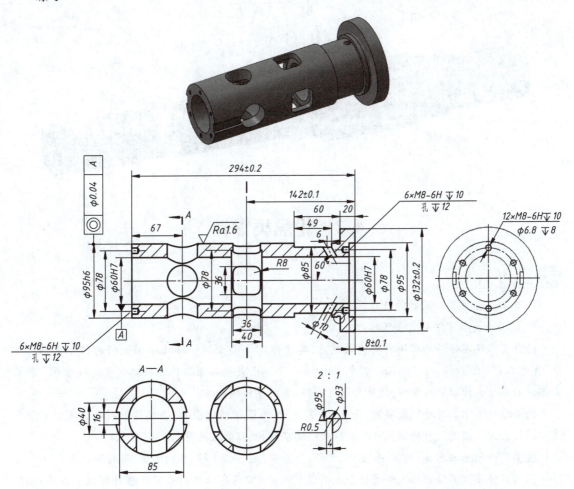

练习 2

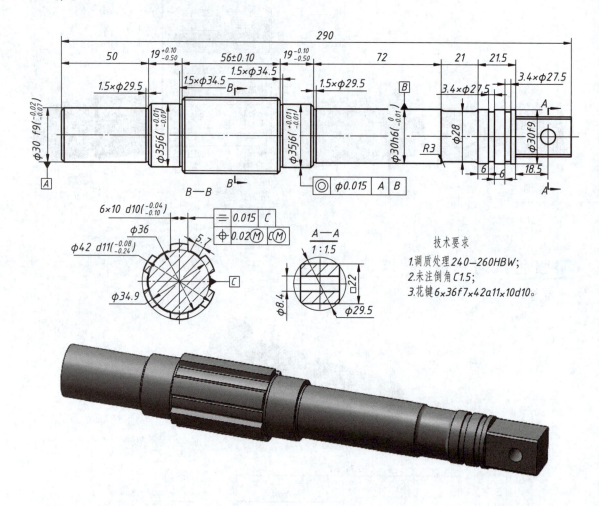

4.2 轮盘类零件

学习目标

1. 掌握轮盘类零件的结构特点；
2. 学习轮盘类零件的建模思路。

轮盘类零件与轴套类零件的共同之处是，其主体部分多由同一轴线不同直径的若干回转体组成，其基本形状为盘状，常有轴孔。其中，往往有一个端面是与其他零件连接时的重要接触面。轮盘类零件的毛坯多为铸件或锻件，然后再进行车削、磨削等机械加工。

轮类零件常常具有轮辐或辐板、轮毂、轮缘，轮毂为带键槽的圆孔，轮辐呈放射状分布辐射至轮缘。辐板上常有圆周均布的圆孔或其他形状的镂空结构，以减轻重量。

盘类零件包括轴承盖、阀盖、泵盖、法兰盘、盘座等，主要起支撑、轴向定位、密封等作用。

盘类零件多为同轴线的内外圆柱形或圆锥形结构，常带有沿圆周分布的各种形状的凸台、凸缘以及孔、内沟槽、端面槽等结构。

第 4 章 零件建模综合训练

【工作任务】绘制端盖

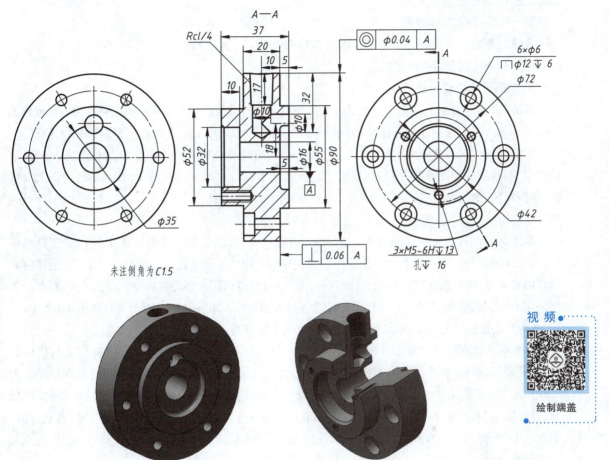

图 4-2-1 端盖

任务分析

该端盖主体为回转体,可通过"旋转凸台/基体"命令完成,端盖上的孔可通过"异形孔向导"及"圆周阵列"命令完成。该模型的建模思路见表 4-2-1。

表 4-2-1 端盖的建模思路

第一阶段:端盖主体建模	第二阶段:细节部分建模

225

任务实施

第一阶段：端盖主体建模。

步骤1：新建零件，保存文件名为"端盖.SLDPRT"。在"前视基准面"中绘制草图。通过"旋转凸台/基体"命令完成端盖主体建模。

第二阶段：细节部分建模。

步骤2：Rc1/4螺纹孔的创建。根据尺寸10创建与右侧端盖法兰面等距为10的基准面。在创建的基准面上绘制草图，绘制一条竖直的构造线，如图4-2-2(a)所示，用以确定Rc1/4螺纹孔的中心位置。

单击"特征"工具栏中的"异形孔向导"按钮，在孔类型中选择锥形螺纹孔，孔规格选择1/4，孔深设置为32，螺纹线深度设置为17；切换到"位置"选项卡，单击"3D草图"按钮，在端盖圆柱面上放置孔，按【Esc】键退出孔中心的放置，约束孔中心与草图中的构造线重合，单击"确定"按钮，完成Rc1/4螺纹孔的创建。

步骤3：右侧端面φ10孔的创建。选择端盖右侧端面(作为孔的放置面)，单击"特征"工具栏中的"异形孔向导"按钮，在孔类型中选择孔，孔大小选择φ10，孔深设置为"成形到一面"，并选择前面设置的基准面；切换到"位置"选项卡，放置孔，按【Esc】键退出孔中心的放置，约束孔中心与原点位置"竖直"，单击"智能尺寸"按钮，按住【Shift】键选择大圆边线与孔中心标注尺寸27，如图4-2-2(b)所示，孔中心位置被完全定义，单击"确定"按钮，完成右侧端面φ10孔的创建。

步骤4：左侧沉孔的创建。选择端盖左侧法兰端面(作为孔的放置面)，单击"特征"工具栏中的"异形孔向导"按钮，在孔类型中选择柱形沉头孔，勾选"显示自定义大小"复选框，通孔直径设置为6，柱形沉头孔直径设置为12，柱形沉头孔深度设置为6，孔深设置为"完全贯穿"；切换到"位置"选项卡，放置孔，按【Esc】键退出孔中心的放置，约束孔中心与原点位置"水平"，单击"智能尺寸"按钮，标注原点与孔中心距离尺寸为φ72/2，如图4-2-2(c)所示，孔中心位置被完全定义，单击"确定"按钮，完成沉孔的创建。

对沉孔进行圆周阵列，阵列个数为6个。完成左侧端面沉孔的创建。

步骤5：左侧M5螺纹孔的创建。选择端盖左侧端面(作为孔的放置面)，单击"特征"工具栏中的"异形孔向导"按钮，在孔类型中选择直螺纹孔，孔大小选择M5，孔深设置为16，螺纹线深度设置为13；切换到"位置"选项卡，放置孔，按【Esc】键退出孔中心的放置，约束孔中心与原点位置"竖直"，单击"智能尺寸"按钮，标注原点与孔中心距离尺寸为φ42/2，如图4-2-2(d)所示，孔中心位置被完全定义，单击"确定"按钮，完成M5螺纹孔的创建。

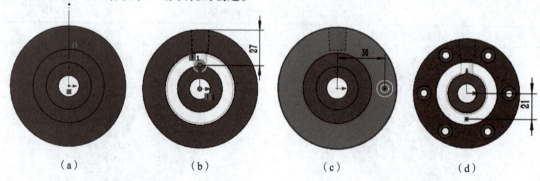

(a)　　　　　(b)　　　　　(c)　　　　　(d)

图4-2-2　端盖的建模

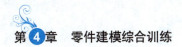

对 M5 螺纹孔进行圆周阵列,阵列个数为 3 个。完成左侧端面 M5 螺纹孔的创建。

强化练习

练习 1:轴承盖

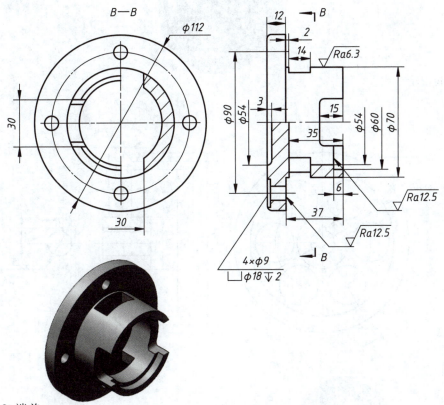

练习 2:端盖

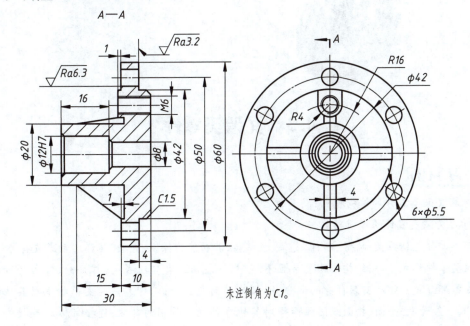

未注倒角为 C1。

练习3：带轮

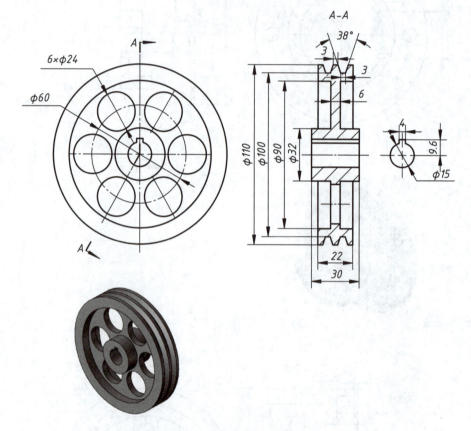

4.3 叉架类零件

学习目标

1. 掌握叉架类零件的结构特点；
2. 学习叉架类零件的建模思路。

叉架类零件包括拨叉、摇臂、连杆、支架、托架等，其功能为操纵、连接、传递运动或支撑等。

叉架类零件形式多样，结构较为复杂且不规则，一般由三部分组成：支撑部分、工作部分和连接部分。支撑部分是支撑和安装自身的部分，一般为平面或孔等；工作部分为支撑和带动其他零件运动的部分，一般为孔、平面、槽面或圆弧面等对其他零件施加作用的部分；连接部分为连接支撑部分和工作部分之间的部分,其主要结构是连接板,截面形状有矩形、椭圆形、工字形、T字形、十字形等多种形式。

叉架类零件的毛坯多为铸件或锻件,零件上常有铸造圆角、肋、凸缘、凸台等结构。加工表面较多,需经多道工序加工而成。

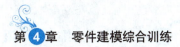

【工作任务】绘制支架3

绘制支架3

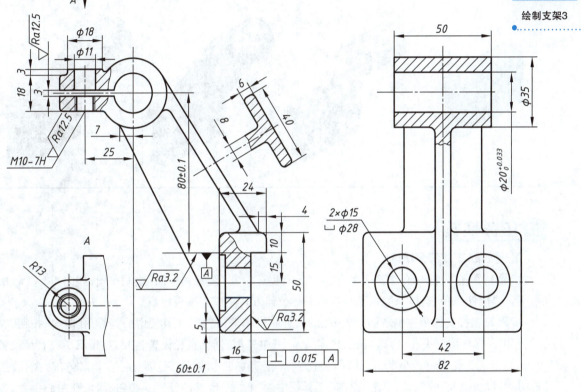

图 4-3-1　支架

任务分析

该支架由支撑部分、工作部分和连接部分构成。建模时可逐个完成各部分结构建模,主体结构建模完成后,再完成局部细节部分建模。该模型的建模思路见表4-3-1。

表 4-3-1 支架的建模思路

第一阶段:支撑部分建模 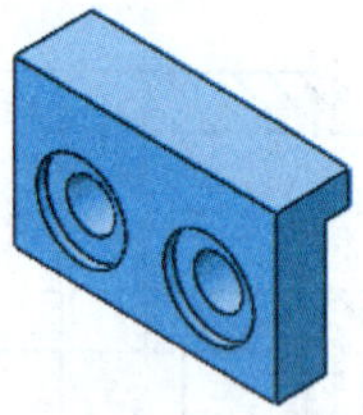	第二阶段:工作部分建模 	第三阶段:连接部分建模 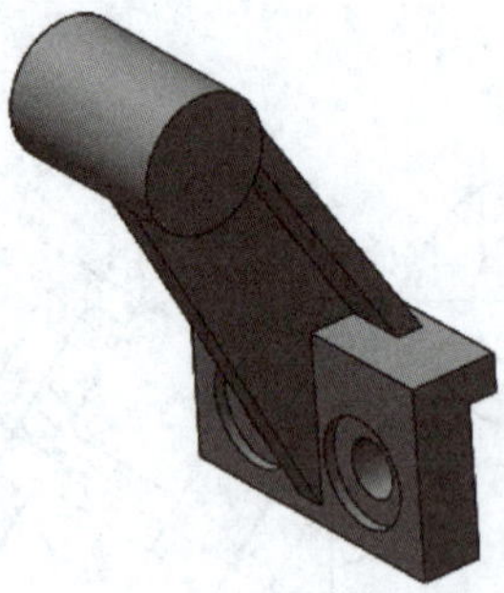	第四阶段:细节部分建模 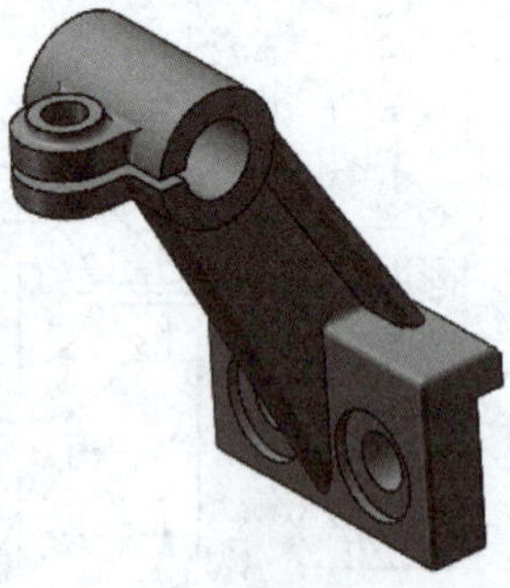

任务实施

第一阶段:支撑部分建模。

步骤1: 新建零件,保存文件名为"支架.SLDPRT"。在"前视基准面"绘制草图,如图4-3-2(a)所示。通过"拉伸凸台/基体"命令,选择两侧对称拉伸方式完成支撑板建模。

步骤2: 选择支撑板左侧端面(作为孔的放置面),单击"特征"工具栏中的"异形孔向导"按钮,在孔类型中选择柱形沉头孔,勾选"显示自定义大小"复选框,通孔直径设置为15,柱形沉头孔直径设置为28,柱形沉头孔深度设置为2,孔深设置为"完全贯穿";切换到"位置"选项卡,放置两个孔,按【Esc】键退出孔中心的放置,单击"草图"工具栏中的"直线"和"智能尺寸"按钮,约束孔中心位置,如图4-3-2(b)所示,孔中心位置被完全定义,单击"确定"按钮,完成沉孔的创建。

第二阶段:工作部分建模。

步骤3: 在"前视基准面"绘制草图,如图4-3-2(c)所示。通过"拉伸凸台/基体"命令,选择两侧对称拉伸方式完成工作部分圆柱体建模。

第三阶段:连接部分建模。

步骤4: 在"前视基准面"绘制草图,如图4-3-2(d)所示。通过"拉伸凸台/基体"命令,选择两侧对称拉伸40,勾选"薄壁特征"复选框,单向厚度为6,完成支撑板建模。

步骤5: 在"前视基准面"绘制草图,如图4-3-2(e)所示。通过"筋"命令,完成筋的建模。

第四阶段:细节部分建模。

步骤6: 创建新基准面,基准面通过工作部分的圆柱轴线且与"上视基准面"平行。

步骤7: 在新建的基准面绘制草图,如图4-3-2(f)所示。通过"拉伸凸台/基体"命令,选择两侧对称拉伸方式拉伸左侧凸台,如图4-3-2(g)所示。

步骤8: 在凸台上表面绘制草图。通过"拉伸凸台/基体"命令,拉伸圆柱凸台,如图4-3-2(h)所示。

步骤 9： 在"前视基准面"绘制草图，如图 4-3-2（i）所示。通过"拉伸切除"命令，拉伸切除通槽。

步骤 10： 在左侧圆柱凸台上表面绘制草图 φ10 的圆。通过"拉伸切除"命令，完成左侧凸台上 φ10 圆孔的创建。

步骤 11： 通过"异形孔向导"命令完成 M10 螺纹孔创建。

步骤 12： 在"前视基准面"绘制草图 φ20 的圆。通过"拉伸切除"命令，拉伸切除通孔，如图 4-3-2（j）所示。

步骤 13： 通过圆角命令完成支架模型创建。

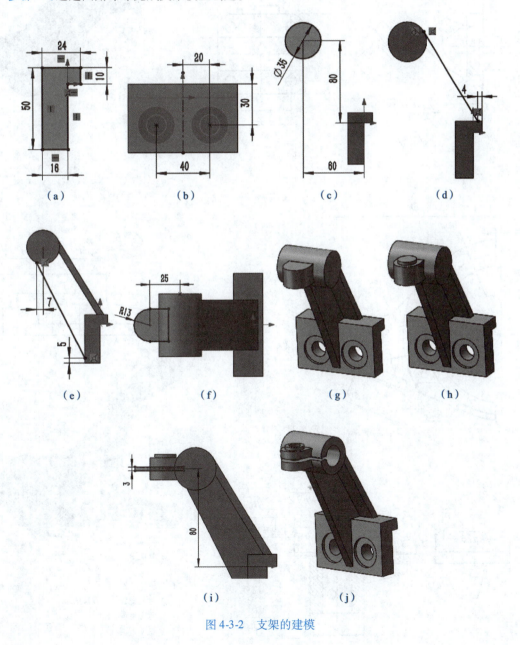

图 4-3-2　支架的建模

强化练习

练习1

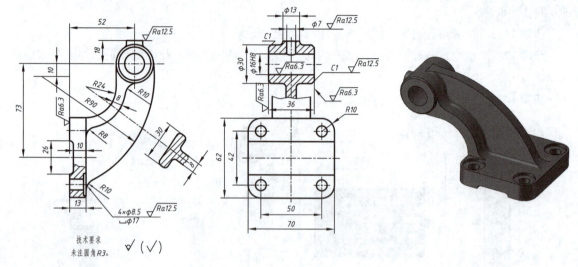

练习2

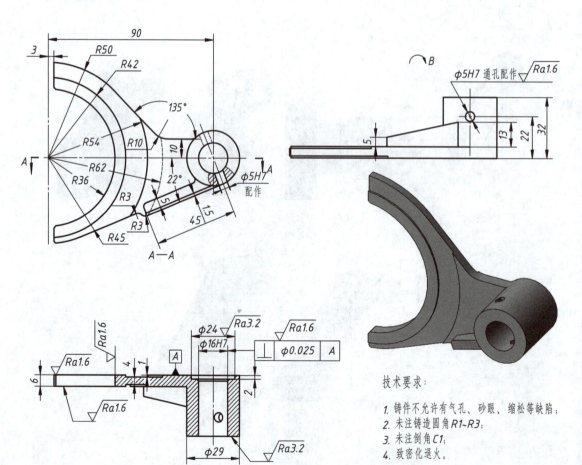

技术要求：
1. 铸件不允许有气孔、砂眼、缩松等缺陷；
2. 未注铸造圆角R1~R3；
3. 未注倒角C1；
4. 致密化退火。

练习3

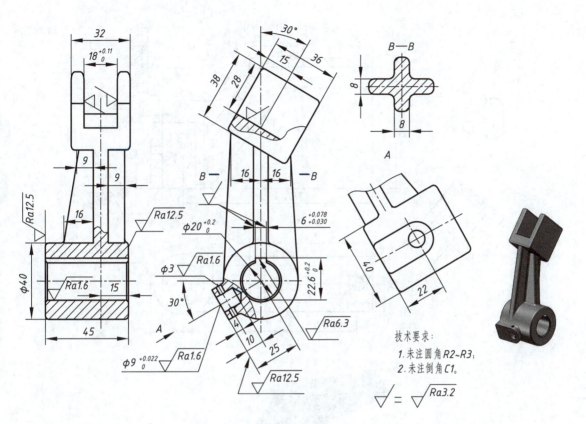

练习4

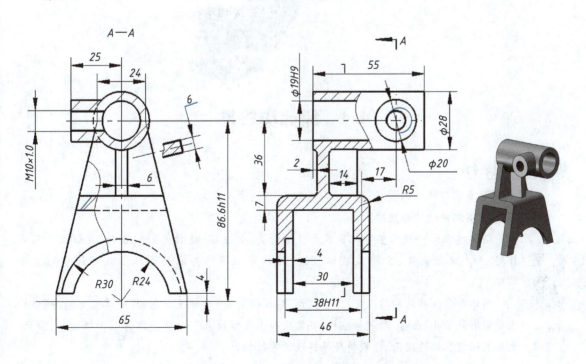

练习 5

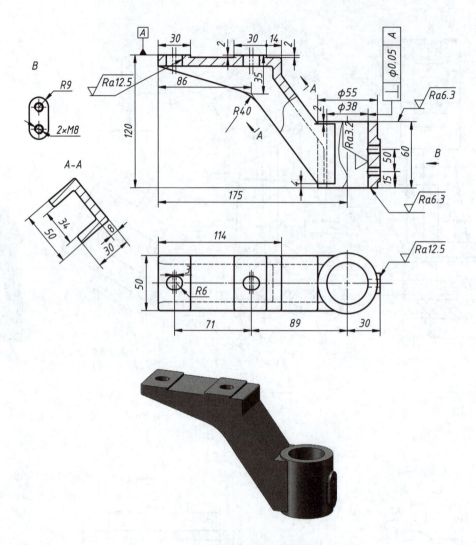

4.4 箱体类零件

学习目标

1. 掌握箱体类零件的结构特点；
2. 学习箱体类零件的建模思路。

视频

绘制蜗轮箱体

箱体类零件一般为整个机器或部件的外壳，起支撑、连接、容纳、密封、定位及安装等作用，如减速器箱体、齿轮泵泵体、阀门阀体等。箱体类零件是机器或部件中的主要零件。

箱体类零件的结构特点是：体积较大，形状较复杂，内部呈空腔形，壁薄且不均匀；体壁上常带有轴承孔、凸台、肋板等结构，安装底板上有螺纹孔。箱体类零件多为铸造件，因此，毛坯表面常带有铸造圆角、拔模斜度等铸造工艺结构。

【工作任务】绘制蜗轮箱体

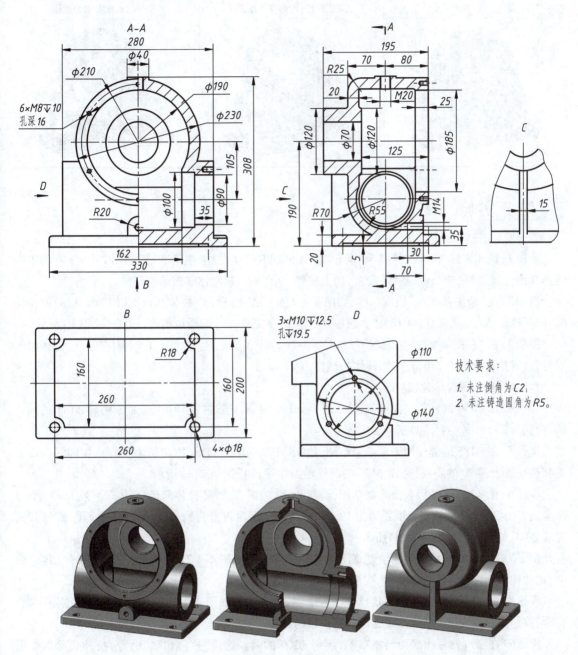

图 4-4-1 涡轮箱体

任务分析

该涡轮箱体的内部结构特征比较复杂,局部结构较多,因此,建模步骤也会比较多。在建模过程中,可逐步分析完成主体结构建模,再检验核对建模是否正确,最后完成细节部分创建。该模型的建模思路见表 4-4-1。

表 4-4-1 涡轮箱体的建模思路

第一阶段:主体建模	第二阶段:内部腔体建模	第三阶段:细节部分建模
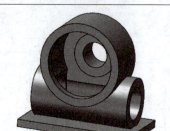	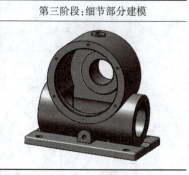	

任务实施

第一阶段:主体建模。

步骤 1: 新建零件,保存文件名为"涡轮箱体.SLDPRT"。在"上视基准面"绘制 200×330 的中心矩形草图。通过"拉伸凸台/基体"命令,向上拉伸 20 完成涡轮箱体底板的创建。

步骤 2: 在"前视基准面"绘制草图,如图 4-4-2(a)所示。通过"拉伸凸台/基体"命令,向前拉伸 80,向后拉伸 70,完成圆柱体的创建。通过"圆角"命令完成 R25 的圆角创建,如图 4-4-2(b)所示。

步骤 3: 在"右视基准面"绘制草图,如图 4-4-2(c)所示。通过"拉伸凸台/基体"命令,选择两侧对称,设置拉伸深度为 280,完成圆柱体的创建。

第二阶段:内部腔体建模。

步骤 4: 在 φ230 圆柱前表面绘制草图,绘制 φ185 的圆。通过"拉伸切除"命令完成 φ185 的圆柱槽,槽深为 25,如图 4-4-2(d)所示。

步骤 5: 在 φ185 的圆柱槽底面绘制草图,绘制 φ190 的圆。选择"拉伸切除"命令,拉伸深度设置为到圆柱后表面 20 的距离,完成 φ190 的圆柱槽的切除,如图 4-4-2(e)所示。

步骤 6: 在 φ230 圆柱后表面绘制草图,绘制 φ120 的圆。选择"拉伸凸台/基体"命令,拉伸方向 1 深度设置为到 φ230 圆柱前表面距离为 195,拉伸方向 2 深度设置为到 φ230 圆柱前表面距离为 125,完成 φ120 的圆柱,如图 4-4-2(f)所示。

步骤 7: 在 φ120 圆柱后表面绘制草图,绘制 φ70 的圆,如图 4-4-2(g)所示。选择"拉伸切除"命令,拉伸切除深度设置为完全贯穿,完成 φ70 孔的创建。

步骤 8: 在 φ140 圆柱左侧表面绘制草图,绘制 φ90 的圆,如图 4-4-2(h)所示。选择"拉伸切除"命令,拉伸切除深度设置为 35,完成 φ90 圆柱槽的创建。

步骤 9: 在 φ90 圆柱槽底面绘制草图,绘制 φ100 的圆。选择"拉伸切除"命令,拉伸切除深度设置为到右视基准面距离为 81,完成 φ100 圆柱槽的创建,剖切后的立体结构如图 4-4-2(i)所示。

步骤 10: 在 φ100 圆柱槽底面绘制草图,绘制 φ110 的圆。选择"拉伸切除"命令,拉伸切除深度设置为成形到右视基准面,完成 φ110 圆柱槽的创建,剖切后的立体结构如图 4-4-2(j)所示。

步骤 11: 选择"镜向"命令,选择"右视基准面"对前面的三次拉伸切除特征进行镜向,剖切后的立体结构如图 4-4-2(k)所示。

步骤 12: 在"前视基准面"绘制草图,如图 4-4-2(l)所示。通过"拉伸切除"命令,向前拉伸至 φ190 圆柱槽的前表面,向后拉伸至 φ190 圆柱槽的后表面,完成中间腔体的创建,如图 4-4-2(m)所示。

第三阶段：细节部分建模。

步骤 13：涡轮箱体上部圆柱凸台的创建。在"上视基准面"绘制 $\phi 40$ 的圆草图。选择"拉伸凸台/基体"命令，设置从等距离为 308 的位置拉伸到涡轮箱体外表面，完成 $\phi 40$ 圆柱凸台的创建，如图 4-4-2(n) 所示。

步骤 14：涡轮箱体上部 M20 螺纹孔的创建。选择 $\phi 40$ 圆柱凸台上表面（作为孔的放置面），选择"异形孔向导"命令，设置孔大小为 M20，终止条件为"成形到下一面"，将孔中心放置到 $\phi 40$ 圆柱凸台上表面的圆心位置，完成 M20 螺纹孔的创建。

步骤 15：涡轮箱体前部 U 形凸台的创建。在"前视基准面"绘制草图，如图 4-4-2(o) 所示。选择"拉伸凸台/基体"命令，设置从等距离为 70 的位置拉伸到涡轮箱体外表面，完成 U 形凸台的创建。

步骤 16：U 形凸台前部 M14 螺纹孔的创建。选择 U 形凸台前表面（作为孔的放置面），选择"异形孔向导"命令，设置孔大小为 M14，终止条件为"成形到下一面"，螺纹线深度为 30，将孔中心放置到 U 形凸台前表面的圆心位置，完成 M14 螺纹孔的创建。

步骤 17：筋板创建。在"右视基准面"绘制草图，如图 4-4-2(p) 所示。通过"筋"命令，设置筋板厚度为 15，完成筋板的创建。

步骤 18：涡轮箱体前部 M8 螺纹孔的创建。选择涡轮箱体前表面（作为孔的放置面），通过"异形孔向导"命令创建 M8 的螺纹孔，孔深设置为 16，螺纹线深度为 10。再通过"圆周阵列"命令，阵列 6 个 M8 的螺纹孔。完成涡轮箱体前部 M8 螺纹孔的创建，如图 4-4-2(q) 所示。

步骤 19：涡轮箱体左右两侧 M10 螺纹孔的创建。选择涡轮箱体左侧 $\phi 140$ 的圆柱表面（作为孔的放置面），通过"异形孔向导"命令创建 M10 的螺纹孔，孔深设置为 19.5，螺纹线深度为 12.5。再通过"圆周阵列"命令，阵列 3 个 M10 的螺纹孔。由于左右两侧螺纹孔相对于"右视基准面"左右对称，因此最后通过"镜向"命令完成涡轮箱体左右两侧 M10 螺纹孔的创建，如图 4-4-2(r) 所示。

步骤 20：选择涡轮箱体底板左侧表面绘制草图，如图 4-4-2(s) 所示。单击"特征"工具栏中的"拉伸切除"按钮，拉伸切除到左侧 $\phi 140$ 的圆柱表面，完成左侧槽的切除，如图 4-4-2(t) 所示。

步骤 21：和左侧切槽步骤相同，选择涡轮箱体底板右侧表面绘制草图，拉伸切除完成右侧槽的切除。

步骤 22：底部槽的切除。选择涡轮箱体底板的底面，作为草图绘制平面，绘制图 4-4-2(u) 所示草图。单击"特征"工具栏中的"拉伸切除"按钮，选择拉伸切除区域，拉伸切除深度设置为 5，完成底部槽的切除，如图 4-4-2(v) 所示。

步骤 23：底部 $4 \times \phi 18$ 圆柱孔的创建。选择"异型孔向导"命令，设置孔直径为 18，设置孔深度为完全贯穿，孔中心位置为底部槽 R18 圆弧的圆心，如图 4-4-2(w) 所示。完成底部 $4 \times \phi 18$ 圆柱孔的创建。

步骤 24：通过"倒角"及"圆角"命令完成涡轮箱体上倒角及圆角的创建，如图 4-4-2(x) 所示。

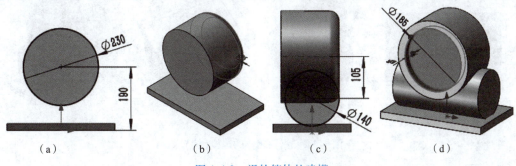

图 4-4-2　涡轮箱体的建模

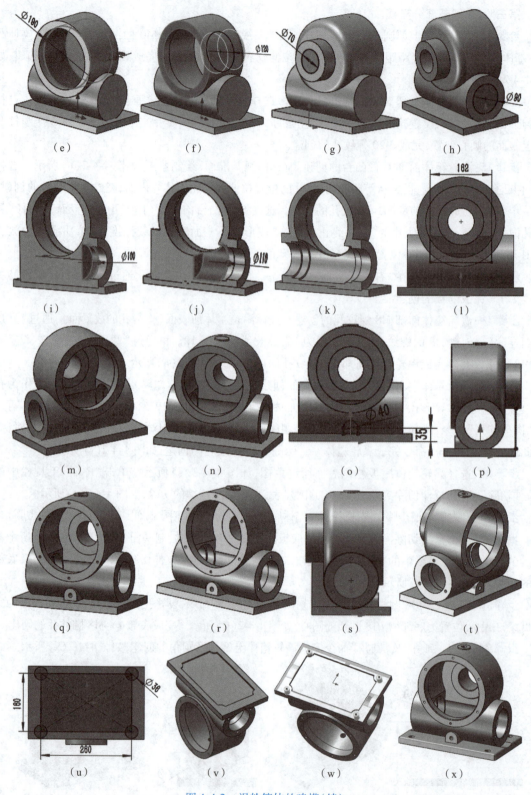

图 4-4-2 涡轮箱体的建模（续）

第4章 零件建模综合训练

强化练习

练习1

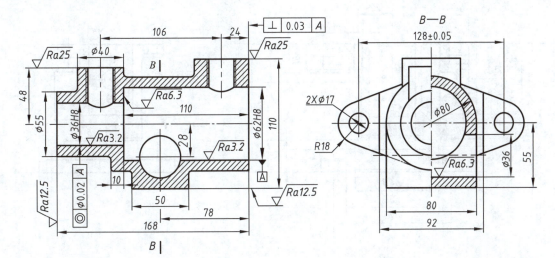

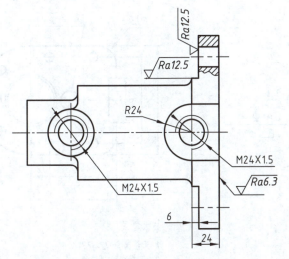

技术要求:
1. 未注铸造圆角 R3~R5。
2. 铸件不得有裂纹、砂眼等缺陷。
3. 锐边倒钝。

练习2

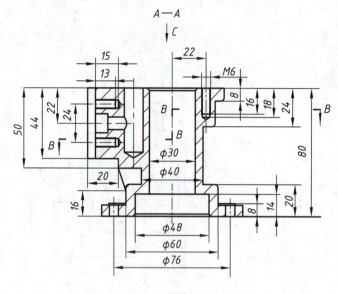
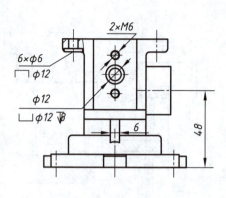
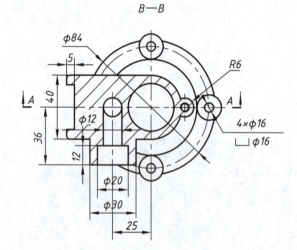
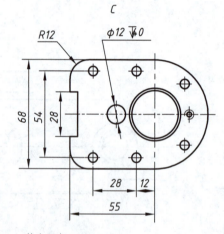

技术要求：
1. 未注圆角R2~R3；
2. 未注倒角C1.5。

练习3

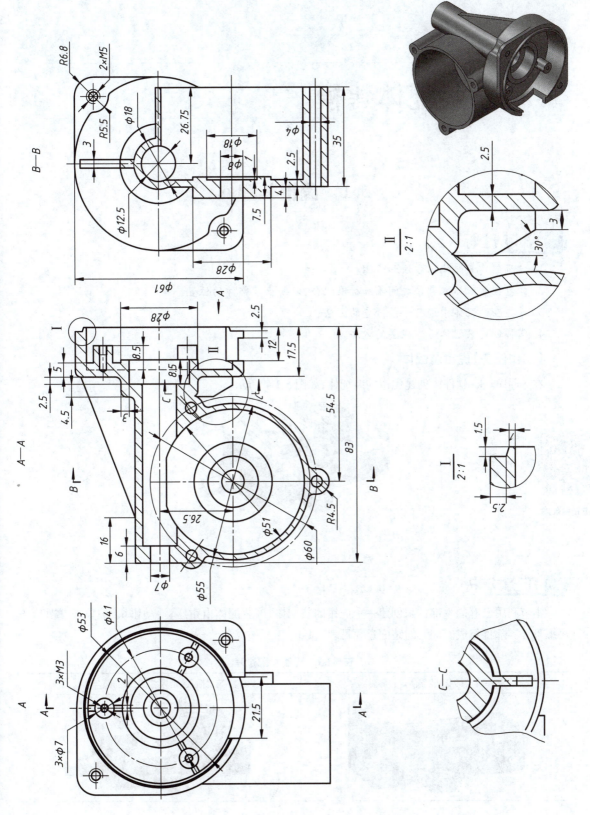

第5章 装配体建模

5.1 虎钳装配体

学习目标

1. 学习创建装配体的方法和步骤;
2. 学习在装配体零部件之间添加标准配合,以约束零部件的位置;
3. 掌握在装配体中进行干涉检查的方法;
4. 掌握创建装配体爆炸视图的方法。

【工作任务】虎钳装配体

在SolidWorks软件中创建虎钳的装配体,如图5-1-1所示。

图5-1-1 虎钳

任务分析

本节利用已有的零部件来创建一个虎钳的装配体,该装配体由钳座、活动钳块、护口板、螺杆、方块螺母等零部件组成。虎钳的装配过程见表5-1-1。

表5-1-1 虎钳装配过程

第一阶段:创建装配体定位零件	第二阶段:插入零件,添加配合

第 5 章 装配体建模

续表

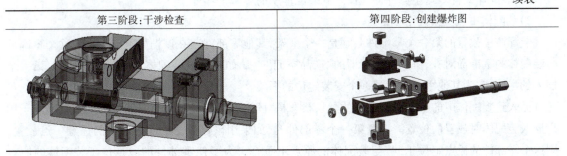

| 第三阶段:干涉检查 | 第四阶段:创建爆炸图 |

知识链接

1. 生成装配体

装配体是由若干个零件或部件组成的。在 Solidworks 中,通过在新建的装配体中插入零部件,并在零部件之间创建配合,调整它们在装配体中的方向和位置,最终生成装配合理、结构正确完整的装配体。生成装配体的流程如下:

1) 新建装配体文件

创建装配体时,既可以直接创建装配体文件,也可以通过已打开的零件或装配体来创建。

(1) 直接创建装配体文件

单击标准工具栏中的"新建"按钮,选择装配体模板建立新装配体文件,如图 5-1-2 所示。进入装配体文件后,FeatureManager 中自动弹出"开始装配体"属性管理器,要求选取一零部件进行插入。

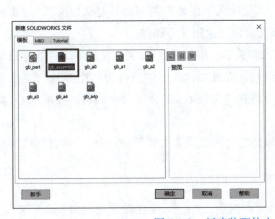

图 5-1-2　新建装配体文件

(2) 从零件制作装配体

在一个打开的零件中,在菜单中选择"文件"/"从零件制作装配体"命令,选择一个装配体模板,进入装配体文件。这个零件即是插入到装配体中的第一个零件。

2)装配体中放置第一个零部件

装配体中放置的第一个零部件必须是一个框架,其他零部件装在该框架上。通过把这个零部件与装配体的基准面对齐,可以创建所谓的"产品空间"。比如在虎钳装配体中,钳座就是需要第一个插入的零件,它为其他零件提供了一个安装定位的框架。

插入到装配体中的第一个零部件的默认状态是"固定",固定的零部件不能被移动并且固定于用户插入装配体时放置的位置。放置第一个零部件时,如果用鼠标单击绘图区域中的任意一点放置,则这个零部件的原点定位于此,与装配体的原点不重合。为了使零部件的原点位于装配体的原点处,在放置第一个零部件时,可直接单击"确定"按钮 ✓,这样零部件的参考基准面与装配体的基准面配合在一起,零部件已被完全定位。

3)向装配体中添加零部件

第一个零部件插入装配体并完全定义后,就可以加入其他零部件并与第一个零部件创建配合关系。向装配体中插入零部件的方法有如下几种。

➢ 单击"装配体"工具栏中的"插入零部件"按钮,或在菜单中选择"插入"/"零部件"/"现有零件/装配体"命令。

➢ 从 Windows 资源管理器中拖动零部件。

➢ 从一个打开的文件中拖动零部件。

➢ 从任务窗口拖动零部件。

新插入的零部件在装配体中的配合状态应该是欠定义的,可以自由移动或旋转。除了装配体中插入的第一个零部件是固定的,其他插入到装配体中的零部件在配合或固定之前有 6 个自由度:沿 X、Y、Z 轴的移动和沿 X、Y、Z 轴的转动,如图 5-1-3 所示。一个零件在装配体中如何运动是由它的自由度所决定的。通过添加"配合"可以限制零件的自由度,"固定"的零件,6 个自由度全部被限制。

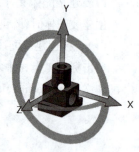

图 5-1-3　零件自由度

4)添加零部件之间的配合

除了装配体中第一个固定的零部件,其他插入装配体中的零部件是欠定义的,需要根据零部件在装配体中的位置关系及运动要求,添加配合以完全定义零部件。

"配合"是在装配体零部件之间生成几何关系。添加配合时,通过定义零部件线性或旋转运动所允许的方向,可在其自由度之内移动零部件,从而直观化装配体的行为。比如"重合"配合使两个平面变成共平面,面可沿彼此移动,但不能分离开;"同轴心"配合使两个圆柱面变成同心,面可沿共同轴移动,但不能从此轴拖开。

配合关系作为一个系统整体求解。添加配合的顺序无关紧要,所有配合均在同时解出。配合可以压缩,与压缩特征相同。

(1)添加配合的方法

①在 CommandManager 中单击"装配体"/"配合"按钮,或在菜单中选择"插入"/"配合"命令,或右击零部件,在弹出的快捷菜单中选择"配合"命令。

②在属性管理器的"配合选择"区域,为要配合的实体选择要配合在一起的实体对象。在 SolidWorks 中,可以利用多种对象来创建零件间的配合关系,如零件表面、边、顶点、基准面、草图线及

点、基准轴和原点。如图 5-1-4 所示,选择两零件的平面作为配合对象,此时系统自动弹出配合工具栏并自动判断配合类型为"重合"。

③单击"确定"按钮✔完成添加此配合。装配体中的配合关系被放在 FeatureManager 设计树中的"配合"文件夹中,配合按照列表中的顺序求解,如图 5-1-5 所示。

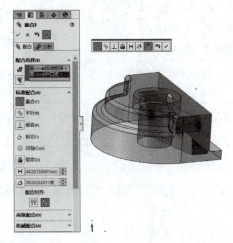

图 5-1-4　添加配合

图 5-1-5　配合文件夹

（2）配合类型

在 SolidWorks 中可添加的配合分为三大类型:标准配合、高级配合和机械配合,具体的配合形式见表 5-1-2。

表 5-1-2　配合类型

配合类型	名　称	图标	应　用
标准配合	重合		将所选面、边线及基准面定位,共享一无限基准面
	平行	∥	放置所选对象,使它们彼此之间保持等间距
	垂直	⊥	将所选对象以彼此间 90° 放置
	相切	⌀	放置所选的对象,使它们彼此相切,但至少一个选定项必须为圆柱、圆锥或球面
	同心	◎	放置所选对象,使它们共享同一中心线
	锁定	🔒	保持两零部件之间的相对位置和方向
	距离	↔	将所选项以彼此之间指定的距离放置
	角度	∠	将所选项以彼此之间指定的角度放置
高级配合	轮廓中心	⊕	将矩形和圆形轮廓互相中心对齐,并完全定义组件
	对称		迫使两个相同实体绕基准面或平面对称
	宽度		约束两个平面之间的标签
	路径配合		将零部件上所选的点约束到路径
	线性/线性耦合		在一个零部件的平移和另一个零部件的平移之间建立几何关系
	限制		允许零部件在距离配合和角度配合的一定数值范围内移动

续表

配合类型	名称	图标	应用
机械配合	凸轮		迫使圆柱、基准面或点与一系列相切的拉伸面重合或相切
	槽口		将螺栓或槽口运动约束在槽口孔内
	合叶		将两个零部件之间的移动限制在一定的旋转范围内
	齿轮		强迫两个零部件绕所选轴彼此相对而旋转
	齿条小齿轮		一个零件(齿条)的线性平移引起另一个零件(齿轮)的周转,反之亦然
	螺旋		将两个零部件约束为同心,并在一个零部件的旋转和另一个零部件的平移之间添加纵倾几何关系
	万向节		一个零部件(输出轴)绕自身轴的旋转是由另一个零部件(输入轴)绕其轴的旋转驱动的

(3)快速配合

可以使用快速配合上下文工具栏在装配体中添加某些类型的配合,而无需打开属性管理器。使用快速配合上下文工具栏来添加配合的方法如下:

①在装配体中,按住【Ctrl】键的同时选择要配合的实体(点、线或面)。

②默认配合将在关联工具栏中突出显示,如图5-1-6所示。

③选择配合或单击【Enter】键以接受默认配合。对于某些配合(如距离、角度和轮廓中心),工具栏将展开。输入配合规格(如距离),然后单击"确定"按钮✔,完成应用配合。

图5-1-6　快速配合

2. 干涉检查

"干涉检查"可以识别零部件之间的干涉,并检查和评估这些干涉。干涉检查对复杂的装配体非常有用,因为在这些装配体中,通过视觉检查零部件之间是否有干涉非常困难。

借助干涉检查,可以:

➢ 确定零部件之间的干涉。

➢ 将干涉的真实体积显示为上色体积。

➢ 更改干涉和非干涉零部件的显示设定,以便更好地查看干涉。

➢ 选择忽略要排除的干涉,如压入配合以及螺纹扣件干涉等。

➢ 隔离干涉,以便在图形区域中查看。

➢ 选择包括多实体零件内实体之间的干涉。

➢ 选择将子装配体作为单一零部件处理,因此不会报告子装配体零部件之间的干涉。

区分重合干涉和标准干涉。

（1）检查装配体中的干涉

①单击 CommandManager 中的"评估"/"干涉检查"按钮，或在菜单中选择"工具"/"评估"/"干涉检查"命令。

②在"干涉检查"属性管理器中，选择要检查的零部件并设定要查找的干涉类型选项，如图 5-1-7 所示。

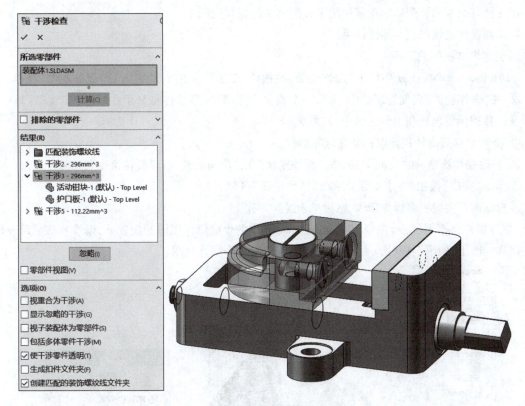

图 5-1-7　干涉检查

③在所选零部件下，单击"计算"按钮。检测到的干涉显示在"结果"区域。

每个干涉的体积出现在每个列举项的右边。在"结果"区域，能够进行以下操作：

➢ 选择一干涉将之在图形区域中以红色高亮显示。

➢ 扩展干涉以显示相干涉的零部件的名称。

➢ 右击一干涉，在弹出的快捷菜单中选择"放大选取范围"命令，在图形区域中放大到干涉零部件。

➢ 右击一干涉，在弹出的快捷菜单中选择"完成后隔离"命令，以便在退出属性管理器后查看干涉。

➢ 右击一干涉，在弹出的快捷菜单中选择"忽略"命令；右击一忽略的干涉，在弹出的快捷菜单中选择"解除忽略"命令。

3. 爆炸视图

爆炸视图显示分散但已定位的装配体，以便说明零部件在装配时如何组装在一起。可以通过在图形区域中选择和拖动零件来生成爆炸视图，从而生成爆炸步骤。装配体可以在正常视图和爆炸视图之间切换。建立爆炸视图后，可以对其进行编辑，也可以将其引入二维工程图中。

在爆炸视图中可以进行以下操作：
➢ 零部件的均匀等距爆炸堆叠。
➢ 围绕轴径向爆炸组件。
➢ 拖动并自动调整多个组件间距。
➢ 附加新的零部件到另一个零部件的现有爆炸步骤。
➢ 在更高级别的装配体中重复使用子装配体中的爆炸视图。
➢ 添加爆炸直线以表示零部件关系。

1) 创建爆炸视图的步骤

① 在 CommandManager 中单击"爆炸视图"按钮，或在菜单中选择"插入"/"爆炸视图"命令。

② 在"爆炸视图"属性管理器中，选取一个或多个零部件，零部件将显示在"爆炸步骤"区域中，旋转及平移控标将出现在图形区域中，如图 5-1-8 所示。

③ 拖动平移或旋转控标以移动选定零部件。

④ 修改爆炸选项，如"反向平移"、"爆炸距离"、"反向旋转"、"旋转角度"等。

⑤ 单击"完成"按钮，爆炸步骤显示在"爆炸步骤"区域。

⑥ 根据需要生成更多爆炸步骤，然后单击。

"爆炸视图"特征显示在 ConfigurationManager 中的生成爆炸视图的配置下，爆炸步骤列表显示在爆炸视图下，如图 5-1-9 所示。每个配置都可以有多个爆炸视图。

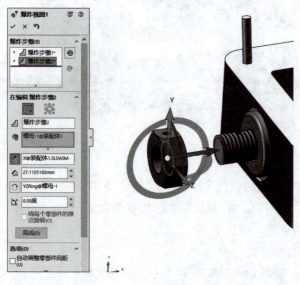

图 5-1-8　选择爆炸零部件

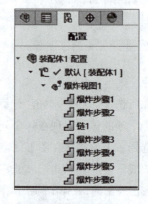

图 5-1-9　爆炸步骤

2) 自动调整零部件间距

用一个步骤同时爆炸多个零部件时，使用"自动调整零部件间距"可以沿轴线对它们进行均分，具体步骤如下：

① 在一个爆炸步骤中，选择两个或更多零部件。

② 拖动三重轴控标爆炸零部件，如图 5-1-10 所示。

③ 在"爆炸视图"属性管理器的"选项"区域，选择边界框选项：边界框中心、边界框后部或边界框前部。

④使用拖动控标⇒移动零部件,并更改它们在链中的顺序。

3)径向爆炸

可在一个步骤中围绕一个轴,按径向对齐或圆周对齐爆炸零部件,如图 5-1-11 所示。要围绕轴径向爆炸零部件,操作步骤如下:

①在装配体中,单击"爆炸视图"按钮（装配体工具栏）或在菜单中选择"插入"/"爆炸视图"命令。

②在"爆炸视图"属性管理器的添加步骤中,单击"径向步骤"按钮。

③在"爆炸步骤"区域,选择要爆炸的零部件。

④在图形区域中,拖动操纵杆并释放。

⑤单击"确定"按钮。

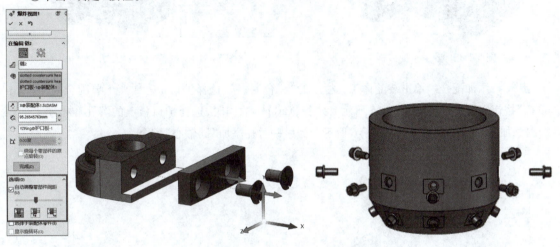

图 5-1-10　自动调整零部件间距　　　　图 5-1-11　径向爆炸

任务实施

第一阶段:创建装配体定位零件。

步骤 1: 新建装配体,在 FeatureManager 中自动弹出"开始装配体"属性管理器,选取"钳座"进行插入,单击"确定"按钮,这样钳座的参考基准面与装配体的基准面配合在一起,钳座被"固定",作为虎钳其他零部件装配时的定位框架,如图 5-1-12 所示。保存装配体文件名为"虎钳.asm"。

图 5-1-12　插入定位零件"钳座"

第二阶段:插入零件,添加配合。

步骤 2: 单击装配体工具栏中的"插入零部件"按钮,或在菜单中选择"插入"/"零部件"/"现有零件/装配体"命令,选择"护口板",在图形区域任意一点单击,放置护口板,如图 5-1-13 所示。

步骤3：调整零部件到合适方位。单击装配体工具栏中的"移动零部件"/"旋转零部件"按钮，用鼠标"自由拖动"护口板到合适的装配方位，如图5-1-14所示。

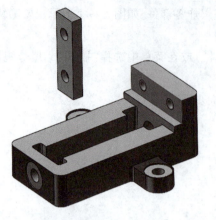
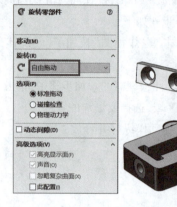

图5-1-13　插入"护口板"　　　　　　　图5-1-14　调整"护口板"方位

步骤4：添加配合。单击装配体工具栏中的"配合"按钮，选择护口板和钳座上要配合的面，单击"重合"按钮进行配合，如图5-1-15所示。按住【Ctrl】键的同时，选择护口板上的沉孔和钳座上的螺纹孔，添加"同轴心"配合，如图5-1-16所示。为另一对孔添加"同轴心"配合。

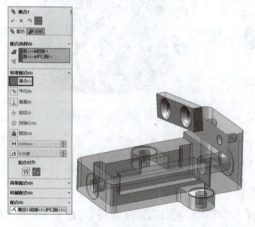
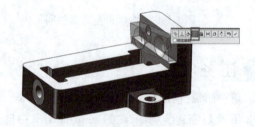

图5-1-15　添加"重合"配合　　　　　　图5-1-16　添加"同心"配合

步骤5：插入标准件。在SolidWorks中，螺钉、螺母、销等标准件可不用零件建模，直接从标准件库Toolbox中调用。护口板与虎钳连接用的螺钉型号为"GB/T 68 M10×20"，在Toolbox中调用此螺钉的方法如下：

①在"设计库"任务窗格的"Toolbox"下展开标准、类别以及要插入的零部件的类型。可用零部件的图像和说明出现在任务窗格中，如图5-1-17所示。

②将零部件拖动到装配体中。如果将零部件放置在合适的特征旁边，SmartMate将在装配体中定位零件。比如拖动所选螺钉，将其放置到护口板的孔中，SmartMate会将螺钉与孔配合，如图5-1-18所示。

③在属性管理器中，设定零件的相关属性值。

④单击"确定"按钮，零件已插入到装配体中。

步骤6：插入方块螺母。添加方块螺母与钳座的以下配合：方块螺母Tr18×4的螺纹孔与钳座上穿螺杆的沉孔"同轴心";方块螺母的两侧面与钳座上的工字形槽侧面"平行",使方块螺母只能沿工字槽移动,如图 5-1-19 所示。

图 5-1-17 在 Toolbox 中选择零件

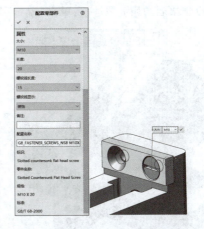

图 5-1-18 插入螺钉到装配体

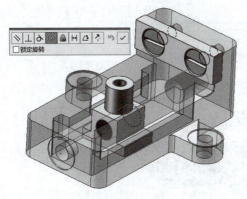

(a)"同轴心"配合

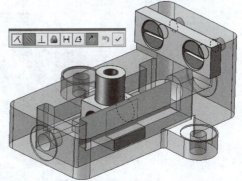

(b)"平行"配合

图 5-1-19 方块螺母与钳座配合

步骤 7:插入活动钳块。在虎钳装配体中插入活动钳块。按住【Ctrl】键的同时,左键拖动护口板,可在装配体中复制零件。将复制的护口板与活动钳块添加"重合""同轴心"配合定位,然后用步骤 5 的方法插入两个"螺钉 M10×15"。旋转活动钳块到合适的位置,为活动钳块螺钉孔和方块螺母外圆柱面添加"同轴心"配合,为活动钳块底面和钳座上面添加"重合"配合,为相对的两块护口板平面添加"平行"配合,如图 5-1-20 所示。

步骤 8:插入螺钉以连接活动钳块与方块螺母。在虎钳装配体中插入螺钉(非标准件)。添加螺钉圆柱面与方块螺母内螺纹的"同轴心"配合;添加螺钉头部底面与活动钳块沉孔平面的"重合"配合,如图 5-1-21 所示。

步骤 9:插入垫圈。在虎钳装配体中插入垫圈(非标准件)。添加垫圈与钳座右侧沉孔的"同轴心"配合和"重合"配合。

步骤 10:插入螺杆。为螺杆的外螺纹和方块螺母的内螺纹添加"机械配合"中的"螺旋"配合,如

图 5-1-22(a)所示;添加螺杆轴肩端面与垫圈的"重合"配合,如图 5-1-22(b)所示。

步骤 11:插入标准件"GB/T 97.1—2002 垫圈 10"。在"设计库"任务窗格的"Toolbox"下展开"GB"/"垫圈和挡圈"/"平垫圈"/"平垫圈 A 级(GB/T 97.1—2002)",将垫圈拖动到装配体中,放置到螺杆左端,与钳座左端沉孔靠齐,SmartMate 将在装配体中定位零件,如图 5-1-23 所示。在属性管理器中,设定垫圈的相关属性值,单击"确定"按钮,垫圈已插入到装配体中。

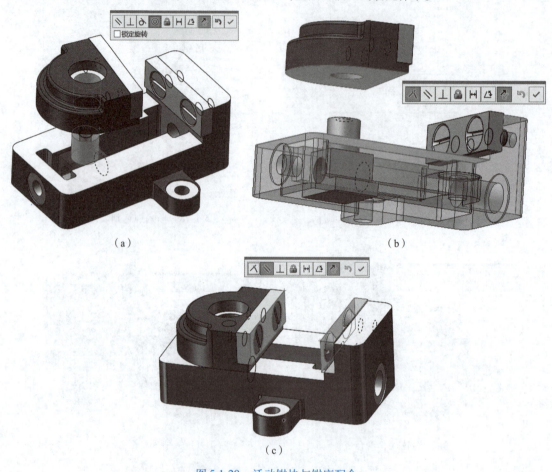

图 5-1-20 活动钳块与钳座配合

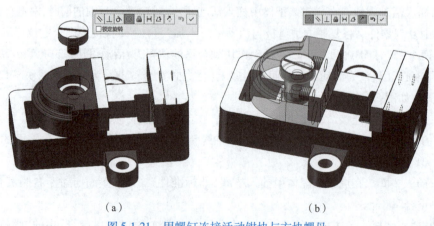

图 5-1-21 用螺钉连接活动钳块与方块螺母

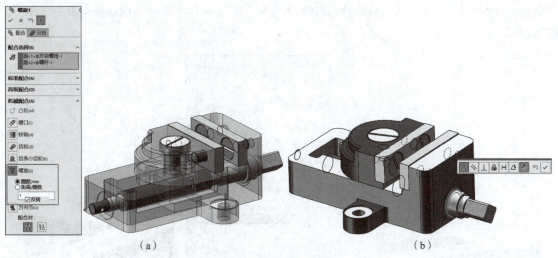

图 5-1-22　插入螺杆

步骤 12：插入螺母。除了为螺母内螺纹与螺杆外螺纹添加"同轴心"配合,还需要为螺母上的销孔和螺杆上的销孔添加"同轴心"配合,便于后续装配销,如图 5-1-24 所示。

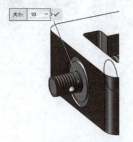
图 5-1-23　插入垫圈

图 5-1-24　插入螺母

步骤 13：插入标准件"GB/T 119.1—2000 垫圈 3×16"。在"设计库"任务窗格的"Toolbox"下展开"GB"/"销和键"/"圆柱销"/"圆柱销(GB/T 119.1—2000)",将销拖动到装配体中,放置到螺母的销孔中,SmartMate 将在装配体中定位零件,如图 5-1-25(a)所示。在属性管理器中,设定销的相关属性值,单击"确定"按钮。为销的两端圆面与螺母的两平面添加"高级配合"区域中的"宽度"配合,使销插入到销孔内,如图 5-1-25(b)所示。

步骤 14：限定护口板夹紧距离。虎钳在工作过程中,护口板夹紧零件的距离是有限的,因此需要为两块护口板设定夹紧距离范围。在此装配体中,护口板之间的夹紧距离范围为 0~67 mm。选择护口板相对的两平面,添加"高级配合"区域中的"限定距离"配合,设定最大距离为 67 mm,最小距离为 0 mm,如图 5-1-26 所示。

保存装配体文件,完成虎钳所有的装配任务。

第三阶段：干涉检查。

步骤 15：对虎钳装配体进行干涉检查。虎钳装配体完成后,为检查零件建模及装配的合理性,需要进行干涉检查。单击 CommandManager 中的"评估"/"干涉检查"按钮,或在菜单中选择"工具"/"评估"/"干涉检查"命令。在属性管理器中,选择虎钳装配体为检查对象,并设定要查找的干涉类型选项,如图 5-1-27 所示。在所选零部件下,单击"计算"按钮。检测到的干涉显示在"结果"区域。

例中显示的 7 处干涉均为内外螺纹旋合引起的,因此可右击任一干涉,在弹出的快捷菜单中选择"忽略"命令。

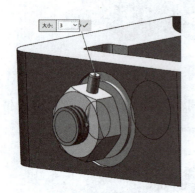
(a)调用销

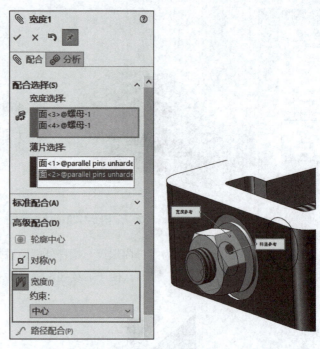
(b)"宽度"配合

图 5-1-25　装配销

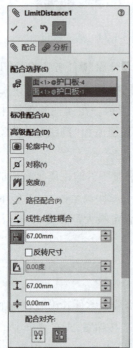

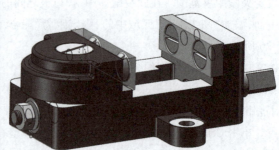

图 5-1-26　限定护口板夹紧距离

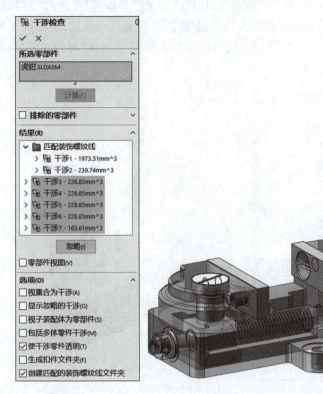

图 5-1-27　虎钳干涉检查

第四阶段：生成爆炸视图。

步骤 16：爆炸销。在 CommandManager 中单击"爆炸视图"按钮，弹出"爆炸"属性管理器。从图形区域选取零部件"销"，将显示在"爆炸步骤"区域，拖动平移控标 Y 以移动选定零部件，如图 5-1-28 所示，设置拖动距离，单击"完成"按钮，"爆炸步骤 1"显示在"爆炸步骤"区域。

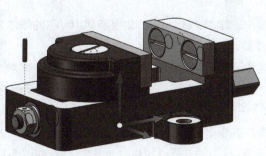

图 5-1-28　爆炸销

步骤 17：爆炸螺母。在"爆炸"属性管理器中，从图形区域单击零部件"螺母"，勾选"选项"中的"显示旋转环"复选框。向左拖动平移控标 X 以移动螺母，并设置拖动距离；单击绕 X 轴的旋转环，设定旋转角度，如图 5-1-29 所示，单击"完成"按钮，"爆炸步骤 2"显示在"爆炸步骤"区域，爆炸过程中螺母在旋转的同时向左移动。

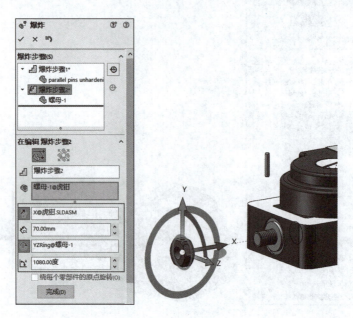

图 5-1-29　爆炸螺母

步骤 18：爆炸垫圈、螺杆等。重复步骤 16、17 的爆炸方法，分别为钳座左端的垫圈、右端的垫圈及螺杆添加爆炸步骤，如图 5-1-30 所示。

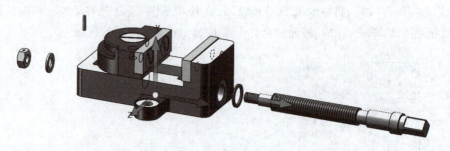

图 5-1-30　爆炸垫圈、螺杆等

步骤 19：爆炸螺钉、方块螺母等。重复步骤 16、17 的爆炸方法，分别为活动钳块上的螺钉及方块螺母添加爆炸步骤，如图 5-1-31 所示。

步骤 20：爆炸活动钳块组件。重复步骤 16、17 的爆炸方法，先统一将活动钳块及其上面的护口板、螺钉用一个爆炸步骤向上移动，然后为螺钉添加旋转拆卸的爆炸步骤，最后为护口板添加移动的爆炸步骤，如图 5-1-32 所示。

步骤 21：爆炸钳座上的护口板及螺钉。重复步骤 16、17 的爆炸方法，先为钳座上的螺钉添加旋转拆卸的爆炸步骤，后为护口板添加移动的爆炸步骤，如图 5-1-33 所示。至此，虎钳的爆炸视图创建完成。

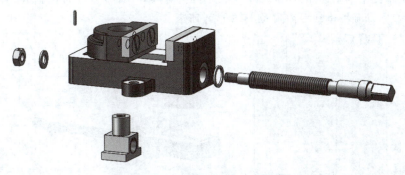

图 5-1-31 爆炸垫圈、螺杆等

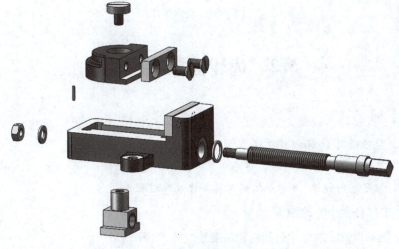

图 5-1-32 爆炸活动钳块组件

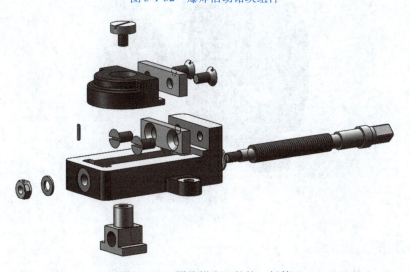

图 5-1-33 爆炸钳座上的护口板等

步骤 22：动画演示虎钳爆炸过程。爆炸视图保存在生成虎钳的配置中。在 ConfigurationManager 选项卡上，展开配置，双击爆炸视图特征，或者右击爆炸视图特征，在弹出的快捷菜单中选择"爆炸"或"解除爆炸"命令，可以爆炸及解除爆炸视图。要制作视图爆炸和解除爆炸动画效果，则右击爆炸视图，在弹出的快捷菜单中选择"动画爆炸"或"动画解除爆炸"命令。此时将显示"动画控制器"弹出式工具栏并且对动画提供基本控制，如图 5-1-34 所示。

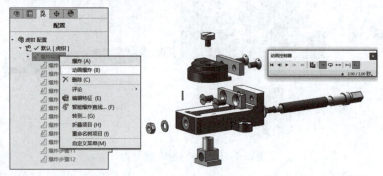

图 5-1-34　动画爆炸

5.2　齿轮油泵装配体

学习目标

齿轮油泵（上）

齿轮油泵（下）

1. 学习使用 Toolbox 库生成零件；
2. 掌握在装配体零部件之间建立高级配合和机械配合；
3. 学习利用镜像、阵列等编辑工具简化装配过程。

【工作任务】齿轮油泵

在 SolidWorks 软件中创建齿轮油泵装配体，如图 5-2-1 所示。

图 5-2-1　齿轮油泵

任务分析

本节利用已有的零部件来创建一个齿轮油泵的装配体，该装配体由泵体、左端盖、右端盖、主动齿轮轴、从动齿轮轴等零部件组成。齿轮油泵装配的顺序为：泵体→垫片→左端盖→销→螺钉→主动齿轮轴→从动齿轮轴→垫片→右端盖→销→螺钉→填料→填料压盖→压盖螺母→键→传动齿轮→弹簧垫圈→螺母，因此泵体是齿轮油泵装配体中的定位基准零件。齿轮油泵中的大部分零部件装配，通过标准配合均可完成，但是对于主动齿轮轴和从动齿轮轴，则需要添加机械配合中的"齿轮"配合，才能实现两齿轮啮合。齿轮油泵装配过程见表5-2-1。

表 5-2-1　齿轮油泵装配过程

第一阶段：创建装配体定位零件	第二阶段：插入零件，添加配合
第三阶段：干涉检查	第四阶段：创建爆炸视图

知识链接

1. 使用 Toolbox 库生成零件

对于一些标准件和常用件，可以在 Toolbox 库中浏览并将之插入到装配体中使用。但是对于一些常用件，如齿轮，如果装配体中所需要的齿轮结构和 Toolbox 中的齿轮在非标准结构（如轴段）部分有差别，则直接调用 Toolbox 库中的齿轮就不能满足设计要求，这时可以将 Toolbox 库中常用件生成单独的零件，再修改成所需要的装配体零件。Toolbox 库中生成零件的方法如下：

①在"设计库"任务窗格的 Toolbox 下展开标准、类别、以及零部件的类型。
②右击零部件，在弹出的快捷菜单中选择"生成零件"命令，如图5-2-2所示。
③在属性管理器中指定属性值。
④单击"确定"按钮，该零件即以其本身的窗口显示。
⑤根据装配体中零件的结构，对该零件进行修改并保存到合适的装配体文件夹中。

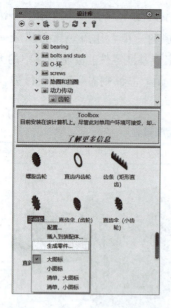

图 5-2-2　Toolbox 库中生成零件

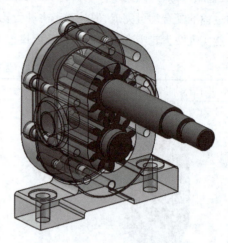

图 5-2-3　齿轮配合

2. 齿轮配合

齿轮油泵装配体中,主动齿轮轴和从动齿轮轴要相对转动,因此,需要添加齿轮配合,如图 5-2-3 所示。"齿轮配合"属于"机械配合",会强迫两个零部件绕所选轴相对旋转。齿轮配合的有效旋转轴包括圆柱面、圆锥面、轴和线性边线。齿轮配合除了配合两个齿轮,也可配合任何彼此相对旋转的两个零部件。

添加齿轮配合的步骤如下:

①单击"装配"工具栏中的"配合"按钮,或在菜单中选择"插入"/"配合"命令。

②在属性管理器的机械配合下,单击"齿轮"按钮。

③在配合选择下,为要配合的实体在两个齿轮上选择旋转轴。

④在机械配合中:"比率"是软件根据所选择的圆柱面或圆形边线的相对大小指定齿轮比率;"反向"选择反转来更改齿轮彼此相对旋转的方向。

⑤单击"确定"按钮,完成齿轮配合。

任务实施

第一阶段:创建装配体定位零件。

步骤 1:新建装配体,FeatureManager 中自动弹出"开始装配体"属性管理器,选取"泵体"进行插入,单击"确定"按钮,这样泵体的参考基准面与装配体的基准面配合在一起,泵体被"固定",作为齿轮油泵其他零部件装配时的定位框架,如图 5-2-4 所示。保存装配体文件名为"齿轮油泵.asm"。

第二阶段:插入零件,添加配合。

步骤 2:插入垫片。单击"装配体"工具栏中的"插入零部件"按钮,选择"垫片",放置垫片后,调整垫片到合适的装配方位。单击"装配体"工具栏中的"配合"按钮,选择垫片和泵体上要配合的面,单击"重合"按钮进行配合,如图 5-2-5 所示。按住【Ctrl】键的同时,选择垫片上的孔和泵体上的螺纹孔,添加"同轴心"配合,如图 5-2-6 所示。为另一对孔也添加"同轴心"配合。

 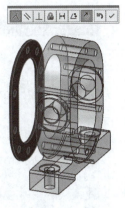 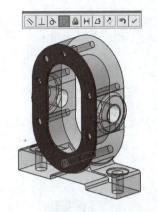

图 5-2-4　插入定位　　　　图 5-2-5　添加垫片与　　　　图 5-2-6　添加垫片与
　零件"泵体"　　　　　　　泵体的"重合"配合　　　　　泵体的"同心"配合

步骤 3:插入左端盖。单击"装配体"工具栏中的"插入零部件"按钮,选择"左端盖",放置并调整左端盖到合适的装配方位。单击"装配体"工具栏中的"配合"按钮,选择左端盖和垫片上要配合的面,单击"重合"按钮进行配合,如图 5-2-7 所示。按住【Ctrl】键的同时,选择左端盖上的孔和泵体上的螺纹孔,添加"同轴心"配合,如图 5-2-8 所示。为另一对孔也添加"同轴心"配合。`

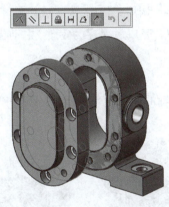 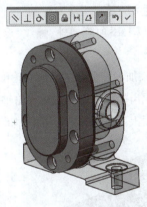

图 5-2-7　添加左端盖和垫片的"重合"配合　　　图 5-2-8　添加左端盖和泵体的"同心"配合

步骤 4:插入标准件销和螺钉,连接左端盖和泵体。在 SolidWorks 标准件库 Toolbox 中,根据销型号"GB/T 119.1—2000 垫圈 6×20"和螺钉型号为"GB/T 70.1—2008　M6×16"调用,并插入到装配体中,如图 5-2-9 所示。

步骤 5:生成零件"从动齿轮轴"。齿轮属于常用件,可在 SolidWorks 标准件库 Toolbox 中调用。由于从动齿轮轴和齿轮在结构上有一定差别,因此,可以从 Toolbox 库中调用齿轮后生成零件,再对零件结构进行修改完善。在"设计库"任务窗格的"Toolbox"下展开"GB"/"动力传动"/"齿轮",在"正齿轮"上右击,在弹出的快捷菜单中选择"生成零件"命令,在属性管理器中指定"模数、齿数、压力角、面宽、毂样式、毂直径、总长度"度等属性值。单击"确定"按钮后,保存零件为"从动齿轮轴",如图 5-2-10 所示。

图5-2-9 插入销和螺钉到装配体　　　　图5-2-10 生成从动齿轮轴零件

步骤6：生成零件"主动齿轮轴"。同步骤5，通过Toolbox调用正齿轮，先生成齿轮零件，再根据主动齿轮轴结构，添加阶梯轴、螺纹、退刀槽及键槽等结构。完成后保存为零件"主动齿轮轴"，如图5-2-11所示。

步骤7：添加齿轮配合。添加齿轮配合的过程如下：

①为了在齿轮配合中将主动齿轮轴的齿根和从动齿轮轴的齿顶对齐配合，可分别在两根齿轮轴的齿轮右端面上做一条辅助对齐线，如图5-2-12所示。

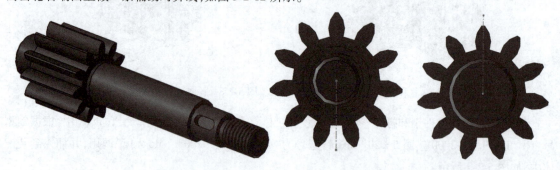

图5-2-11 生成主动齿轮轴零件　　　　图5-2-12 为齿轮轴添加配合辅助线

②单击"装配体"工具栏中的"插入零部件"按钮，选择主动齿轮轴和从动齿轮轴，放置并调整到合适的装配方位。先为主动齿轮轴与泵体添加"同轴心"和"重合"配合，然后为从动齿轮轴与泵体添加"同轴心"和"重合"配合，如图5-2-13所示。

③按住【Ctrl】键的同时选择主动齿轮轴和从动齿轮轴上的辅助线，添加"重合"配合，如图5-2-14所示。

图 5-2-13　将齿轮轴与泵体配合　　　　图 5-2-14　为齿轮轴辅助线添加"重合"配合

④单击"装配体"工具栏中的"配合"按钮,选择"机械配合"/"齿轮配合","要配合的面"为主动齿轮轴和从动齿轮轴上的圆柱面,设定"比率"为1∶1,如图5-2-15所示。单击"确定"按钮✓后,完成齿轮配合。

⑤将第③步中添加的辅助线"重合"配合压缩。这样,旋转主动齿轮轴,从动齿轮轴才能通过轮齿啮合进行转动。

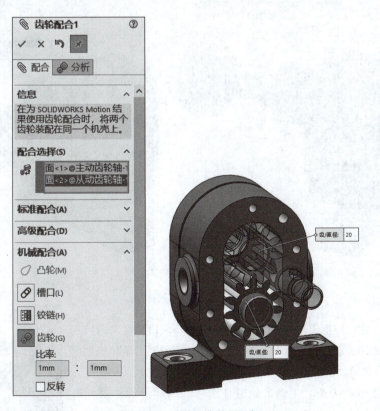

图 5-2-15　添加"齿轮"配合

步骤8: 在泵体右端插入垫片、右端盖,添加配合后用销和螺钉连接,如图5-2-16所示。

步骤 9：插入填料和填料压盖，并与右端盖及齿轮轴配合，如图 5-2-17 所示。

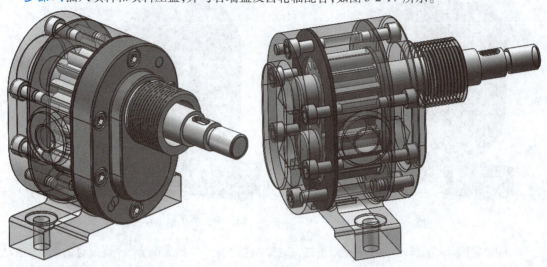

图 5-2-16　插入垫片、右端盖等　　　　　图 5-2-17　插入填料和填料压盖

步骤 10：插入压盖螺母。添加压盖螺母的内螺纹与右端盖的外螺纹为"同轴心"配合，添加填料压盖右端面与压盖螺母的内端面为"重合"配合，如图 5-2-18 所示。

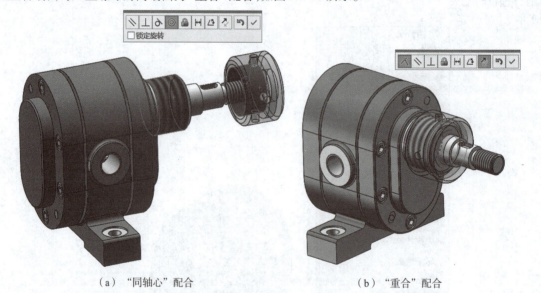

（a）"同轴心"配合　　　　　　　　　（b）"重合"配合

图 5-2-18　插入压盖螺母

步骤 11：插入键。根据键型号"GB/T 1096—2003 5×12"，在"设计库"任务窗格的"Toolbox"下展开"GB"/"销和键"/"平行键"中的"普通平键"并插入到主动齿轮轴的键槽中，并设定键的属性值，如图 5-2-19 所示。

步骤 12：插入传动齿轮。主动齿轮轴外圆柱面与传动齿轮圆柱孔添加"同轴心"配合，键的两侧平面与传动齿轮键槽的两侧面添加"宽度"配合，传动齿轮左端面与轴肩右端面添加"重合"配合，如图 5-2-20 所示。

图 5-2-19　插入键

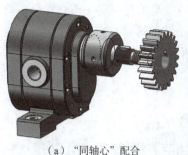  

（a）"同轴心"配合　　　　　（b）"宽度"配合　　　　　（c）"重合"配合

图 5-2-20　插入传动齿轮

步骤 13：插入弹簧垫圈。根据弹簧垫圈型号"GB 93—1987"，在"设计库"任务窗格的"Toolbox"下展开"GB"/"垫圈和挡圈"/"弹簧垫圈"中的"标准型弹簧垫圈"并插入到主动齿轮轴右端的螺杆部分，并设定弹簧垫圈的属性值。添加"重合"配合使弹簧垫圈与传动齿轮右端面靠齐，如图 5-2-21 所示。

步骤 14：插入螺母。根据螺母型号"GB/T 6170—2015"，在"设计库"任务窗格的"Toolbox"下展开"GB"/"螺母"/"六角螺母"中的"Ⅰ型六角螺母"并插入到主动齿轮轴右端的螺杆部分，并设定螺母的属性值。添加"重合"配合使六角螺母与弹簧垫圈右端面靠齐，如图 5-2-22 所示。

至此，完成了齿轮油泵所有零件的装配。

图 5-2-21　插入弹簧垫圈　　　　　图 5-2-22　插入螺母

第三阶段：干涉检查。

步骤 15：对齿轮油泵装配体进行干涉检查。单击 CommandManager 中的"评估"/"干涉检查"按钮，在属性管理器中，选择齿轮油泵装配体为检查对象，并设定要查找的干涉类型选项，如图 5-2-23 所示。在所选零部件下，单击"计算"按钮。检测到的干涉显示在"结果"区域。本例中显示的 14 处干涉均为内外螺纹旋合引起的，因此，可右击任一干涉，在弹出的快捷菜单中选择"忽略"命令。

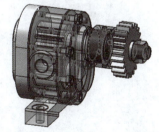

图 5-2-23　齿轮油泵干涉检查

第四阶段：生成爆炸视图。

步骤 16：生成齿轮油泵的爆炸视图。在 CommandManager 中单击"爆炸视图"按钮，弹出"爆炸"属性管理器。根据齿轮油泵的爆炸顺序：螺母→弹簧垫圈→传动齿轮→键→压盖螺母→填料压盖→填料→螺钉→销→右端盖→垫片→从动齿轮轴→主动齿轮轴→螺钉→销→左端盖→垫片→泵体，将零件逐一通过平移或旋转的方式拆卸出来，如图5-2-24所示。

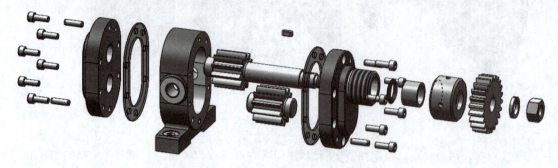

图 5-2-24　齿轮油泵爆炸视图

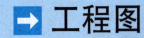

6.1 零件工程图

学习目标

1. 学习创建工程图文件和编辑工程图的图纸格式；
2. 学习创建零件的标准工程图及各种派生的工程图；
3. 掌握工程图中尺寸、表面结构、形位公差及技术要求的标注方法。

【工作任务 1】绘制偏心柱塞泵泵体

在 SolidWorks 软件中创建偏心柱塞泵泵体的工程图，如图 6-1-1 所示。

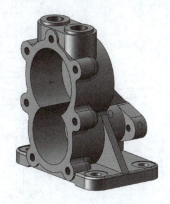

图 6-1-1　偏心柱塞泵泵体

视频
绘制偏心柱塞泵泵体

任务分析

本节介绍如何利用已有的零件模型创建零件的工程图，创建工程图之前，需要了解零件的结构形状，进而确定该零件的工程图表达方案。偏心柱塞泵泵体属于箱体类零件，此类零件多为铸造件，一般内部有较大的空腔，以容纳运动零件及气、油等介质。另外，通常还具有轴孔、轴承孔、凸台及肋板等结构。对偏心柱塞泵泵体进行视图表达时，通常将主视图按工作位置放置并全剖，另外需要给出左视图以表达泵体的外形结构，给出俯视图以表达底板的结构形状。对于泵体上的一些其他细节结构，可采用局部剖视、断面图或局部视图进行表达。

偏心柱塞泵泵体工程图创建过程见表 6-1-1。

表 6-1-1　偏心柱塞泵泵体工程图创建过程

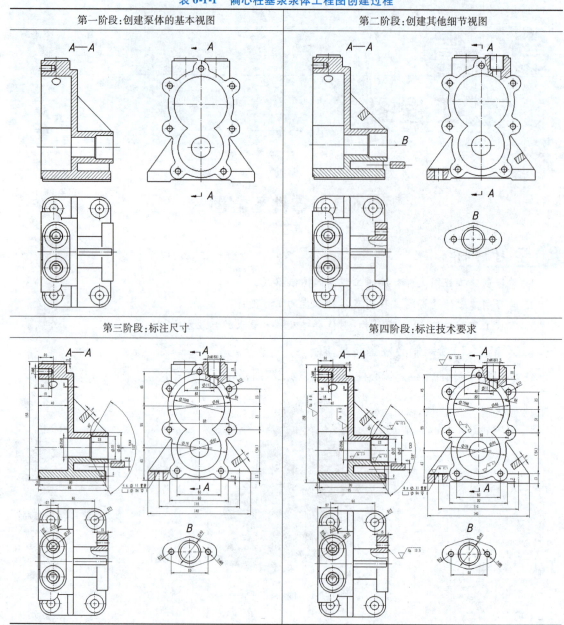

知识链接

工程图

在 SolidWorks 软件中,可以使用在 2D CAD 系统中生成工程图的方法(使用绘图和修改命令绘制工程图)生成工程图,也可使用零件和装配体模型创建工程图。但是生成 3D 模型并从模型中生成工程图有众多优势,例如:

①设计模型比绘制直线更快。

②从 SolidWorks 模型中生成工程图,工程图更准确且绘图效率更高。

③可从模型草图和特征自动插入尺寸和注解到工程图中,这样比在工程图中手动生成尺寸更快。
④模型的参数和几何关系在工程图中被保留,这样工程图可反映模型的设计意图。
⑤模型或工程图中的更改反映在其相关文件中,这样更改起来更容易,工程图更准确。

1)工程图模板的设置

(1)文件属性

在菜单中选择"工具"/"选项"命令,可以设置工程图选项,常见设置内容见表6-1-2。

表 6-1-2　工程图选项设置

系统选项			文件属性	
工程图/显示类型	显示样式 = 隐藏线可见		绘图标准	总绘图标准 = GB
			表格/材料明细表	☑自动更新材料明细表
	相切边线 = 移除		尺寸	字体 = 仿宋体 主要精度 = 0.123 ☑默认添加括号
颜色	颜色方案设置: 工程图,纸张颜色 = 白色 工程图,隐藏的模型边线 = 黑色		出详图	视图生成时自动插入: ☑中心符号—孔—零件
			单位	MMGS(毫米、克、秒)

(2)图纸格式

新建工程图及编辑图纸格式的步骤如下:

①单击标准工具栏中的"新建"按钮,选择"工程图"选项,然后单击"确定"按钮。

②系统提示打开"要插入的零件或装配体",可先单击"关闭"按钮×。

③右击工程图图纸的任意空白区域,在弹出的快捷菜单中选择"属性"命令。如图 6-1-2 所示,在"图纸属性"选项卡中,可设置"名称、比例、投影类型、图纸格式/大小"等;在"区域参数"选项卡中,可设置"边界"等,设置完成后单击"应用更改"按钮。

(a)图纸属性　　　　　　　　　　　　(b)区域参数

图 6-1-2　更改图纸属性

④右击工程图图纸的任意空白区域,在弹出的快捷菜单中选择"编辑图纸格式"命令。此时,

在图纸任意空白区域右击,在弹出的快捷菜单中选择"标题块字段"来定义和编辑图纸区域中标题栏,通过在弹出的快捷菜单中选择"自动边界"命令设定图纸区域布局和边框大小,如图 6-1-3 所示。

⑤设定完成后,选择"文件"/"保存图纸格式"命令,图纸格式文件的扩展名为".slddrt",位于 <安装目录> \\SolidWorks\\data 中。

2) 从模型生成工程图

从零件和装配体文档生成工程图的步骤如下:

①在打开的零件文档中,选择"文件"/"从零件制作工程图"命令 ,然后在"图纸格式"/"大小"对话框中选择一个模板。

②在窗口右侧打开"视图调色板",单击 ➤ 按钮钉住查看调色板,如图 6-1-4 所示。

图 6-1-3　编辑图纸格式

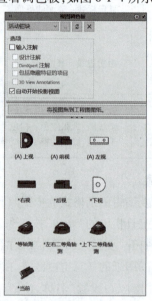

图 6-1-4　视图调色板

③从视图调色板拖动需要的视图到工程图图纸。

④在工程视图或投影视图属性管理器中设置选项,如视向、显示样式、比例等,然后单击"确定"按钮✔。

⑤放置其他投影视图。单击"工程图"工具栏中的"投影视图"按钮,在图形区域中选择一投影用的视图,将鼠标移动到所选视图的相应一侧,单击以放置所产生的投影视图。投影视图放置在图纸上,与用来生成它的视图对齐,如图 6-1-5 所示。

3) 剖面视图

通过使用剖切线切割父视图,可以在工程图中建立剖面视图。剖面视图可以是单一剖面,也可以是用阶梯剖切线定义的等距剖面,剖切线还可以包括同心圆弧。在工程图中创建剖面视图有两种方法:

方法一:使用剖面视图工具界面插入普通剖面视图。

①在工程图视图中,单击"工程图"工具栏中的"剖面视图"按钮,或在菜单中选择"插入"/"工程图视图"/"剖面视图"命令。

②在"剖面视图辅助"属性管理器中,选择"剖面视图"。

③在切割线中,选择需要的切割形式:"竖直"、"水平"、"辅助视图"或"对齐"。比如选

择"水平",然后将剖切线移动到所需位置并单击,如图 6-1-6 所示。

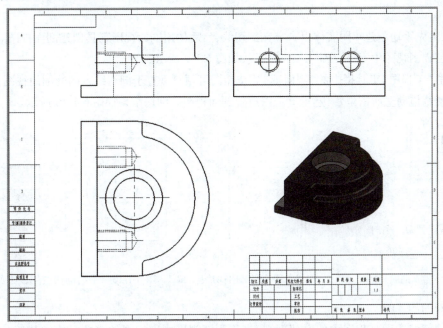

图 6-1-5　生成零件工程图

④选择"自动启用剖面实体"。如果取消选择,则显示剖面视图弹出窗口 ,允许将等距添加到剖面视图。

⑤在左侧弹出的"剖面视 X-X"属性管理器中,可设定"反转方向""剖切深度""显示样式""比例"等,如图 6-1-7 所示。

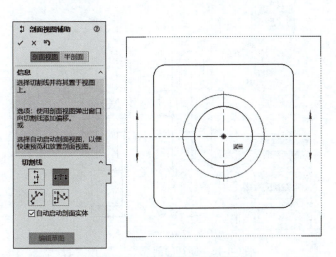

图 6-1-6　剖面视图切割线形式

图 6-1-7　"剖面视图 X-X"属性管理器

⑥设置完成后,将预览拖动至所需位置,然后单击以放置剖面视图。剖切结果如图6-1-8所示。

方法二:先手动创建草图实体以自定义剖切线,然后使用剖面视图工具创建剖面视图。
①在工程图视图中,手动绘制一条剖切线,如图6-1-9所示。
②单击"工程图"工具栏中的"剖面视图"按钮 ,可预览垂直于剖切线方向的剖面视图。
③将预览拖动至所需位置,然后单击以放置剖面视图。剖切结果如图6-1-10所示。

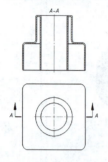
图6-1-8 生成剖面视图

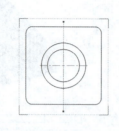
图6-1-9 手动绘制剖切线

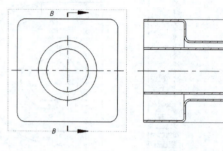
图6-1-10 手绘剖切线生成剖面视图

4)断开的剖视图

断开的剖视图即工程图中的局部剖视,在工程图视图中剖切零件或装配体的某部分以显示其内部结构。断开的剖视图中,剖切范围需要绘制闭合的轮廓来确定,闭合轮廓通常用样条曲线绘制;剖切深度则需要在其他工程图视图中选取几何体来指定深度。生成断开的剖视图的步骤如下:

①单击"工程图"工具栏中的"断开的剖视图"按钮 ,或在菜单中选择"插入"/"工程图视图"/"断开的剖视图"命令。

②指针变为 形状,绘制一轮廓,如图6-1-11所示。如果想用样条曲线以外的轮廓,在单击断开的剖视图工具之前,先绘制一闭合轮廓并选择。

③在"断开的剖视图"属性管理器中设定选项。通过输入一个值或选择一切割到的实体来为断开的剖视图指定深度。勾选"预览"复选框可查看剖切深度位置,如图6-1-12所示。

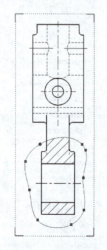
图6-1-11 绘制剖切范围轮廓

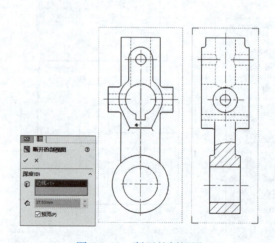
图6-1-12 断开的剖视图

④单击"确定"按钮✓,完成断开的剖视图。

5) 剪裁视图

剪裁视图隐藏了所定义区域之外的所有内容而集中显示工程图视图的某一部分。剪裁轮廓使用闭合的草图线,通常是样条曲线或其他闭合轮廓。生成剪裁视图的步骤如下:

①在工程图视图中,绘制一个闭合轮廓。图6-1-13(a)所示为用样条曲线绘制的封闭轮廓。

②单击"工程图"工具栏中的"裁剪视图"按钮,或在菜单中选择"插入"/"工程视图"/"裁剪视图"命令。

③轮廓以外的视图消失,如图6-1-13(b)所示。

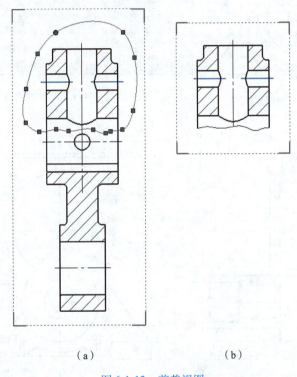

(a)　　　　　　　　(b)

图 6-1-13　剪裁视图

任务实施

第一阶段:创建泵体的基本视图。

步骤1: 新建工程图。打开泵体零件,选择"文件"/"从零件制作工程图"命令,然后在"图纸格式"/"大小"对话框中选择一个工程图模板。

步骤2: 插入左视图。从视图调色板拖动泵体的左视图到工程图图纸中,设置工程视图属性管理器选项,"显示样式"设置为"消除隐藏线",然后单击"确定"按钮✓。单击"注解"工具栏中的"中心线"按钮,在视图中添加对称中心线,如图6-1-14所示。

步骤3: 创建全剖的主视图A—A。单击"工程图"工具栏中的"剖面视图"按钮,在"剖面视图辅助"属性管理器中,选择"剖面视图"。在切割线中,选择切割形式为"竖直",勾选"自动启用剖面实体"复选框。然后将剖切线移动到所需位置并单击,弹出"剖面视图"对话框,选择"纵向剖切按不剖处理"的筋特征,如图 6-1-15 所示。设置完成后,将预览拖动到所需位置,然后单击以放置剖面视图。剖切结果如图 6-1-16 所示。

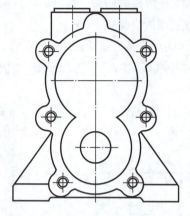

图 6-1-14　插入左视图

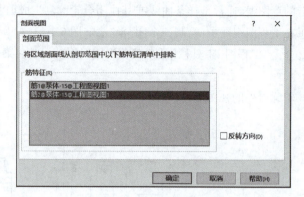

图 6-1-15　设置剖面范围

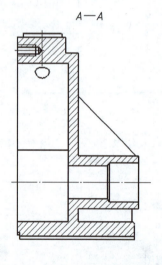

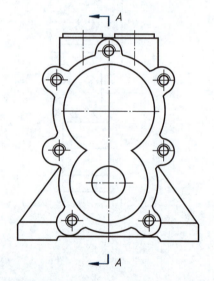

图 6-1-16　创建全剖视图 A—A

步骤 4:创建俯视图。单击"工程图"工具栏中的"投影视图"按钮,在图形区域中选择 A—A 全剖视图作为投影用的视图。将鼠标移动到全剖视图的下方,单击以放置视图。生成的投影视图与全剖视图长对正,如图 6-1-17 所示。

第二阶段:创建其他细节视图。

步骤 5:创建泵体右侧凸台的局部视图。

①单击"工程图"工具栏中的"投影视图"按钮,在图形区域中选择 A—A 全剖视图作为投影用的视图。将鼠标移动到全剖视图的左侧,单击以放置生成的右视图,如图 6-1-18 所示。

②在右视图上右击,在弹出的快捷菜单中选择"视图对齐"/"解除对齐关系"命令,此时右视图成为可以自由移动的向视图。

③按住【Ctrl】键,选择菱形凸台的外轮廓,单击"草图"工具栏中的"转换实体引用"按钮,生成封

闭的剪裁轮廓草图,如图 6-1-19 所示。单击"工程图"工具栏中的"裁剪视图"按钮，轮廓以外的视图消失,形成泵体右侧凸台的局部视图,如图 6-1-20 所示。

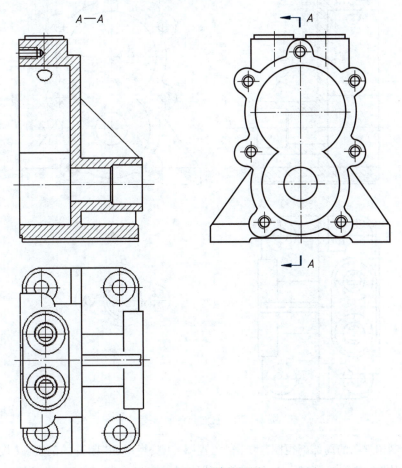

图 6-1-17　创建俯视图

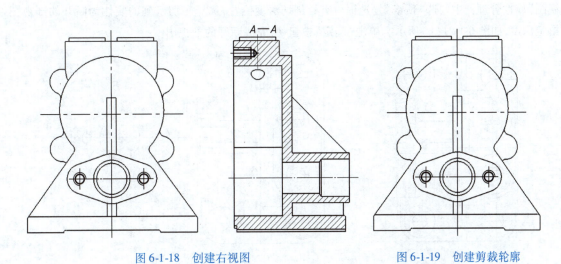

图 6-1-18　创建右视图　　　　　　　　图 6-1-19　创建剪裁轮廓

④单击"注解"工具栏中的"注释"按钮,标注右侧凸台局部视图的视图名称"B"及投影方向。

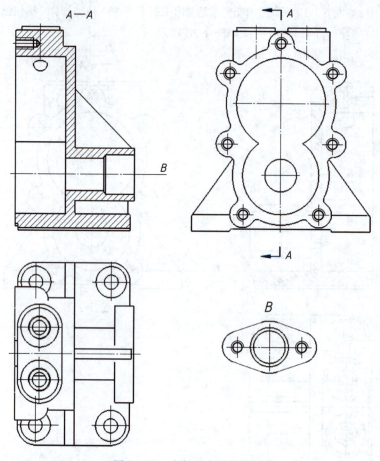

图 6-1-20　右侧凸台局部视图

步骤 6：绘制俯视图的局部剖视图。单击"工程图"工具栏中的"断开的剖视图"按钮，指针变为形状，在俯视图中要剖切的部分处，用样条曲线绘制一轮廓，如图 6-1-21（a）所示。在"断开的剖视图"属性管理器中勾选"预览"复选框可查看剖切深度位置，选择一切割到的实体为断开的剖视图指定深度，如图 6-1-21（b）所示。单击"确定"按钮，完成断开的剖视图。

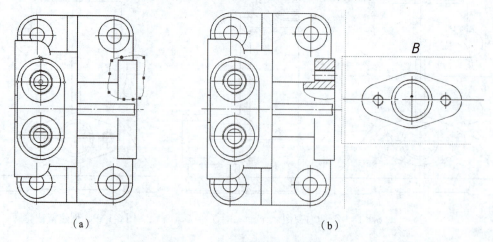

图 6-1-21　俯视图中的局部剖视

步骤 7: 绘制左视图的两处局部剖视图。

第一处:单击"工程图"工具栏中的"断开的剖视图"按钮,指针变为开关,在左视图中顶部螺纹孔处,用样条曲线绘制一封闭轮廓。在"断开的剖视图"属性管理器中勾选"预览"复选框可查看剖切深度位置,选择一切割到的实体为断开的剖视图指定深度。如图 6-1-22 所示。单击"确定"按钮,完成断开的剖视图。

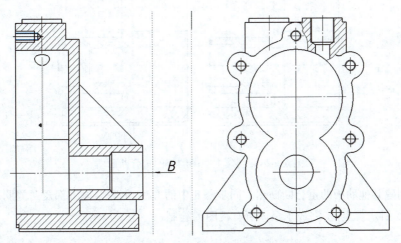

图 6-1-22　左视图中顶部局部剖视图

第二处:单击"工程图"工具栏中的"断开的剖视图"按钮,指针变为形状,在左视图中底部沉孔处,用样条曲线绘制一封闭轮廓。在"断开的剖视图"属性管理器中勾选"预览"复选框可查看剖切深度位置,选择一切割到的实体来为断开的剖视图指定深度,如图 6-1-23 所示。单击"确定"按钮,完成断开的剖视图。

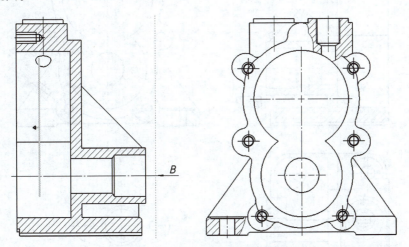

图 6-1-23　左视图中底板局部剖视图

步骤 8: 绘制主视图肋板的重合断面图。在泵体主视图肋板处绘制一条直线,添加该直线与肋板倾斜边线的"垂直"几何关系,如图 6-1-24(a)所示。选中该直线,单击"工程图"工具栏中的"剖面视图"按钮,在"剖面视图辅助"属性管理器中,勾选"剖面视图"中的"部分剖面","剖切深度"的值设置为 1 mm。将剖视图预览拖动到所需位置,然后单击以放置剖面视图。在剖切位置符号及剖视图名称 $D—D$ 处右击,在弹出的快捷菜单中选择"隐藏"命令。剖切结果如图 6-1-24(b)所示。

277

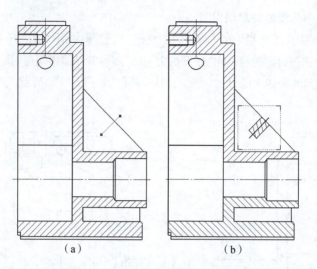

图 6-1-24 创建主视图肋板的重合断面图

步骤9：创建其他肋板的重合断面图。同步骤8中的方法，创建泵体下部及两侧肋板的重合断面图，如图6-1-25所示。至此，完成了泵体所有视图的绘制。

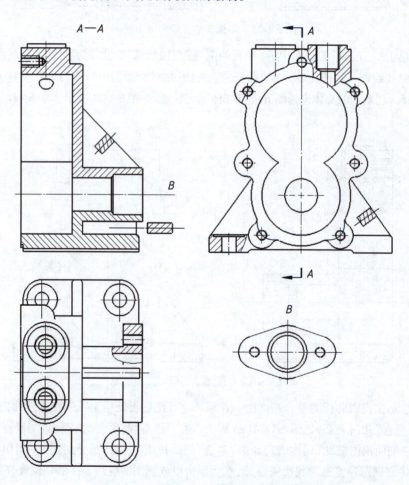

图 6-1-25 创建泵体其他肋板的重合断面图

第三阶段:标注尺寸。

步骤10:对泵体工程图进行尺寸标注。单击 CommandManager"注解"/"智能尺寸"按钮 或在菜单中选择"工具"/"尺寸"/"智能尺寸"命令。在工程图中选取要标注的尺寸实体,快速尺寸选择器显示为: 或 ,根据可以放置的尺寸类型,将尺寸放置在合适的位置。泵体标注尺寸的结果如图 6-1-26 所示。

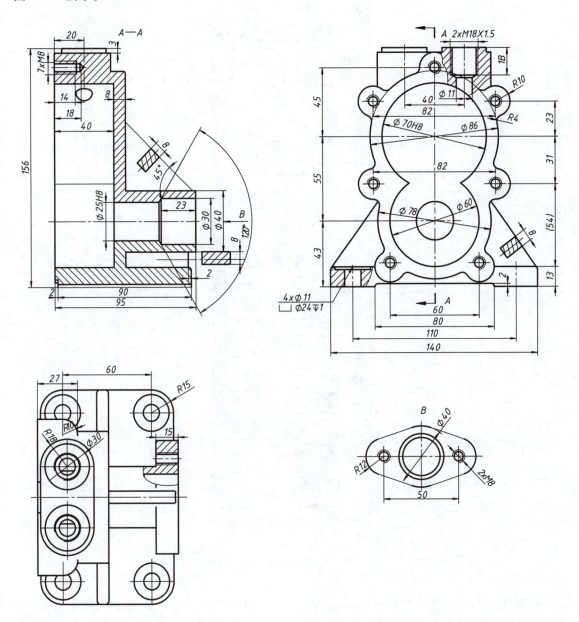

图 6-1-26 标注泵体尺寸

第四阶段:标注技术要求。

步骤11:标注表面结构要求。单击 CommandManager"注解"/"表面粗糙度符号"按钮 ✓ 或在菜单中选择"插入"/"注解"/"表面粗糙度符号"命令。在"表面粗糙度"属性管理器中设定属性,如"符号""符号布局""角度""引线"等,如图6-1-27所示。在图形区域中单击以放置符号,标注结果如图6-1-28所示。

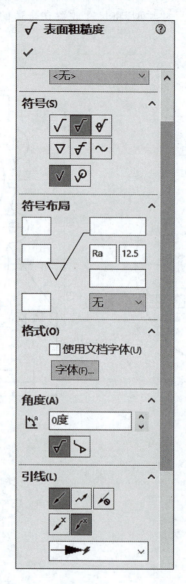

图6-1-27 "表面粗糙度"属性管理器

步骤12:注写技术要求。单击CommandManager"注解"/"注释"按钮 **A**,或在菜单中选择"插入"/"注解"/"注释"命令。在属性管理器中设定属性,如"文字格式"等。在图形区域中单击放置文本框的位置,输入技术要求内容,如图6-1-29所示。

步骤13:填写标题栏。单击CommandManager"图纸格式"/"编辑图纸格式"按钮,在标题栏文本处双击修改文字内容,完成后退出,如图6-1-30所示。

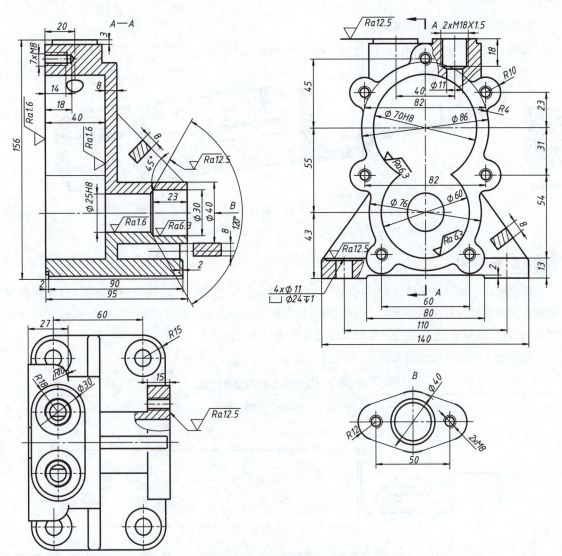

图 6-1-28　标注泵体表面结构要求

技术要求：

1. 未注圆角R3。

图 6-1-29　标注泵体技术要求

							阶 段 标 记	重量	比例	
						HT150				
标记	处数	分区	更改文件号	签名	年月日					柱塞泵泵体
设计			标准化					3.204	1:1	
校核			工艺							
主管设计			审核							ZSB-01
			批准			共1张 第1张	版本		替代	

图 6-1-30　填写标题栏

【工作任务2】绘制阶梯轴

在 SolidWorks 软件中创建阶梯轴的工程图,如图 6-1-31 所示。

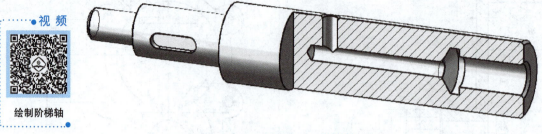

图 6-1-31 阶梯轴

任务分析

阶梯轴属于轴套类零件,此类零件多为细长杆件,轴上通常有螺纹、键槽、孔、退刀槽、越程槽等结构。轴类零件进行视图表达时,主视图通常将主视图按加工位置放置,其上的键槽、孔通常用断面图进行表达,退刀槽、越程槽等可绘制局部放大图进行表达。

阶梯轴工程图创建过程见表 6-1-3。

表 6-1-3 阶梯轴工程图创建过程

第一阶段:创建阶梯轴的主视图

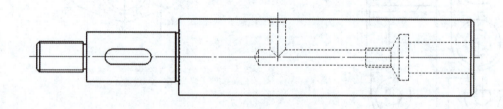

第二阶段:创建其他细节视图

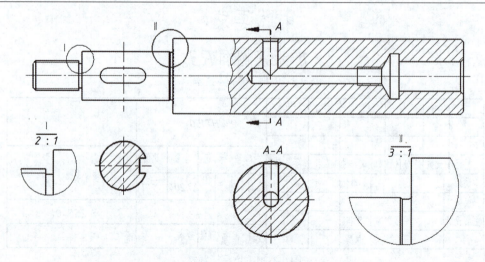

续表

第三阶段:标注尺寸

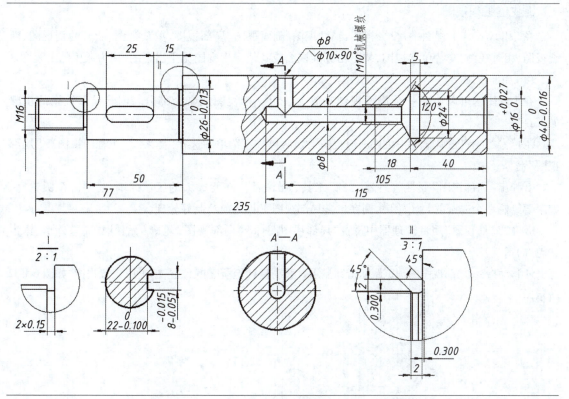

第四阶段:标注技术要求

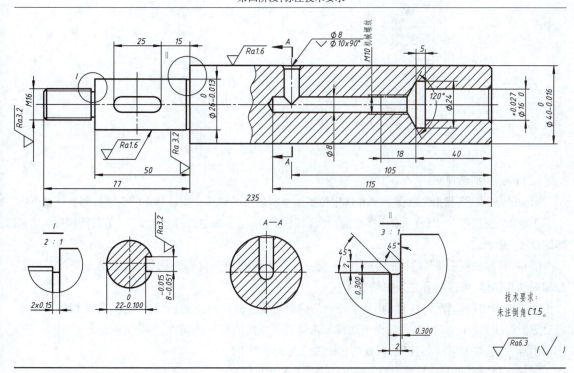

技术要求：
未注倒角C1.5。

知识链接

派生的工程视图

在 SolidWorks 工程图中，投影视图、辅助视图、剖面视图、局部视图、剪裁视图、断开的剖视图、断裂视图、相对视图、交替位置视图，均是由标准视图或其他派生视图派生出来的，称为派生的工程图。

（1）局部视图

在工程图中可以生成一个局部视图来放大显示一个视图的某个部分。创建局部视图的步骤如下：

①单击"工程图"工具栏中的"局部视图"按钮 ⓐ，或在菜单中选择"插入"/"工程图视图"/"局部视图"命令。

②弹出"局部视图"属性管理器，"圆"工具 ⊙ 被激活。在要放大的区域周围，绘制一个圆轮廓。如果要绘制一个非圆的封闭轮廓，则在单击局部视图工具之前绘制好轮廓。

③在"局部视图"属性管理器中设置"局部视图图标""局部视图"轮廓（无轮廓、完整外形、锯齿状轮廓）等选项。

④移动指针，局部视图的预览跟随指针显示。移动指针至所需的位置，单击以放置视图，如图 6-1-32 所示。

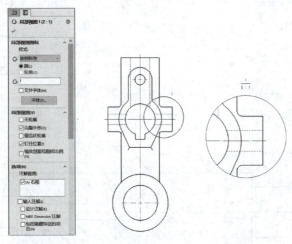

图 6-1-32　局部视图

（2）移除的剖面视图

移除的剖面视图将沿工程图视图在选定位置处显示模型的切片。生成移除的剖面视图步骤如下：

①单击"工程图"工具栏中的"移除的剖面"按钮 ♦，或在菜单中选择"插入"/"工程图视图"/"移除的剖面"命令。

②在"移除的剖面 1"属性管理器中，从同一工程图视图中选择两条边线，边线必须是相对或部分相对的几何体，可在两者之间剪切实体。

③选择剪切线放置方法：自动（显示相对的模型边线之间区域内剪切线的预览，移动指针并单击以放置剪切线）或手动（在相对的模型边线上选择的两点之间定位剪切线，即将光标悬停在剪切线的一端附近，然后单击以将其放置，对线的另一端重复此步骤）。

④移动指针并单击来放置移除的剖面视图，如图 6-1-33 所示。

⑤在属性管理器中,设定其他选项。
⑥单击"确定"按钮✔。

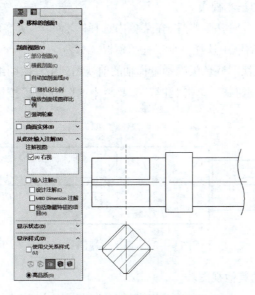

图 6-1-33　移除的剖面视图

(3)断裂视图

断裂视图可以将工程图视图以较大比例显示在较小的工程图图纸上。使用一组折断线在视图中生成一缝隙或折断,与断裂区域相关的参考尺寸和模型尺寸反映实际的模型数值。生成断裂视图的步骤如下:

①选取一工程图,单击"工程图"工具栏中的"断裂视图"按钮,或在菜单中选择"插入"/"工程图视图"/"断裂视图"命令。

②在"断裂视图"属性管理器中,设定"切除方向""缝隙大小""折断线样式"等。

③在视图中单击两次以放置两条折断线,从而生成折断,如图 6-1-34 所示。

④单击"确定"按钮✔。

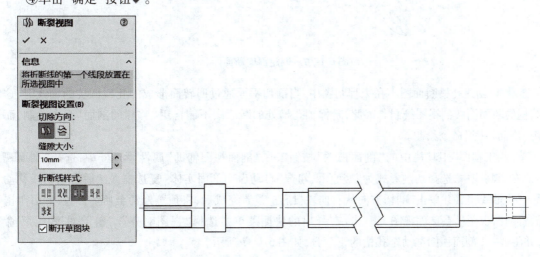

图 6-1-34　断裂视图

任务实施

第一阶段：创建阶梯轴的基本视图。

步骤1：新建工程图。打开阶梯轴零件，在菜单中选择"文件"/"从零件制作工程图"命令📄，然后在"图纸格式"/"大小"对话框中选择一个工程图模板。

步骤2：插入主视图。从视图调色板拖动阶梯轴的前视图到工程图图纸中，设置工程视图属性管理器选项，然后单击"确定"按钮✔。单击"注解"工具栏中的"中心线"按钮🗒，在视图中添加对称中心线，如图6-1-35所示。

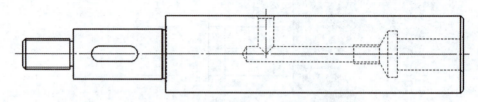

图6-1-35 插入主视图

第二阶段：创建阶梯轴的其他视图。

步骤3：创建键槽断面图。单击"工程图"工具栏中的"移除的剖面"按钮🔧，在"移除的剖面1"属性管理器中，选择键槽所在处轴段的两条边线，剪切线放置方法默认为"自动"，在键槽中段单击确定剪切位置，移动指针并单击来放置移除的剖面视图，如图6-1-36所示，在属性管理器中，设定其他选项，完成后单击"确定"按钮✔。

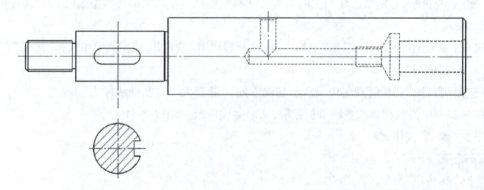

图6-1-36 创建键槽断面图

步骤4：创建孔槽断面图。在工程制图中，当剖切平面通过回转面形成的孔或凹坑的轴线时，这些结构的断面图按剖视图绘制。因此，阶梯轴孔槽处的断面图不能再用"移除的剖面"命令绘制，而是用"剖面视图"命令绘制。

单击"工程图"工具栏中的"剖面视图"按钮↕，在"剖面视图辅助"属性管理器中，选择"剖面视图"。在切割线中，选择切割形式为"竖直"↕，勾选"自动启用剖面实体"复选框。然后将剖切线移动至竖直孔轴线位置并单击，剖切方向从右向左投影。设置完成后，将预览拖动至所需位置，然后单击以放置剖面视图。在剖面视图上右击，在弹出的快捷菜单中选择"视图对齐"/"解除对齐关系"命令，并将A—A剖面视图移动至孔槽的正下方，如图6-1-37所示。

步骤5：创建局部剖视图。单击"工程图"工具栏中的"断开的剖视图"按钮🔲，指针变为✏形状，

在主视图中,用样条曲线绘制一封闭轮廓,如图6-1-38(a)所示。在"断开的剖视图"属性管理器中勾选"预览"复选框可查看剖切深度位置,选择一切割到的实体来为断开的剖视图指定深度,如图6-1-38(b)所示。单击"确定"按钮,完成断开的剖视图。

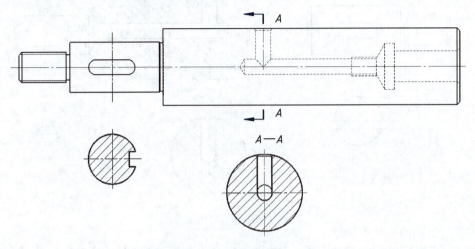

图6-1-37 创建孔槽断面图

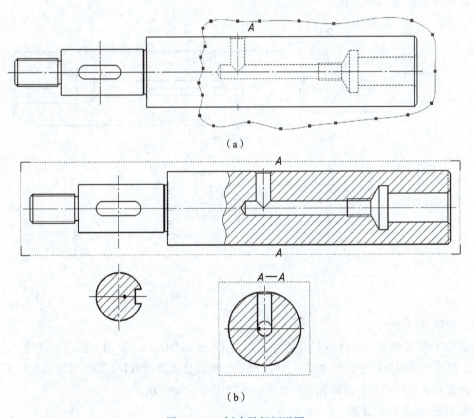

图6-1-38 创建局部剖视图

步骤6:创建左端螺纹退刀槽的局部放大图。单击"工程图"工具栏中的"局部视图"按钮,弹出"局部视图"属性管理器,"圆"工具被激活。绘制一个圆轮廓,将退刀槽包括在内。在"局部视图"属性管理器中设置"局部视图图标"为"Ⅰ"、"比例"为2∶1。移动指针,退刀槽局部视图的预览跟随指针显示。移动指针到所需的位置,单击以放置视图,如图6-1-39所示。

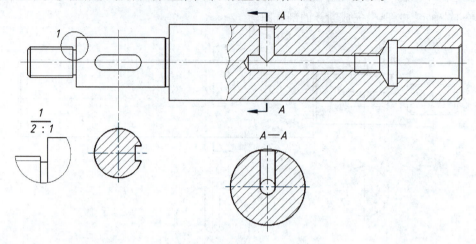

图 6-1-39　创建退刀槽局部放大图

步骤7：创建越程槽的局部放大图。方法同步骤6,在阶梯轴越程槽处绘制一个圆,设置"比例"为3∶1,创建的局部放大图如图6-1-40所示。

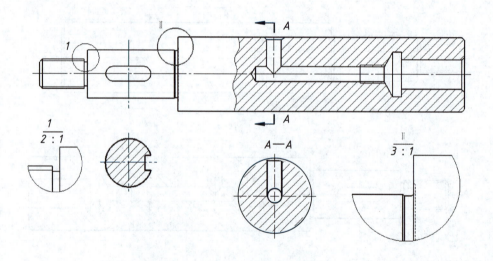

图 6-1-40　创建越程槽局部放大图

第三阶段：标注尺寸。

步骤8：对阶梯轴工程图进行尺寸标注。单击 CommandManager 中的"注解"/"智能尺寸"按钮。在工程图中选取要标注的尺寸实体,快速尺寸选择器显示为：或,根据可以放置的尺寸类型,将尺寸放置在合适的位置。泵体标注尺寸的结果如图6-1-41所示。

第四阶段：标注技术要求。

步骤9：标注表面结构要求。单击 CommandManager 中的"注解"/"表面粗糙度符号"按钮,或在菜单中选择"插入"/"注解"/"表面粗糙度符号"命令。在"表面粗糙度"属性管理器中设定属性,如"符号""符号布局""角度""引线"等。在图形区域中单击以放置符号,标注结果如图6-1-42所示。

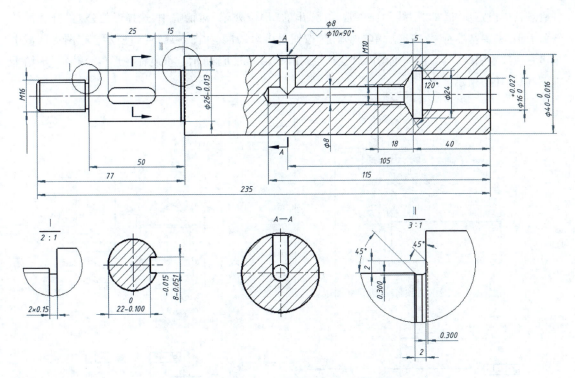

图 6-1-41　阶梯轴尺寸标注

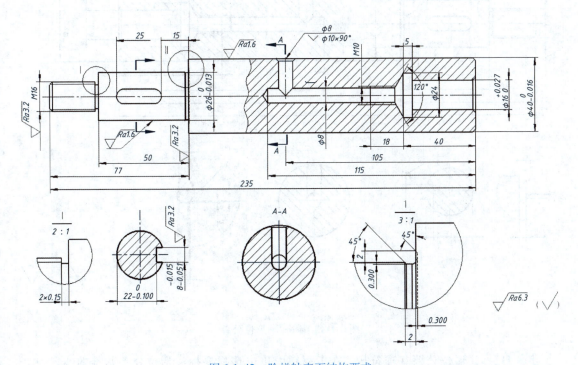

图 6-1-42　阶梯轴表面结构要求

步骤 10：标注形位公差。在工程图中单击选择要标注形位公差的线段，单击 CommandManager "注解"/"形位公差"按钮 ，或在菜单中选择"插入"/"注解"/"形位公差"命令。在"形位公差"属性管理器中设定属性,如"引线"样式等。在弹出的"形位公差"对话框中,选择形位公差"符号",填写公差值、主要基准符号,完成后单击"确定"按钮退出对话框,如图6-1-43(a)所示。在图形区域中单击一次放置引线,然后再次单击以放置符号,如图6-1-43(b)所示。重复标注形位公差符号,结果如图6-1-43(c)所示。

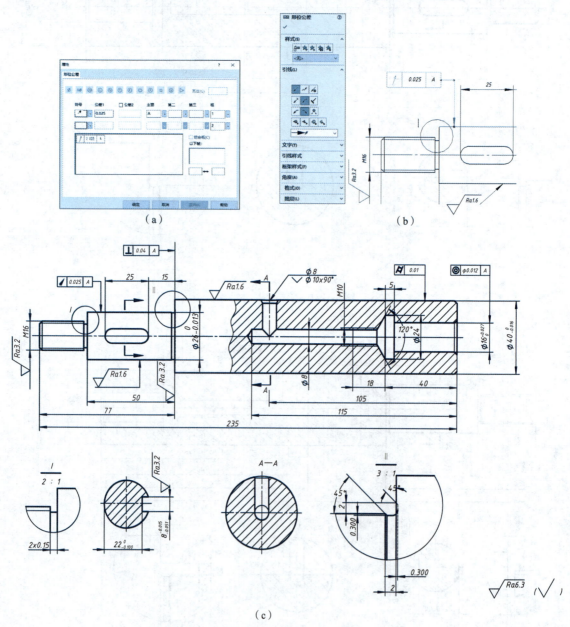

图 6-1-43　阶梯轴形位公差

步骤11：标注形位公差基准符号。在工程图中单击选择要标注形位公差基准的线段,单击CommandManager中的"注解"/"基准特征"按钮，或在菜单中选择"插入"/"注解"/"基准特征"命令。在"基准特征"属性管理器中设定属性,如"引线"样式等,如图6-1-44(a)所示。在图形区域中单击一次放置附加符号(三角),然后再次单击以放置基准符号,如图6-1-44(b)所示。

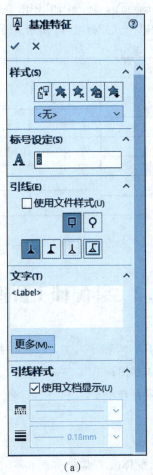

(a)

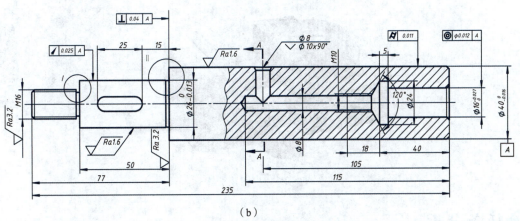

(b)

图 6-1-44　阶梯轴形位公差基准符号

步骤 12： 注写技术要求。单击 CommandManager 中的"注解"/"注释"按钮 **A**，或在菜单中选择"插入"/"注解"/"注释"命令。在属性管理器中设定属性，如"文字格式"等。在图形区域中单击放置文本框的位置，输入技术要求内容，如图 6-1-45 所示。

技术要求：
未注倒角C1.5。

图 6-1-45　标注阶梯轴技术要求

步骤 13：填写标题栏。单击 CommandManager 中的"图纸格式"/"编辑图纸格式"按钮**A**，在标题栏文本处双击修改文字内容，完成后退出，如图 6-1-46 所示。

							45		
标记	处数	分区	更改文件号	签名	年月日	阶段标记	重量	比例	阶梯轴
设计			标准化				1.685	1:1	
校核			工艺						
主管设计			审核						01
			批准			共1张 第1张	版本		替代

图 6-1-46　填写阶梯轴标题栏

6.2　装配体工程图

学习目标

1. 学习创建不同类型的装配体工程图；
2. 学习标注装配体工程图中的零部件序号；
3. 学习创建材料明细表。

【工作任务】绘制虎钳工程图

在 SolidWorks 软件中创建虎钳装配体的工程图，如图 6-2-1 所示。

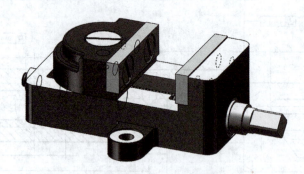

视　频

绘制虎钳工程图

图 6-2-1　虎钳装配体

任务分析

本节介绍如何利用已有的装配体模型来创建装配体工程图。创建装配体工程视图，与零件创建工程图相同，需要注意的是装配体中的实心杆件、螺钉、螺母等标准件剖切时按不剖处理。完成装配体的工程视图以后，就可以标注尺寸、编写零部件序号、填写明细栏和标题栏。本节将重点介绍在 SolidWorks 中如何插入零部件序号及明细栏。

虎钳工程图创建过程见表 6-2-1。

表 6-2-1 虎钳工程图创建过程

第一阶段:创建虎钳工程视图

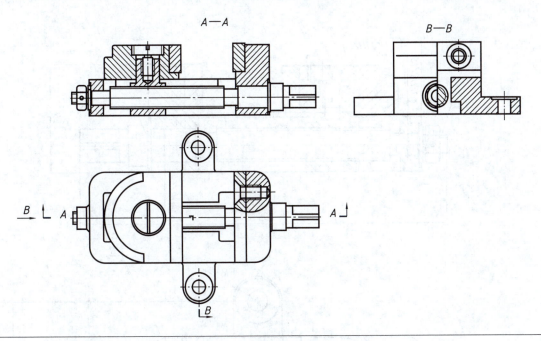

第二阶段:标注尺寸

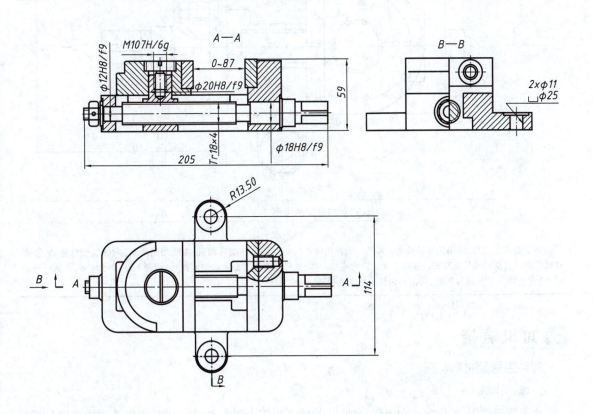

续表

第三阶段:插入零部件序号、填写明细栏

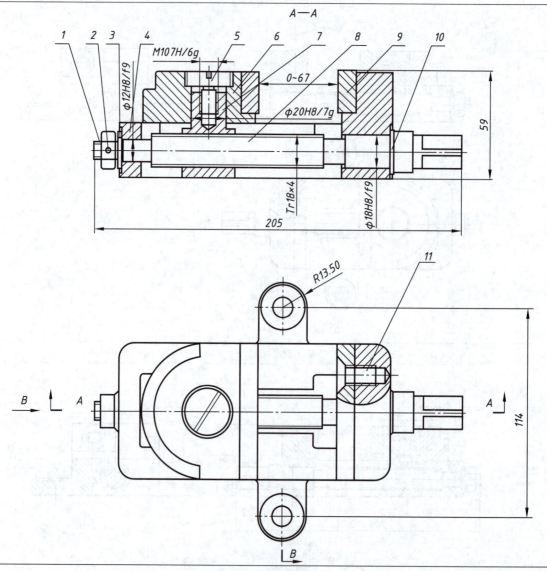

第四阶段:标注技术要求

工作原理

虎钳安装在工作台上,用来夹紧被加工零件。装在钳座 4 内的螺杆 8 右端有轴肩,左端用销固定,只能绕轴线转动,不能作轴向移动。活动钳块 6 和方块螺母 7 用螺钉 5 连接,方块螺母以其下方凸台与钳座接触,限制方块螺母转动,当螺杆转动时,通过 Tr18×4 梯形螺纹传动,使活动钳块 6 移动,将零件夹紧、放松。

知识链接

零件序号及材料明细表

1)零件序号

为了便于读图、组织生产和图样管理,装配体工程图上对每种零件或部件都必须编注序号或代号,并在材料明细表中对应填写零件信息,装配图中零、部件的序号,应与明细表中的序号一致。

SolidWorks 中使用"零件序号"标记装配体中的零件,并将零件与材料明细表(BOM)中的序号相关联。SolidWorks 中可以使用"零件序号"逐一插入零件序号,也可以使用"自动零件序号"在一个或多个工程图视图中插入一组零件序号。另外,"成组的零件序号"将多个零件序号组合在单一引线上,比如一组螺纹紧固件。

(1)逐一插入零件序号

①在工程图视图中,单击"注解"工具栏中的"零件序号"按钮,或在菜单中选择"插入"/"注解"/"零件序号"命令。

②在弹出的"零件序号"属性管理器中,设定序号的相关属性,如样式、大小、零件序号文字等,如图 6-2-2 所示。

③单击装配体工程图视图中的一个零部件,或单击装配体模型中的零部件来放置引线,然后再次单击来放置零件序号。

④根据需要继续插入零件序号。在插入零件序号前,在"零件序号"属性管理器中编辑每个零件序号的属性。

⑤单击"确定"按钮。

(2)自动插入零件序号

使用自动零件序号自动在工程图视图中生成零件序号前,必须先创建材料明细表。自动插入零件序号的步骤如下:

①在工程图视图中,单击"注解"工具栏中的"自动零件序号"按钮,或在菜单中选择"插入"/"注解"/"自动零件序号"命令。

②单击想在其中插入零件序号的工程图视图。

③在弹出的"自动零件序号"属性管理器中,设置"零件序号布局",勾选"插入磁力线"复选框,选择"阵列类型""引线附加点"形式;设置"零件序号设定"中的样式、大小、零件序号文字等,如图 6-2-3 所示。

④拖动一零件序号可为所有零件序号增加或减少引线长度。

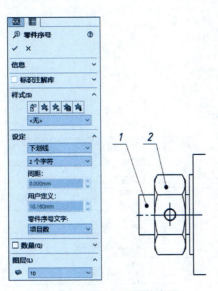

图 6-2-2　逐一标注零件序号

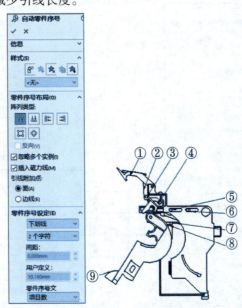

图 6-2-3　自动零件序号

⑤单击"确定"按钮✔。零件序号会放在视图边界外,且引线不相交。在关闭"自动零件序号"属性管理器后,可以单独编辑零件序号或以选定组的形式进行编辑。

(3)插入成组的零件序号

在装配体工程图中,一组螺纹紧固件以及装配关系清楚的零件组,可以采用公共指引线。"成组的零件序号"将多个零件序号组合在单一引线上,零件序号在每次选取一零部件时层叠,以竖直或水平方向层叠。插入"成组的零件序号"的步骤如下:

①在工程图视图中,单击"注解"工具栏中的"成组的零件序号"按钮,或在菜单中选择"插入"/"注解"/"成组的零件序号"命令。

②弹出"成组的零件序号"属性管理器,指针变为形状,在零部件上选择零件序号引线被附加的点,然后再次单击来放置第一个零件序号。零部件的选择顺序决定零件序号层叠的顺序。

③继续选择零部件,零件序号将被添加到成组零件的层叠序号中,如图6-2-4所示。

④添加成组的零件序号时,可在"成组的零件序号"属性管理器中选择层叠方向(向上、向下、向左、向右)。每个零件序号都是单独的注释,可以选择删除或编辑。

⑤单击"确定"按钮✔。

2)材料明细表

SolidWorks中可以使用"材料明细表"将材料明细表插入到工程图和装配体中。插入材料明细表的步骤如下:

①在工程图视图中,单击"注解"CommandManager中的"表格"/"材料明细表"按钮,或在菜单中选择"插入"/"表格"/"材料明细表"命令。

②选择一工程图视图来指定模型。

③在"材料明细表"属性管理器中设定属性,然后单击"确定"按钮。

④如果没选择附加到定位点,请在图形区域中单击来放置表格,如图6-2-5所示。

⑤单击"确定"按钮✔。

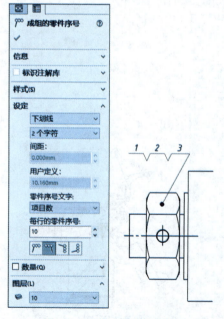

图6-2-4 成组的零件序号

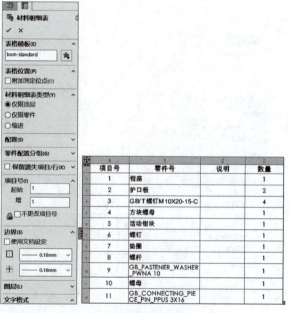

图6-2-5 材料明细表

任务实施

第一阶段：创建虎钳的工程视图。

步骤1：新建工程图。打开虎钳装配体，在菜单中选择"文件"/"从装配体制作工程图"命令，然后在"图纸格式"/"大小"对话框中选择一个工程图模板。

步骤2：插入俯视图。从视图调色板中拖动虎钳的俯视图到工程图图纸中，设置工程视图属性管理器中的选项，"显示样式"为"消除隐藏线"，然后单击"确定"按钮。单击"注解"工具栏中的"中心线"按钮，在视图中添加对称中心线，如图6-2-6所示。

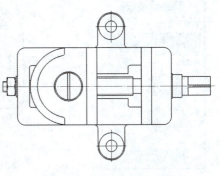

图6-2-6　插入虎钳俯视图

步骤3：创建全剖的主视图 $A—A$。单击"工程图"工具栏中的"剖面视图"按钮，在"剖面视图辅助"属性管理器中，选择"剖面视图"。在切割线中，选择切割形式为"水平"，勾选"自动启用剖面实体"复选框。然后将剖切线移动到所需位置并单击，在弹出的"剖面范围"对话框中，选择"纵向剖切按不剖处理"的筋特征，如图6-2-7所示。设置完成后，将预览拖动至所需位置，然后单击以放置剖面视图。剖切结果如图6-2-8所示。

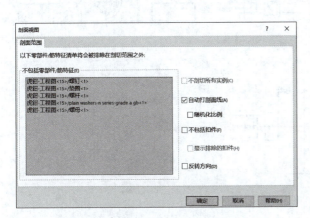

图6-2-7　设置虎钳主视图剖面范围

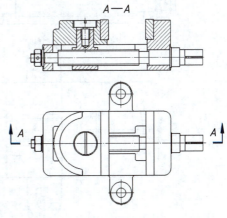

图6-2-8　创建虎钳全剖视图 $A—A$

步骤4：创建半剖的左视图。单击"工程图"工具栏中的"剖面视图"按钮，在"剖面视图辅助"属性管理器中，选择"半剖面"。在切割线中，选择切割形式为"底面朝右"。然后将剖切线移动到所需位置并单击，生成 $B—B$ 半剖视图，如图6-2-9所示。在 $B—B$ 半剖视图上右击，在弹出的快捷菜单中选择"视图对齐"/"解除对齐关系"命令，将 $B—B$ 视图移动到主视图的右侧。再次在 $B—B$ 半剖视图上右击，在弹出的快捷菜单中选择"缩放/平移/旋转"/"旋转视图"命令，将 $B—B$ 视图逆时针旋转90°，并与主视图达到"高平齐"。结果如图6-2-10所示。

步骤5：创建护口板上螺钉的局部剖视图。单击"工程图"工具栏中的"断开的剖视图"按钮，指针变为形状，在俯视图中要剖切的部分处，用样条曲线绘制一轮廓。在"断开的剖视图"属性管理器中勾选"预览"复选框可查看剖切深度位置，选择一切割到的实体为断开的剖视图指定深度。完成断开的剖视图如图6-2-11所示。

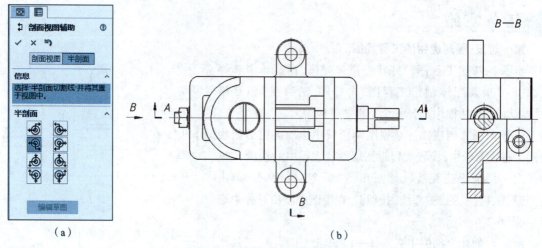

(a)   (b)

图 6-2-9　创建 B—B 半剖俯视图

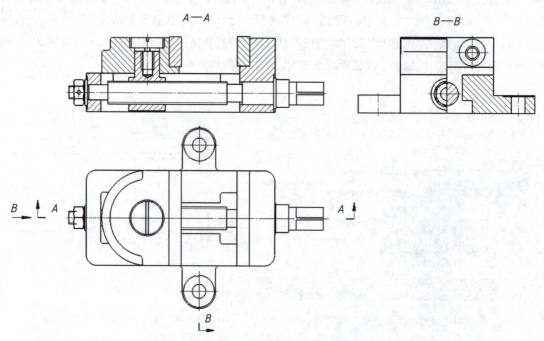

图 6-2-10　调整 B—B 半剖视图位置

第二阶段：标注尺寸。

步骤 6： 对虎钳工程图进行尺寸标注。单击 CommandManager 中的"注解"/"智能尺寸"按钮，或在菜单中选择"工具"/"尺寸"/"智能尺寸"命令。在工程图中选取要标注的尺寸实体，快速尺寸选择器显示为或，根据可以放置的尺寸类型，将尺寸放置在合适的位置。虎钳标注尺寸的结果如图 6-2-12 所示。

第三阶段：插入零部件序号、填写明细栏。

步骤 7： 创建虎钳材料明细表。在工程图视图中，单击

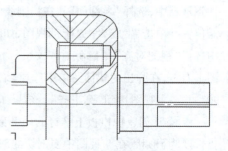

图 6-2-11　俯视图中的螺钉局部剖视

"注解"CommandManager 中的"表格"/"材料明细表"按钮，选择虎钳主视图来指定模型。在"材料明细表"属性管理器中设定属性，然后单击"确定"按钮。在标题栏右上角单击放置表格并编辑明细栏内容，如图 6-2-13 所示。

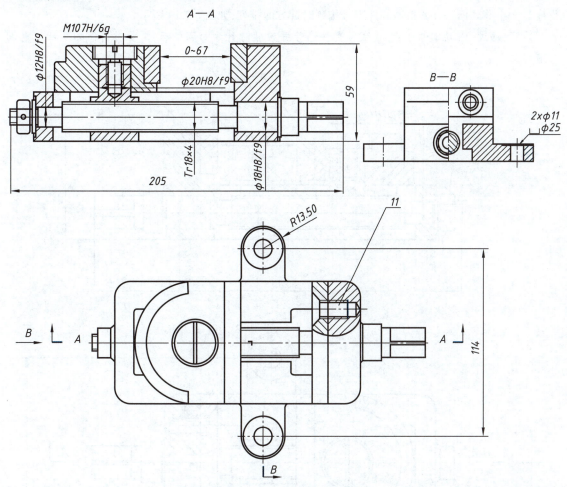

图 6-2-12　标注虎钳尺寸

11	GB/T 螺钉 M10X20-15-C	4	45	GB/T 68
10	垫圈	1	45	
9	护口板	2	45	
8	螺杆	1	45	
7	方块螺母	1	Q275	
6	活动钳块	1	HT200	
5	螺钉	1	Q235-A	
4	钳座	1	HT200	
3	GB_FASTENER_WASHER_PWNA 10	1	45	GB/T 97.1
2	GB_CONNECTING_PIECE_PIN_PPUS 3X16	1	35	GB/T 119
1	螺母 M10	1	45	GB/T 6170
项目号	名称	数量	材料	备注

图 6-2-13　插入明细栏

299

步骤8：插入零部件序号。在工程图视图中，单击"注解"工具栏中的"自动零件序号"按钮，单击虎钳主视图插入零件序号。在弹出的"自动零件序号"属性管理器中，设置"零件序号布局"，勾选"插入磁力线"复选框，选择"阵列类型、引线附加点"形式；设置"零件序号设定"中的样式、大小、零件序号文字等。插入并调整零部件序号按顺时针方向排列，如图6-2-14所示。

注意：通过"自动零件序号"生成零部件序号并按顺时针方向调整后，需要对前面的明细栏也调整顺序。

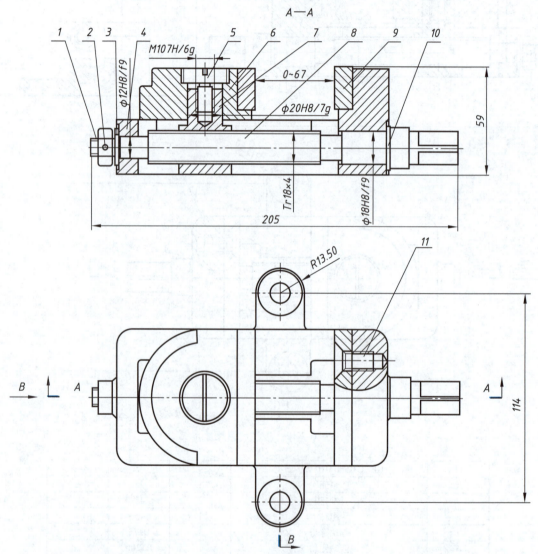

图6-2-14　插入零部件序号

第四阶段：标注技术要求，填写标题栏。

步骤9：注写技术要求。单击CommandManager中的"注解"/"注释"按钮A，或在菜单中选择"插入"/"注解"/"注释"命令。在属性管理器中设定属性，如"文字格式"等。在图形区域中单击确定文本框的位置，输入技术要求内容。

步骤10：填写标题栏。单击CommandManager中的"图纸格式"/"编辑图纸格式"按钮，在标题栏文本处双击修改文字内容，完成后退出。完成后的虎钳装配图，如图6-2-15所示。

第 6 章 工程图

工作原理

虎钳安装在工作台上，用来夹紧加工零件。装在钳座4内的螺杆8右端有轴肩，左端用钳固定，只能绕轴线转动，不能作轴向移动。活动钳块6和方块螺母7用螺钉5连接，方块螺母以其下方凸台与钳座接触，限制方块螺母转动，当螺杆转动时，通过Tr18×4梯形螺纹传动，使活动钳块6移动，将零件夹紧、放松。

项目号	名称	数量	材料	备注
11	螺钉 M10X20-15-C		45	GB/T 68
10	垫圈		45	
9	护口板		45	
8	螺杆		Q275	
7	方块螺母		HT200	
6	活动钳块		Q235-A	
5	螺钉		HT200	
4	钳座		45	
3	GB_FASTENER_WASHER_PWNA 10		45	GB/T 97.1
2	GB_CONNECTING_PIECE_PIN_PPUS 3X16		35	GB/T 119
1	螺母 M10		45	GB/T 6170

标记 处数 分区 更改文件号 签名 年月日		比例	虎钳
设计		1:1	
校核			01
工艺			
审核		替代	
主管设计			
		共1张 第1张 质本	

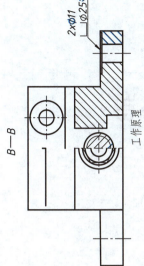

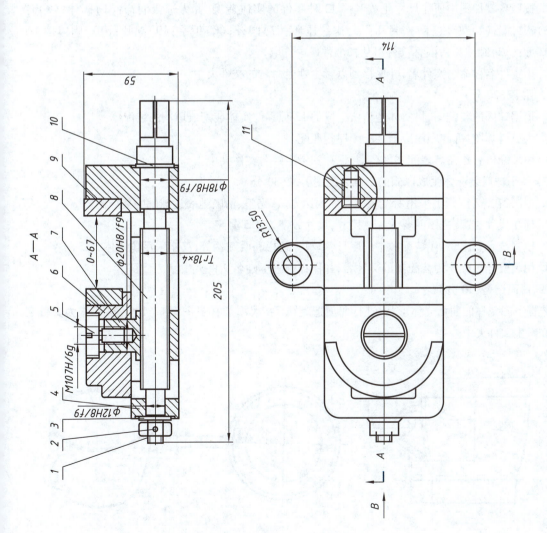

图6-2-15 虎钳装配图

第7章 三维建模师取证模拟试卷

7.1 三维建模师模拟试卷(一)

试题要求:闭卷,计算机操作,考试时间为180 min。

一、实体造型(40 分)

1. 按照各零件图中所注尺寸生成其中 12 种零件的实体造型,并做适当润饰:(1)阀体;(2)球芯;(3)密封圈;(4)垫环;(5)密封环;(6)螺纹压环;(7)阀杆;(8)扳手;(9)垫片;(10)阀体接头;(11)螺母;(12)螺柱。(注:标准件可从标准件库中选取)

2. 用零件名称命名文件名,并保存到以考生姓名命名的文件夹中。

二、装配(20 分)

1. 依据球阀的装配图,将实体造型所生成的 12 种零件实体装配成球阀的装配体。
2. 生成爆炸图,拆卸顺序应与装配顺序相匹配。
3. 用装配体名称命名装配文件名,并保存到考生姓名文件夹中。

三、基于球阀装配体生成球阀的二维装配图要求(30 分)

1. 视图,在 A3 图纸上采用所给装配图的表达方法,完整、清晰地表达球阀的装配图。
2. 标注尺寸,按装配图的要求标注尺寸,尺寸数字为 2.5 号字。
3. 填写技术要求,标注装配图中的序号,填写标题栏和明细栏等,汉字采用仿宋体,3.5 号字。
4. 用装配体名称作为装配图的文件名,并保存到考生姓名文件夹中。

四、曲面造型(10 分)

依据下图瓷杯的曲面立体形状,进行曲面造型(不要求添加杯身图案)。以"瓷杯"作为文件名保存在考生文件夹中。

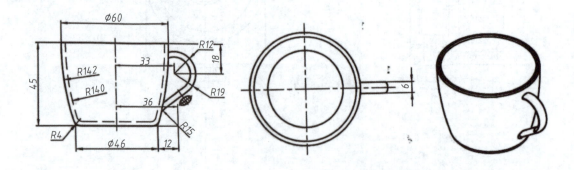

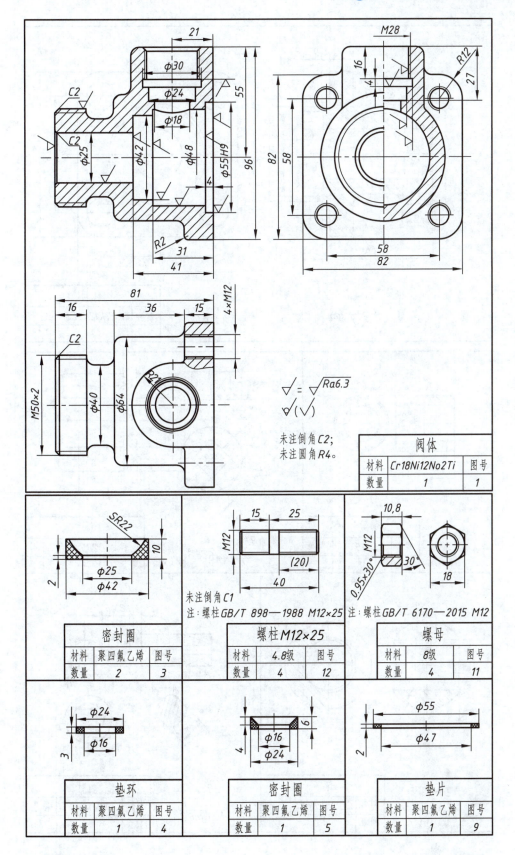

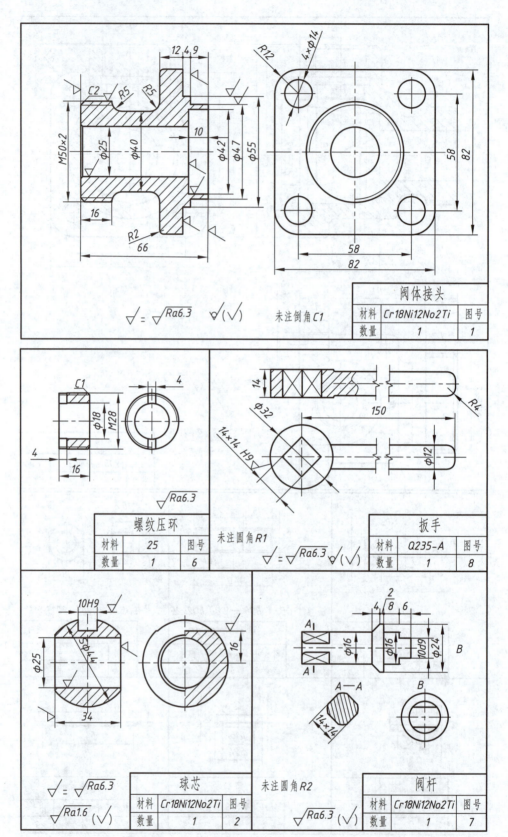

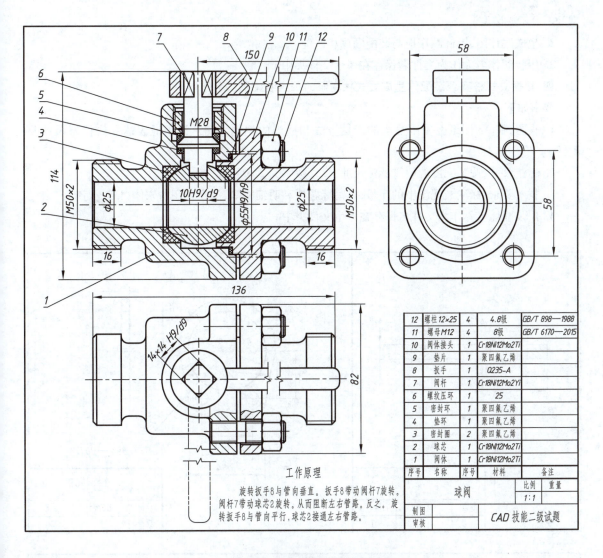

7.2 三维建模师模拟试卷(二)

试题要求:闭卷,计算机操作,考试时间为 180 min。

一、实体造型(45 分)

1. 按照各零件图中所注尺寸生成下列 11 种零件的实体造型,并做适当润饰:(1)泵体;(2)阀体;(3)小垫片;(4)大垫片;(5)导向轴套;(6)柱塞;(7)弹性挡圈;(8)销轴;(9)销 3×10;(10)弹簧塞头;(11)滚珠。(注:标准件可从标准件库中选取)

2. 用零件名称命名文件名,并保存到以考生姓名命名的文件夹中。

二、曲面造型(10 分)

按照立式柱塞泵中件 14 弹簧的尺寸要求,制作圆柱压缩弹簧曲面体,将弹簧体作为文件名保存在以考生姓名为名称的文件夹中。

三、装配(20 分)

1. 按照立式柱塞泵的装配图,将所生成的零件实体装配成立式柱塞泵的装配体(未要求实体造型的零件不必装配)。

2. 生成爆炸图,拆卸顺序应与装配顺序相匹配。

3. 用装配体名称作为文件名保存在考生文件夹中。

四、根据立式柱塞泵装配体生成立式柱塞泵的二维装配图(25 分)

要求如下:

1. 视图,在 A3 图纸上采用恰当的表达方法和适当的比例,完整、清晰地表达立式柱塞泵的装配图。

2. 标注尺寸,按装配图的要求标注尺寸,尺寸数字为 2.5 号字。

3. 技术要求,标注装配图中的序号,填写标题栏和明细栏等,汉字采用仿宋体,3.5 号字。

4. 用装配体名称作为文件名保存在考生文件夹中。

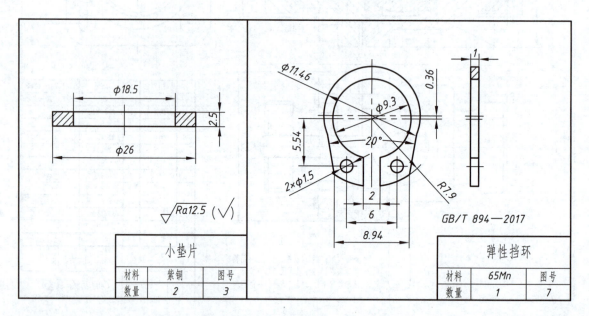

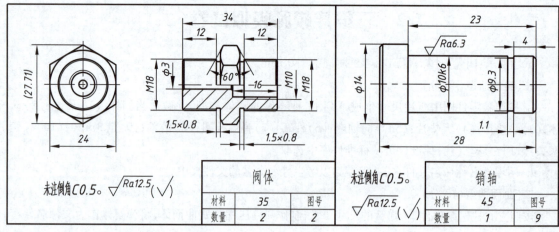

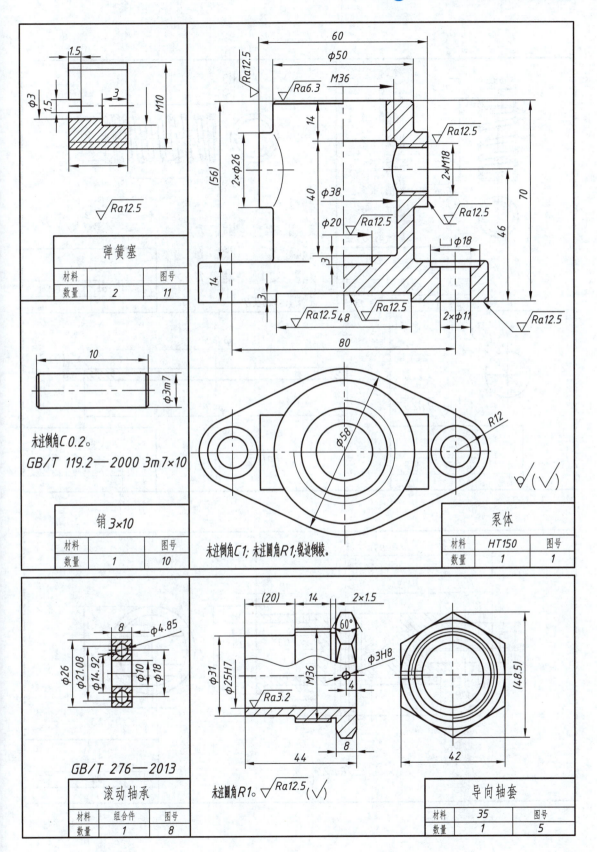

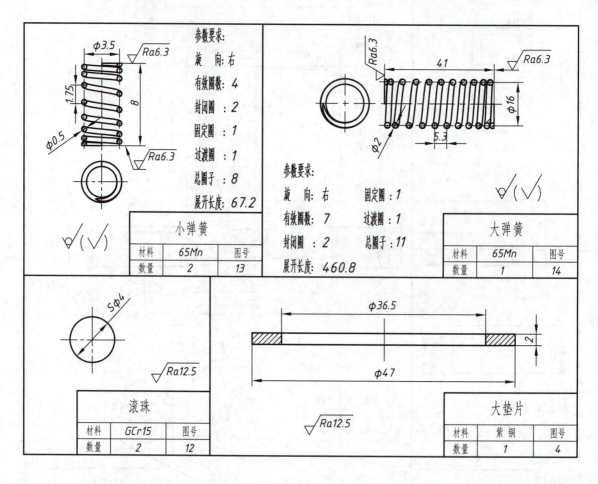

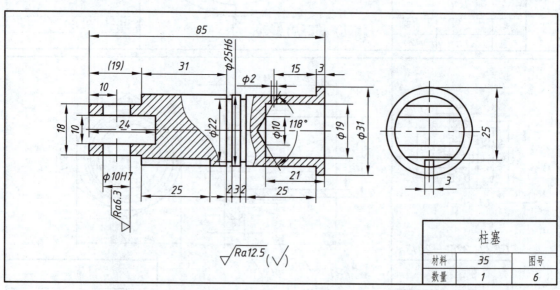

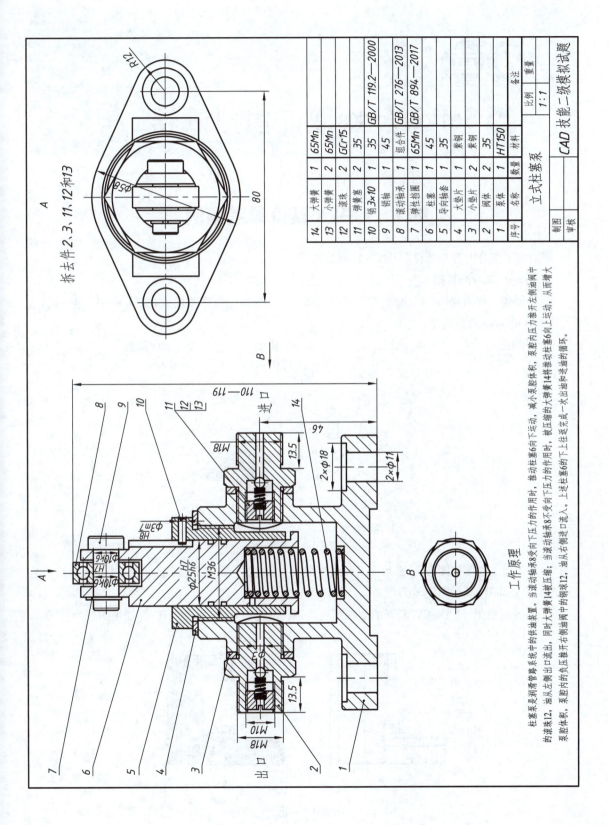

第8章

SolidWorks取证模拟试卷

8.1 CSWA 认证参考题例

（注：以下部分内容参考自 SolidWorks 认证系统）

第一部分：工程图基础

1. 要创建工程图视图"B"，必须在工程图视图"A"上绘制一条样条曲线（见图 8-1-1），然后插入（　　）SolidWorks 视图类型。

   A. 等轴测　　　　B. 剖视　　　　C. 投影　　　　D. 裁剪

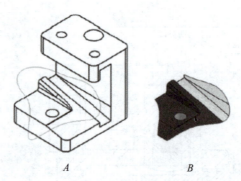

图 8-1-1　题 1

2. 要创建工程图视图"B"，必须在工程图视图"A"上绘制一条样条曲线（如图 8-1-2 所示），然后插入（　　）SolidWorks 视图类型。

   A. 对齐剖视图　　B. 断开的剖视图　　C. 剖视　　　　D. 详细视图

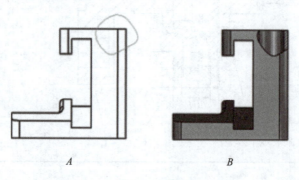

图 8-1-2　题 2

第二部分：建模

3. 在 SolidWorks 中构建图 8-1-3 所示零件。其中：

单位制：MMGS（毫米、克、秒）；

小数位数：2；

零件原点：任意；

材料：铝 1060 合金；

密度 = 0.0027 g/mm³；

$A = 138.00, B = 51.00, C = 45°$。

除非有特别指示，否则所有孔洞皆贯穿。

该零件的整体质量是（　　）克。

A. 1673.08　　　　B. 229.19　　　　C. 505.23　　　　D. 626.67

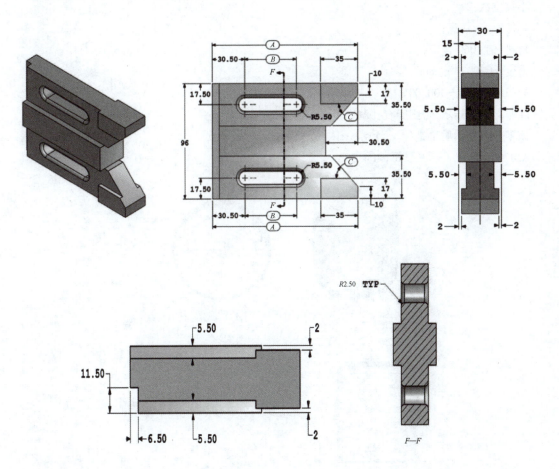

图 8-1-3　题 3

4. 如图 8-1-4 所示，利用上一题中的零件，使用以下变量值在 SolidWorks 中修改该零件：
$A = 140.00, B = 54.00, C = 55°$。

注：假设所有未显示尺寸与前一问题相同。

该零件的整体质量是（　　）克。（填空）

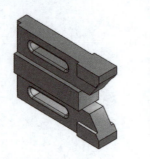
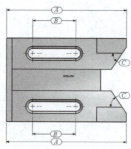

图 8-1-4 题 4

5. 在 SolidWorks 中创建图 8-1-5 所示的零件。其中：

单位制：MMGS(毫米、克、秒)；

小数位数：2；

零件原点：任意；

材料：铝 1060 合金；

密度 = 0.0027 g/mm³；

$A = 350.00, B = 400.00$。

除非有特别指示，否则所有孔洞皆贯穿。

该零件的整体质量是(　　)克。

A. 4760.38　　　　B. 6404.58　　　　C. 5102.53　　　　D. 9653.16

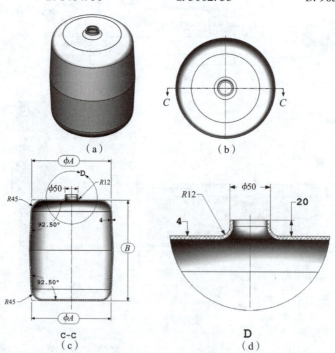

图 8-1-5 题 5

6. 如图 8-1-6 所示，利用上一题中的零件，在 SolidWorks 中修改该零件。其中：

单位制：MMGS(毫米、克、秒)；

小数位数:2;
零件原点:任意;
材料:铝1060合金;
密度 = 0.0027 g/mm³。

除非有特别指示,否则所有孔洞皆贯穿。假设所有未显示尺寸与前一问题相同。顶部平台有3个大小相同且互相间隔90°孔。

该零件的整体质量是(　　)克。(填空)

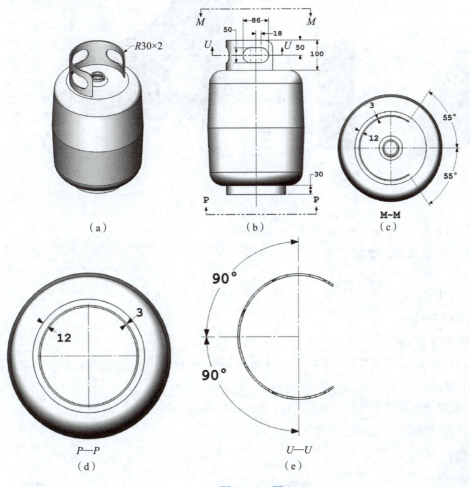

图 8-1-6　题 6

7. 在 SolidWorks 中构建图 8-1-7 所示零件。其中:
单位:MMGS(毫米、克、秒);
小数位:2;
零件原点:任意;
材料:AISI 1020 钢;
密度 = 0.0079 g/mm³;
$A = 62.00, B = 20.00, C = 26.50$。
除非有特别指示,否则所有孔洞皆贯穿。

零件的整体质量是（　　）克。
A. 802.69　　　　　B. 867.21　　　　　C. 923.22　　　　　D. 732.13

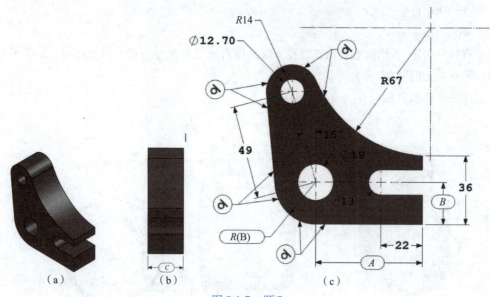

图 8-1-7　题 7

8. 如图 8-1-8 所示，在 SolidWorks 中修改上题零件。

单位：MMGS（毫米、克、秒）；

小数位：2；

零件原点：任意；

材料：AISI 1020 钢；

密度 = 0.0079 g/mm³。

除非有特别指示，否则所有孔皆贯穿。使用前一问题所创建的零件，然后移除显示区域内的材料以对其进行修改。

注：假设所有未显示尺寸与前一问题相同。新特征的所有尺寸已显示。

零件的整体质量是（　　）克。（填空）

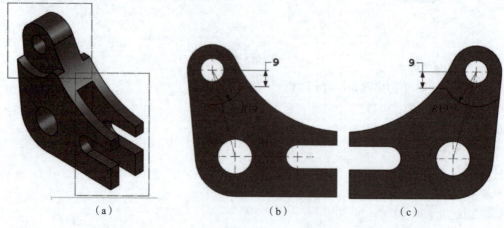

图 8-1-8　题 8

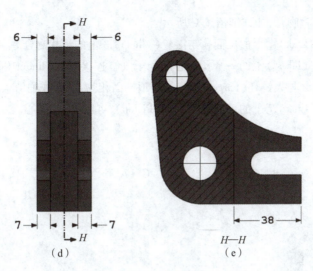

图 8-1-8 题 8(续)

第三部分:装配体

9. 如图 8-1-9 所示,在 SolidWorks 中创建装配体:滚轮连杆机构(Wheel Linkage Assembly)。

它包含 1 个底座(1 Base)①、1 个铁盖(1 RailLid)②、1 个滚轮(1 Wheel)③、1 个活塞气缸(1 Piston Cylinder)④、1 个活塞(1 Piston)⑤、1 个气缸连接(1 CylinderConnector)⑥、1 个大链环(1 Large Link)⑦和 1 个小链环(1 Small Link)⑧。其中:

单位:MMGS(毫米、克、秒);

小数位:2;

装配体原点:任意。

下载附带 zip 文件,然后打开。保存包含的零件,然后在 SolidWorks 中打开这些零件。(注:如果 SolidWorks 弹出"是否继续进行特征识别?",单击"否"按钮。)

下载地址:http://www.tdpress.com/51eds/。

使用以下条件创建装配体:

(1)底座(Base)①轴心配合于铁盖(Rail Lid)②的 4 个销,铁盖(Rail Lid)②的内面(销面)与底座(Base)①的顶端面(槽面)相吻合。

(2)滚轮(Wheel)③轴心配合且冲洗至底座(Base)①上销的末端,如详细信息 H 所示。

(3)气缸连接器(Cylinder Connector)⑥的大直径圆柱面配合相切于底座(Base)①的槽面,如详细信息 B 所示。气缸连接器(Cylinder Connector)⑥的底部配合于底座(Base)①上槽的底部平面。参考详细信息 G。

(4)活塞气缸(Piston Cylinder)④的销端轴心配合且与底座(Base)①上的侧孔相吻台,如 E—E 部分所示。活塞气缸(Piston Cylinder④上槽的直面平行于底座(Base)①的顶端面且与详细信息 B 中所示一致。

(注:铁盖(Rail Lid)②、大链环(Large Link)⑦和小链环(Small Link)⑧已隐藏,详细信息 B 中将予以清晰显示。)

(5)活塞(Piston)⑤的较长圆柱端轴心配合于活塞气缸(Piston Cylinder)④。

(6)大链环(Large Link)⑦上的一个孔轴心配合于气缸连接器(Cylinder Connector)⑥且与铁盖

(Rail Lid)②的顶端面相吻合,如详细信息 C 所示。

(7) 大链环(Large Link)⑦上的反面孔与滚轮(Wheel)③上的销相吻合。

(8) 小链环(Small Link)⑧上的一个孔轴心配合于气缸连接器(Cylinder Connector)⑥,同时小链环(Small Link)⑧的底面与大链环(Large Link)⑦的顶端面相吻合,如详细信息 C 所示。

(9) 小链环(Small Link)⑦上的反面孔与活塞(Piston)⑤的伸出端同心。

(10) A = 6.00°。

测量的距离 X 是(　　)毫米。

A. 38.16　　　　B. 36.11　　　　C. 17.55　　　　D. 15.21

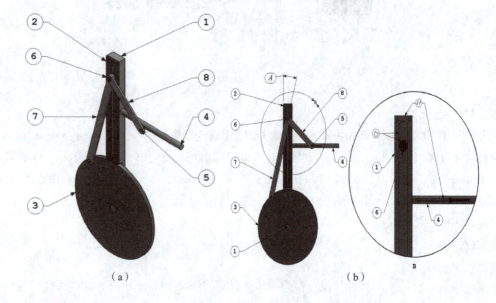

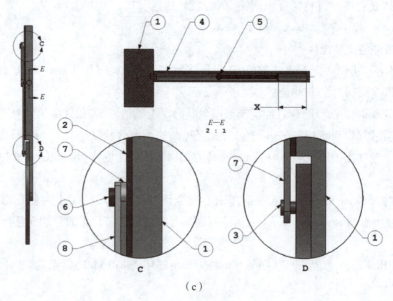

图 8-1-9　题 9

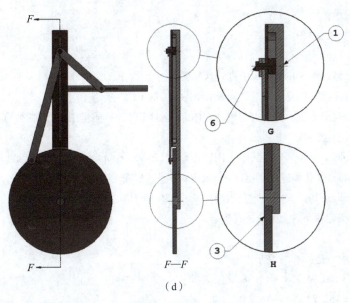

(d)

图 8-1-9 题 9(续)

10. 如图 8-1-10 所示,在 SolidWorks 中创建装配体:连杆机构(Linkage Assembly)。

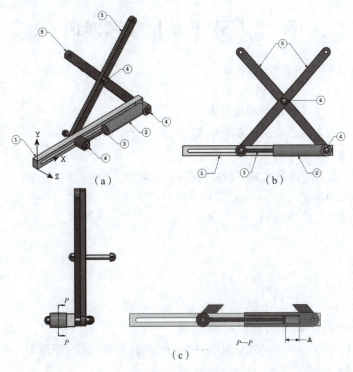

图 8-1-10 题 10

它包含 1 个连杆底座(1 Linkage Base)①、1 个连杆气缸(1 Linkage_Cylinder)②、1 个连杆活塞(1 Linkage Piston)③、3 个连杆螺栓(3 Linkage Bolts)④和 2 个连杆耦合(2 Linkage Couplings)⑤。其中:
　　单位:MMGS(毫米、克秒);
　　小数位:2;

装配体原点:已显示;

下载附带 zip 文件,然后打开。

下载地址:http://www.tdpress.com/51eds。

保存包含的零件,然后在 SolidWorks 中打开这些要件。

(注:如果 SolidWorks 弹出"是否继续进行特征识别?",请单击"否"按钮。)

重要信息:就等距视图中显示的原点创建装配体。(这对正确计算质量中心非常重要)

使用以下条件创建装配体:

(1)连杆螺栓(Linkage Bolts)④轴心配合于连杆耦合(Linkage Coupling)⑤、连杆气缸(Linkage Cylinder)②、连杆活塞(Linkage Piston)③孔和连杆底座(Linkage Base)①凹槽面无间隙。

(2)连杆螺栓(Linkage Bolts)④与连杆活塞(Linkage_Piston)③、连杆气缸(Linkage Cylinder)②和连杆耦合(Linkage Coupling)⑤头部端面重合配合进行安装。

(3)$A = 38.00$。

求装配体的质量中心是( )毫米。

A. $X = 401.23, Y = 100.94, Z = -15.88$
B. $X = 460.19, Y = 152.78, Z = -16.38$
C. $X = 441.01, Y = 75.83, Z = -9.57$
D. $X = 452.55, Y = 132.98, Z = -21.04$

8.2 CSWP 认证参考题例

(注:以下部分内容参考自 SolidWorks 认证系统)

注意:

1. 使用题目中指定的工程图和参数创建零件;
2. 显示的图像可能与向您提供的参数不成比例;
3. 你的答案应在正确答案的 0.5% 范围内。

第一部分:建模(在每个问题之后,将零件保存到不同的文件中,以备审查)

1. 在 SolidWorks 中构建图 8-2-1 所示零件。其中:

单位系统:MMGS(毫米、克、秒);

小数位数:2;

零件原点:任意;

材料:1060 铝合金;

密度 = 2 700 kg/m³;

所有的孔完全贯穿,除非以另外的方式显示;

圆角和圆的半径 = 10 mm(除非另有说明),要创建的新圆角和圆在图像中以红色高亮显示,以便更清楚说明。共有 8 个圆角化边线,$R = 10$ mm;

使用与图像中标明尺寸对应的以下参数和方程式: $A = 184$ mm, $B = 74$ mm, $W = B/2$, $X = A/4$, $Y = B + 5.5$ mm。

测量该零件的质量,该零件的质量是( )克。

A. 1 122.98　　　B. 1 081.98　　　C. 1 181.98　　　D. 1 041.98

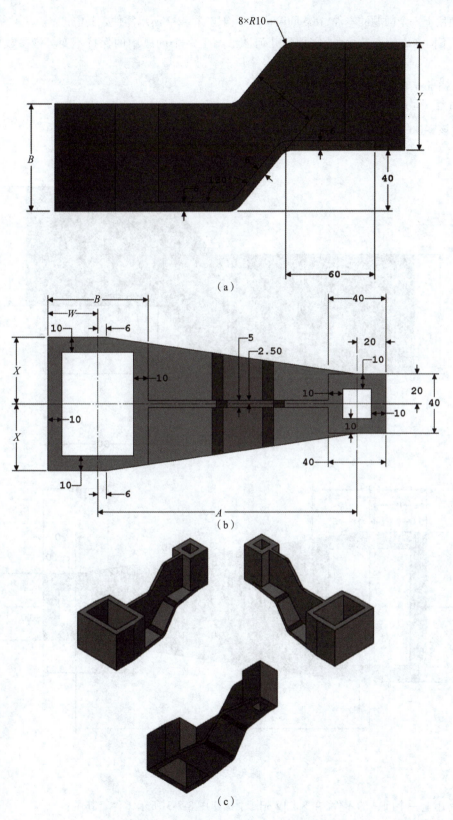

图 8-2-1 题 1

2. 使用上一个问题的零件,在 SolidWorks 中构建图 8-2-2 所示零件。其中:

除了下面列出的参数之外,零件的几何图形与上一个问题中的保持不变。将参数更新为以下值:

$A = 193$ mm, $B = 83$ mm, $W = B/2$;

$X = A/4, Y = B + 5.5$ mm。

测量该零件的质量。该零件的质量是( )克。(填空)

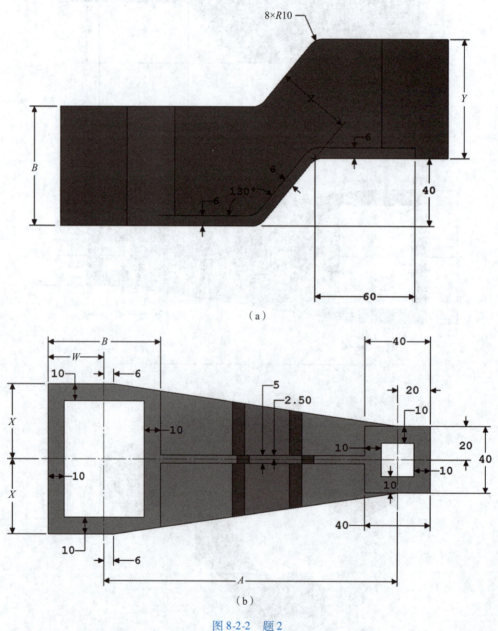

图 8-2-2 题 2

3. 使用上一个问题的零件,在 SolidWorks 中构建图 8-2-3 所示零件。其中:

除了下面列出的参数之外,零件的几何图形与上一个问题中的保持不变。将参数更新为以下值：

$A = 200$ mm, $B = 90$ mm；

$W = B/2, X = A/4, Y = B + 5.5$ mm。

测量该零件的质量。该零件的质量是（　　）克。（填空）

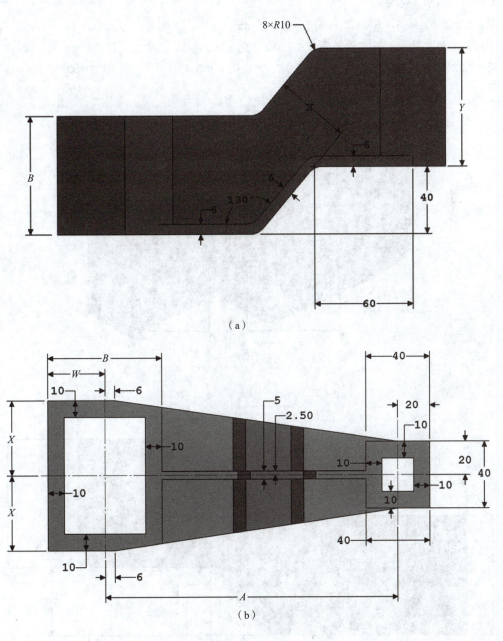

图 8-2-3　题 3

4. 使用上一个问题的零件，在 SolidWorks 中构建图 8-2-4 所示零件。其中：

将使用以下说明和参数修改零件。这些更改集中在图像中指示的区域 AA 和 BB，并增加了所示的新几何图形。

注意：要创建的新圆角和圆在图像中以红色高亮显示，以便更清楚说明。共有12个圆角化边线，R = 10 mm。

注意：图中圈出的尺寸为当前问题添加到零件中、与新特征相关的尺寸，以便清楚说明。使用与图中标明尺寸对应的以下参数和方程式：

$A = 191$ mm，$B = 86$ mm；

$W = B/2$，$X = A/4$，$Y = B + 5.5$ mm，$Z = B + 15$ mm。

测量该零件的质量。该零件的质量是（　　）克。

A. 1 460.43　　　　　B. 1 320.43　　　　　C. 1 360.43　　　　　D. 1 400.43

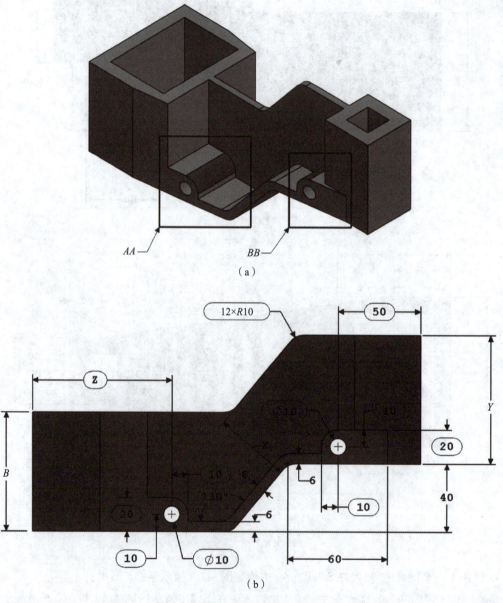

图 8-2-4　题 4

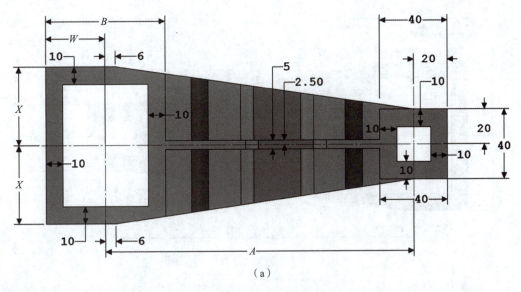

(a)

图 8-2-4 题 4(续)

5. 使用上一个问题中的零件,在 SolidWorks 中构建图 8-2-5 所示零件。其中:
除了下面列出的参数之外,零件的几何图形与上一个问题中的保持不变。将参数更新为以下值:

$A = 206$ mm, $B = 101$ mm;

$W = B/2, X = A/4, Y = B + 5.5$ mm, $Z = B + 15$ mm。

测量该零件的质量。该零件的质量是(　　)克。(填空)

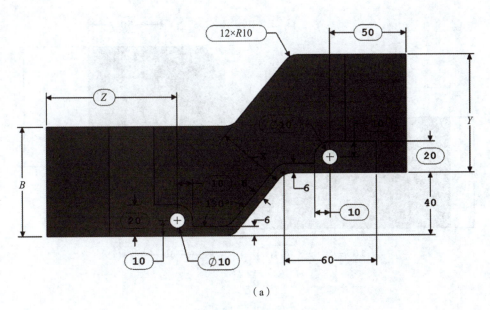

(a)

图 8-2-5 题 5

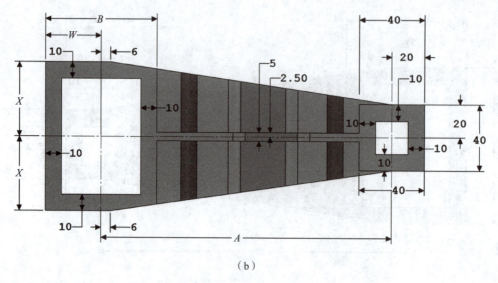

(b)

图 8-2-5 题 5(续)

6. 使用上一个问题中的零件,在 SolidWorks 中构建图 8-2-6 所示零件。其中:

除了下面列出的参数之外,零件的几何图形与上一个问题中的保持不变。将参数更新为以下值:

$A = 209$ mm, $B = 104$ mm, $W = B/2$;

$X = A/4$, $Y = B + 5.5$ mm, $Z = B + 15$ mm。

测量该零件的质量。该零件的质量是( )克。(填空)

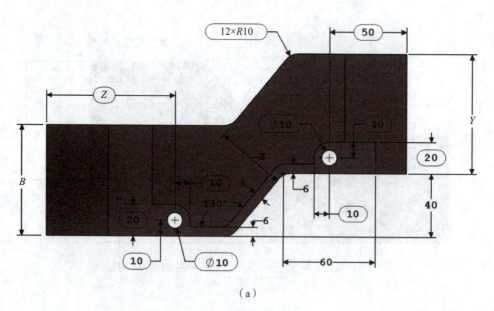

(a)

图 8-2-6 题 6

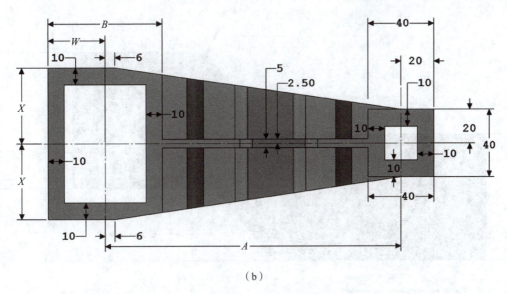

（b）

图 8-2-6　题 6（续）

7. 使用上一个问题中的零件，在 SolidWorks 中构建图 8-2-7 所示零件。其中：

将使用以下说明和参数修改零件。这些更改集中在图像中指示的区域 AA，并增加了所示的新几何图形，而且移除了凸台，同时移除 2 条圆角边线。

注意：要创建的新圆角和圆在图像中以红色高亮显示，以便更清楚说明。共有 10 个圆角化边线，R = 10 mm；

注意：图中圈出的尺寸为当前问题添加到零件中、与新特征相关的尺寸，以便清楚说明。

使用与图像中标明尺寸对应的以下参数和方程式：

$A = 211$ mm，$B = 81$ mm；

$W = B/2$，$X = A/4$，$Y = B + 5.5$ mm。

测量该零件的质量。该零件的质量是（　　）克。

A. 1 301.77　　　　　B. 1 441.77　　　　　C. 1 341.77　　　　　D. 1391.77

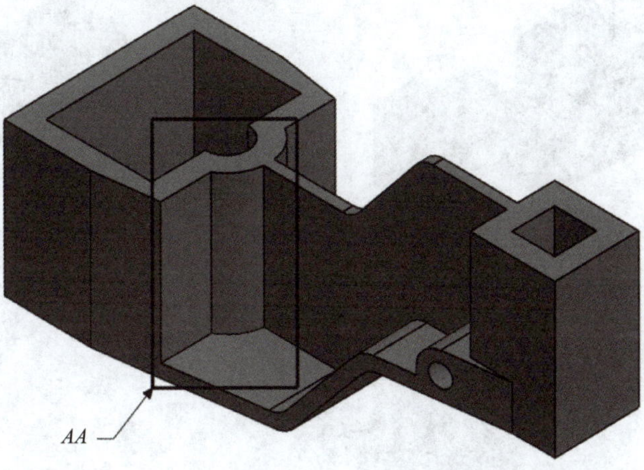

（a）

图 8-2-7　题 7

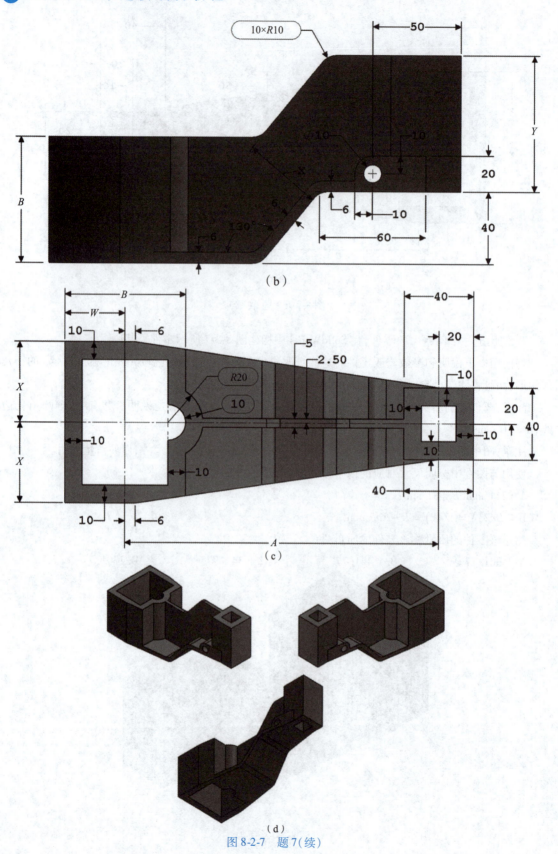

图 8-2-7 题 7(续)

8. 使用上一个问题中的零件，在 SolidWorks 中构建图 8-2-8 所示零件。其中：

除了下面列出的参数之外，零件的几何图形与上一个问题中的保持不变。将参数更新为以下值：

$A = 192$ mm, $B = 92$ mm；

$W = B/2, X = A/4, Y = B + 5.5$ mm。

测量该零件的质量。该零件的质量是（　　　）克。（填空）

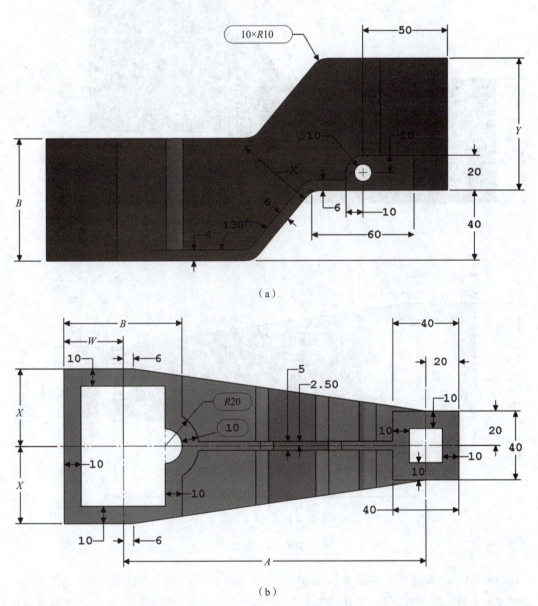

图 8-2-8　题 8

9. 使用上一个问题中的零件，在 SolidWorks 中构建图 8-2-9 所示零件。其中：

除了下面列出的参数之外，零件的几何图形与上一个问题中的保持不变。将参数更新为以下值：

$A = 199$ mm, $B = 99$ mm;
$W = B/2, X = A/4, Y = B + 5.5$ mm。

测量该零件的质量。该零件的质量是（　　）克。（填空）

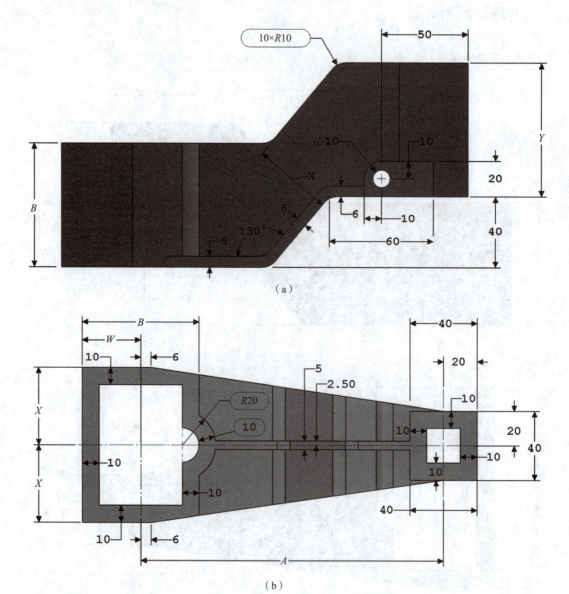

图 8-2-9　题 9

10. 使用上一个问题中的零件，在 SolidWorks 中构建图 8-2-10 所示零件。其中：

除了下面列出的参数之外，零件的几何图形与上一个问题中的保持不变。将参数更新为以下值：

$A = 201$ mm, $B = 102$ mm;
$W = B/2, X = A/4, Y = B + 5.5$ mm。

测量该零件的质量。该零件的质量是（　　）克。（填空）

第 8 章　SolidWorks取证模拟试卷

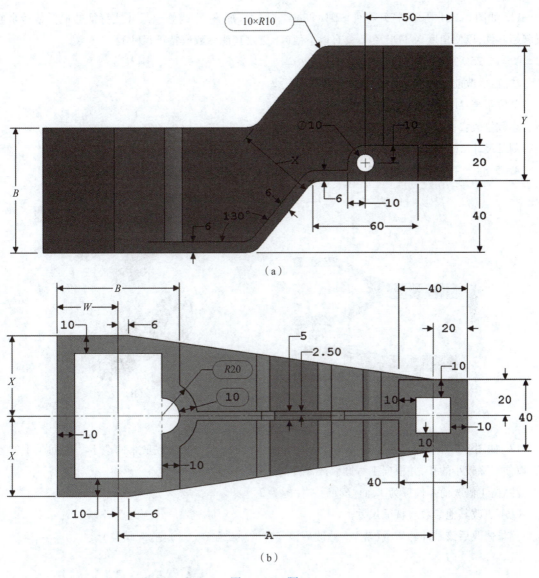

图 8-2-10　题 10

第二部分：修改模型

注意：

①打开下载的文件并保存到计算机中，使用唯一的名称保存每个问题的零件，以备复查。

下载地址：http://www.tdpress.com/51eds/。

②显示的图像可能与向你提供的参数不成比例。它们仅用作创建或修改零件的尺寸和参数的参考。

③对于题目 11~16，必须打开现有的零件，通过修改其特征和参数修改其几何图形。比如，修改零件的特定区域、修改零件几何图形、修改关键尺寸。你可以任何必要的方式修改该零件，以便正确实现指示的更改，同时保留不要求更改的零件区域。

④对于题目 17~21，你将根据使用的配置打开现有零件并修改其几何图形。你需要执行以下操作：正确分析现有配置、修改几何图形、修改现有配置、创建新配置。

329

11. 如图 8-2-11 所示,打开零件 S2-1.sldprt。通过添加、移除或修改尺寸或特征的最低数量来修改起始零件,以便角度 X 和半径 Y 具有以下值(不更改其他参数或特征尺寸):

$X = 13.25°, Y = 3.75$ mm。

注意:修改前零件标为 1,而修改后零件标为 2。

单位系统:MMGS(毫米、克、秒);

小数位数:2;

测量尺寸 Z(mm)标明的距离。尺寸 Z(mm)标明的距离是(　　)mm。

A. 35.84　　　B. 28.84　　　C. 32.84　　　D. 37.84

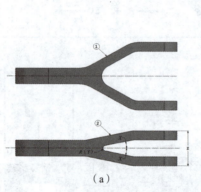

图 8-2-11　题 11

12. 如图 8-2-12 所示,通过添加、移除或修改尺寸或特征的最低数量来修改上一个问题中的零件,以便移除较小的孔,并根据工程图修改零件的切口。

注意:①修改前零件标为 1,而修改后零件标为 2。

②不更改其他参数或特征尺寸。

测量修改后该零件的质量(克)。修改后该零件的质量是(　　)克。(填空)

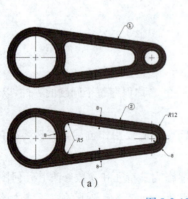

图 8-2-12　题 12

13. 如图 8-2-13 所示,通过添加、移除或修改尺寸或特征的最低数量来修改上一个问题中的零件,以便从如图像所示的零件一侧移除凹槽,另一侧仍保留凹槽。

注意:所有图像均为修改后的零件,不更改其他参数或特征尺寸。

测量修改后该零件的质量(克)。修改后该零件的质量是(　　)克。(填空)

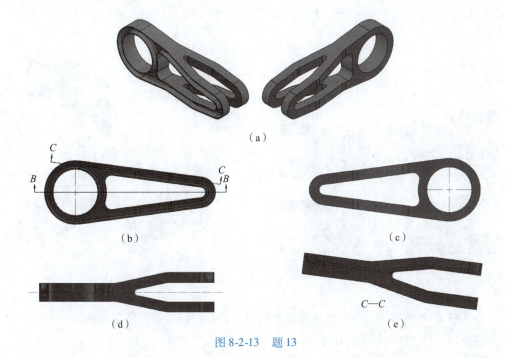

图 8-2-13　题 13

14. 如图 8-2-14 所示,通过添加、移除或修改尺寸或特征的最低数量来修改上一个问题中的零件,以便进行以下更改:

①从内凹槽移除所有圆角;

②如图所示,将不规则孔周围的壁厚修改为 2 mm。

注意:圆孔周围和凹槽外侧的壁厚将保留为 1 mm,不更改其他参数或特征尺寸,所有图像均为修改后的零件。

测量修改后该零件的质量(克)。修改后该零件的质量是(　　)克。(填空)

图 8-2-14　题 14

15. 如图 8-2-15 所示,打开零件 S2-2.sldprt。通过添加、移除或修改尺寸或特征的最低数量来修改起始零件,以便从零件中移除指示的凸台。

注意:①修改前零件标为 1,而修改后零件标为 2。

②单位系统:MMGS(毫米、克、秒);小数位数:2。

③应修改对称凹槽的角,以使其不再沿着凸台的轮廓。

④不更改其他参数或特征尺寸。

测量修改后该零件的质量(克)。修改后该零件的质量是( )克。

A. 5 877.95　　　　B. 4 877.95　　　　C. 5 477.95　　　　D. 4 477.95

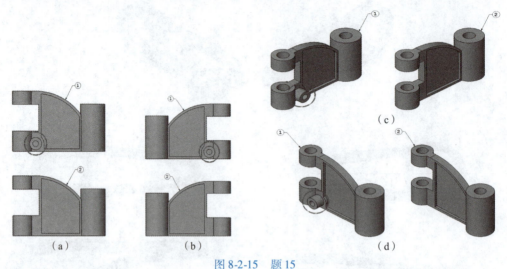

图 8-2-15　题 15

16. 如图 8-2-16 所示,通过添加、移除或修改尺寸或特征的最低数量来修改上一个问题中的零件,以便将槽添加到零件较短的圆柱部分。

注意:①修改前零件标为 1,而修改后零件标为 2。

②在将槽添加到零件的圆柱部分时,图像中所示的直径 B 保持不变。

③不更改其他参数或特征尺寸。

测量修改后该零件的质量(克)。修改后该零件的质量是( )克。(填空)

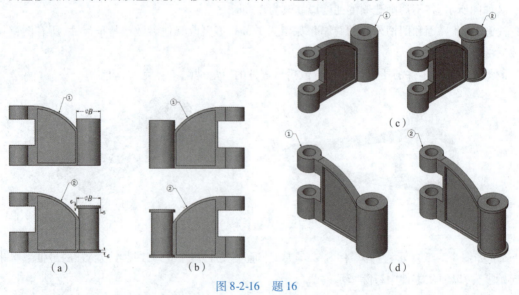

图 8-2-16　题 16

17. 如图 8-2-17 所示,打开零件 S2-3 sldprt,确定零件中现在有多少种配置。

注意:①单位系统:MMGS(毫米、克、秒);小数位数:2。

②根据分配的材料不同,图像中所示的颜色可能会与你的零件不同。

已下载零件中现在有( )种配置。

A. 4　　　　　　　　B. 3　　　　　　　　C. 6　　　　　　　　D. 5

18. 如图 8-2-18 所示,使用上一个问题中的零件,切换到配置"C"。

注意:①图像以配置 A 显示零件。

②根据分配的材料不同,图像中所示的颜色可能会与你的零件不同。

测量该零件的质量。该零件的质量是(　　)克。(填空)

19. 如图 8-2-19 所示,使用上一个问题中的零件,根据配置"A"创建名为"Z"的新配置。

注意:

①复制并粘贴以创建新配置 Z 时,可能会导致在新配置的特征 E9 中产生错误。如果你决定使用"复制并粘贴"方法,请先修复特征 E9 中的错误再继续。

②如图中所示,创建通孔,该通孔在配置 Z 和 B 中将被取消隐藏,并且会在所有其他配置中被隐藏(该孔与创建它的凸台同心)。

③根据分配的材料不同,图像中所示的颜色可能会与你的零件不同。

④保留配置"Z",并测量"Z"时该零件的质量。

该零件的质量是(　　)克。

A. 1 136.61　　　　B. 1 079.47　　　　C. 2 327.08　　　　D. 1 115.44

  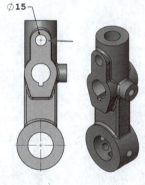

图 8-2-17　题 17　　　　图 8-2-18　题 18　　　　图 8-2-19　题 19

20. 如图 8-2-20 所示,使用上一个问题中的零件,切换回配置"B"。

注意:①所示图像中的零件采用配置 A。

②根据分配的材料不同,图像中所示的颜色可能会与你的零件不同

测量该零件的质量。该零件的质量是(　　)克。(填空)

21. 如图 8-2-21 所示,使用上一个问题中的零件,保留为当前配置。在 FeatureManager 设计树中查找特征 E7,确定特征 E7 在哪些配置中将被隐藏。

注意:①所示图像中的零件采用配置 A。

②根据分配的材料不同,图像中所示的颜色可能会与你的零件不同。

特征 E7 在(　　)配置中将被隐藏。(多选)

A. 配置 A　　　　B. 配置 B　　　　C. 配置 C　　　　D. 配置 E

E. 配置 F　　　　F. 配置 G　　　　G. 配置 Z

图 8-2-20　题 20　　　　图 8-2-21　题 21

第三部分：装配

本部分将向你提供所有零件，你将从基座开始创建机械臂的装配体。你将需要执行以下操作：

①启动装配体。

②将初始零件插入装配体中。

③将零件装配并配合到装配体中。

④创建和插入子装配体。

⑤干涉检测。

⑥配合修改。

⑦零件替换。

⑧坐标系创建。

注意：由于每个测试程序下载的零件不同，所显示的图像可能会与你的模型略有不同。下载并保存附加的 zip 文件，此 zip 文件包含该部分需要的所有零件和子装配体。

下载地址：http://www.tdpress.com/51eds/。

22. 如图 8-2-22 所示，创建 RA 装配体。其中：

①单位系统：MMGS（毫米、克、秒）；小数位数：2。

②装配体原点：任意。

③将名为"Base"的零件插入新装配体中，并接受默认位置固定 Base 的位置。

④使用名称"RA"保存装配体。

⑤按图 8-2-22 所示的位置和方向创建坐标系，并将其重命名为 CS1。注意：本问题集将通篇使用此坐标系 CS1。

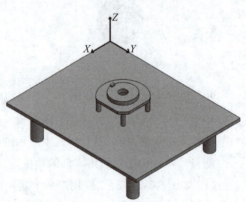

图 8-2-22　题 22

测量装配体相对于坐标系 CS1 的重心。该装配体的重心是(　　　)毫米。（填空）

23. 将零件 Actuator1 插入 RA 主装配体中，如图 8-2-23 所示，相对于 Base 定位并配合 Actuator1。创建所有必要的配合。

注意：在应用所有配合后，应完全约束 Actuator1 的位置。

测量装配体相对于之前创建的坐标系 CS1 的重心。该装配体的重心是(　　　)毫米。（填空）

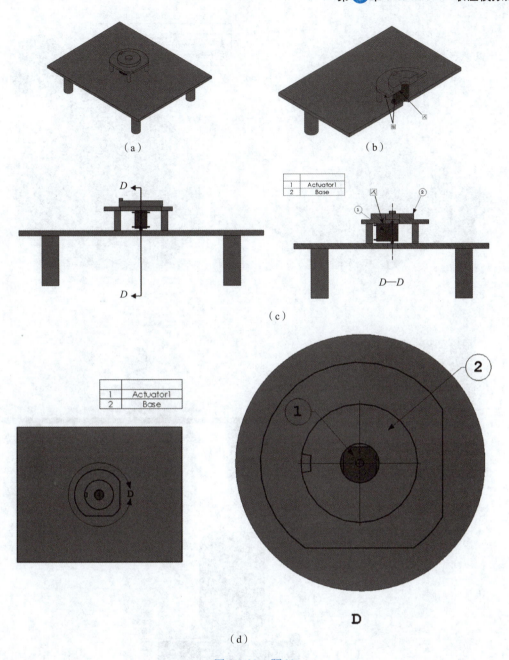

图 8-2-23　题 23

24. 将 X1 装配体插入 RA 主装配体中,如图 8-2-24 所示,配合并定位 X1 子装配体。

注意:①请参考第二张图"详情 F 和 L",确保你已正确定向 X1 子装配体。

②在应用所有配合后,应完全约束 X1 的位置。

测量装配体相对于之前创建的坐标系 CS1 的重心。主装配体的重心是(　　)毫米。(填空)

25. 将 X2 装配体插入 RA 主装配体中,如图 8-2-25 所示,配合并定位 X2 子装配体。

注意:在应用所有配合后,应完全约束 X2 的位置。

测量装配体相对于之前创建的坐标系 CS1 的重心。主装配体的重心是(　　)毫米。(填空)

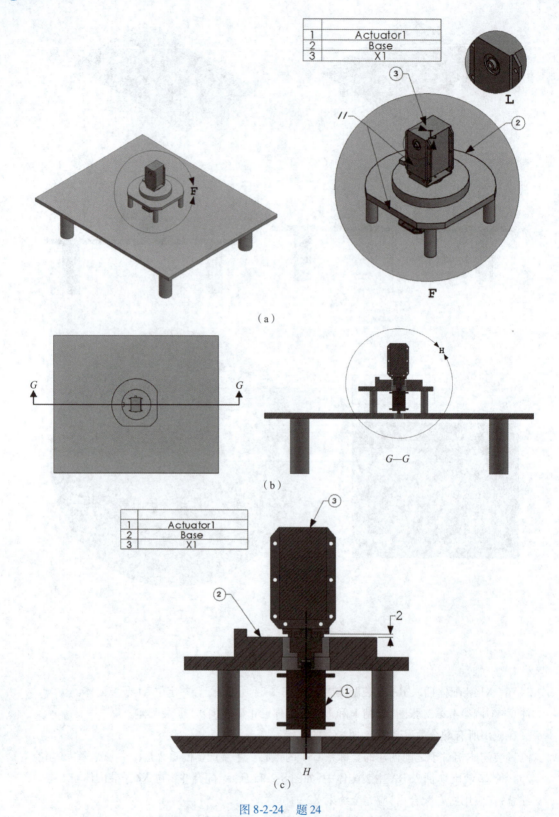

图 8-2-24 题 24

第 8 章 SolidWorks取证模拟试卷

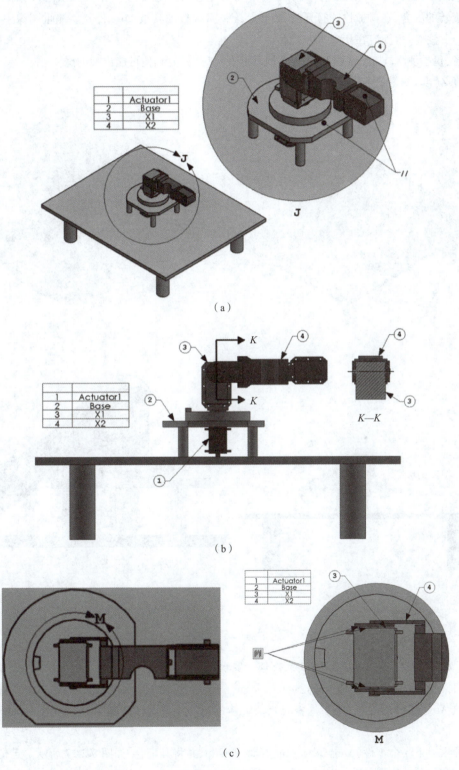

图 8-2-25　题 25

26. 如图 8-2-26 所示，旋转装配体 X2 并进行碰撞检测。隐藏一个允许装配体 X2 按图中所示方式进行旋转的配合，在碰撞检测打开时，旋转装配体 X2，直到其被 Base 停止。测量图像中所示的角度 Z（度）。注意：角度应在 0°～90°。

注意：仅检测 X2 装配体和 Base 之间的碰撞，而忽略任何其他可能出现的碰撞。

角度 Z（度）测量值为（　　）。（填空）

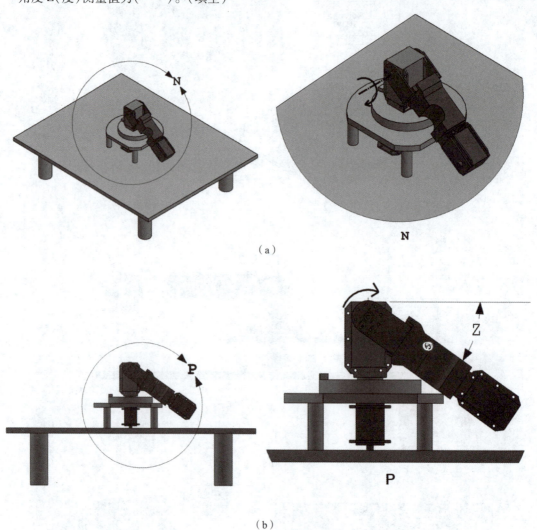

图 8-2-26　题 26

27. 如图 8-2-27 所示，创建 Claw1 装配体。要求：

①打开预先创建的装配体"claw_start.sldasm"。该装配体已插入并定位 Arm_plate 零件。注意：请勿修改 Arm_plate 的位置，该零件将充当装配体的基座零件。使用新名称"Claw1.sldasm"保存装配体。

②插入以下 3 个零件：Arm_Gear、Arm_Link 和 Grip，并将其配合，如图 8-2-27 所示。定位夹具，以便它们相互均匀对齐，如第一张图片所示。

测量装配体相对于默认原点的重心。Claw1 装配体的重心是（　　）毫米。（填空）

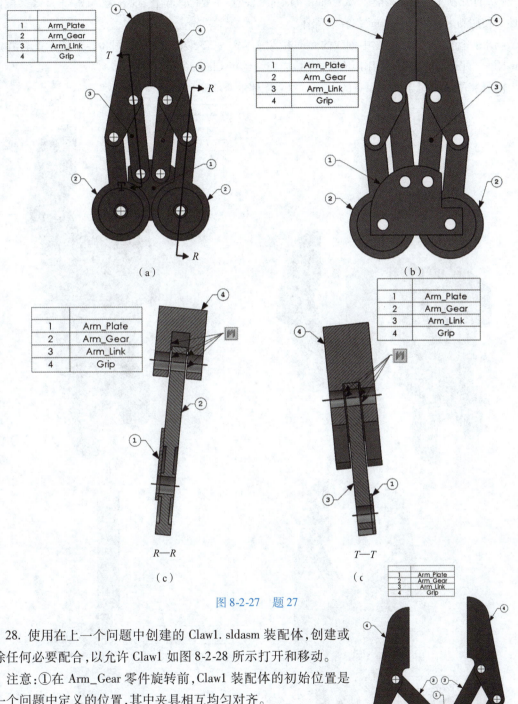

图 8-2-27 题 27

28. 使用在上一个问题中创建的 Claw1.sldasm 装配体,创建或移除任何必要配合,以允许 Claw1 如图 8-2-28 所示打开和移动。

注意:①在 Arm_Gear 零件旋转前,Claw1 装配体的初始位置是上一个问题中定义的位置,其中夹具相互均匀对齐。

②不要修改如上一个问题中定义的任何零部件的位置,直到出现如下指示:两个 Arm_Gear 零件应如图所示以 32 mm:54 mm 的比率相对移动,并将左侧 Arm_Gear 相对于 Arm_Plate 的底部旋转如图所示的角度。

测量图像中所示的角度 X(注意:角度 X 应在 0°~90°)。测量角度 X 是( )度。(填空)

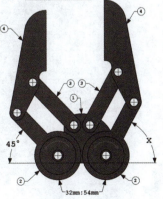

图 8-2-28 题 28

29. 打开预先创建的装配体"X3_start.sldasm"(注意:不要修改位置、现有配合或 X3_start 装配体的属性),使用新名称"X3.sldasm"保存装配体。

要求:将你在上一个问题中创建的 Claw1 装配体插入 X3 装配体中,如图 8-2-29 所示配合并定位 Claw1 子装配体。注意:在应用所有配合后,应完全约束 Claw1 的位置。

测量装配体相对于默认原点的重心。主装配体的重心是( )毫米。(填空)

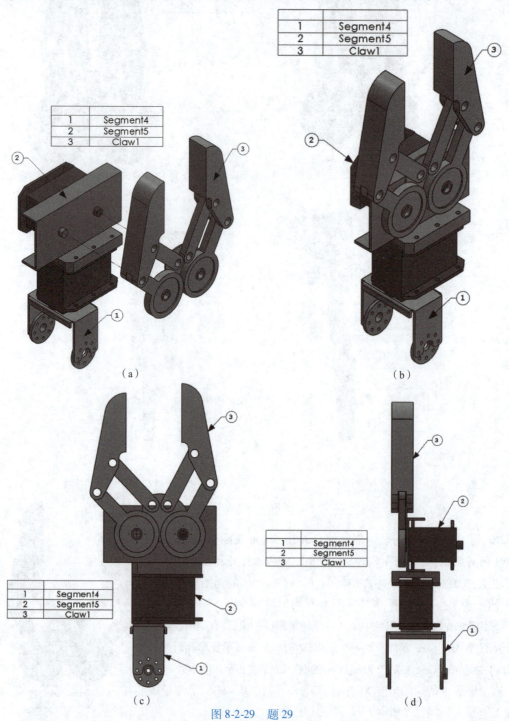

图 8-2-29 题 29

30. 返回到 RA 主装配体中,重新应用或取消隐藏将使 X2 装配体与 Base 零件顶面平行的配合。将 X3 装配体插入 RA 主装配体中,如图 8-2-30 所示配合并定位 X3 子装配体。

注意:在应用所有配合后,应完全约束 X3 的位置。

测量装配体相对于之前创建的坐标系 CS1 的重心。主装配体的重心是(　　)毫米。(填空)

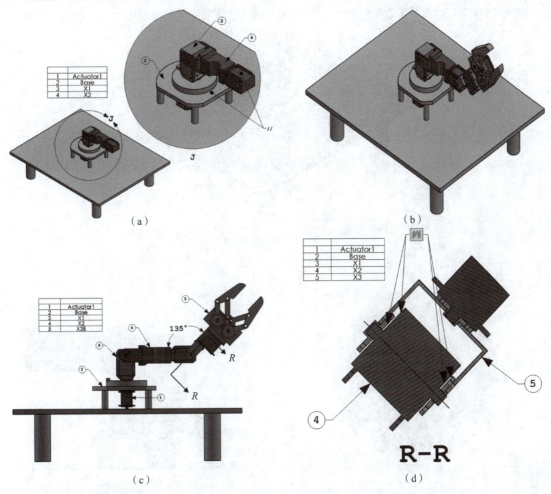

图 8-2-30　题 30

31. 如图 8-2-31 所示,保持上一个问题 RA 主装配体中所有零部件的配合和位置,返回到 X3 子装配体(注意:不要修改 X3 子装配体中的任何配合或零部件位置)。

修改装配体以使 X3 具有以下质量属性。①质量:6 500 g;②重心 $X = 5$ mm,$Y = 50$ mm,$Z = -45$ mm。注意:这些属性均相对于默认装配体坐标系。返回到 RA 主装配体。

测量 RA 主装配体相对于之前创建的坐标系 CS1 的重心。主装配体的重心是(　　)毫米。(填空)

32. 如图 8-2-32 所示,将 Claw 与草图 S1 配合。要求:

①保持在上一个问题中为子装配体 X3 定义的已修改质量属性。

②在 Base 零件中,显示草图 S1 以使其可见。

③在 RA 主装配体中,隐藏或删除三个将允许子装配体 X1、X2 和 X3 以图像所示方向自由旋转的相应配合。注意:不要修改 RA 主装配体中的任何其他配合或零部件位置。

④在 RA 主装配体中,如图 8-2-32(e)所示配合 X3 子装配体的顶点,以便其通过以下参数沿着草图 S1 的路径运动:从末端开始的距离百分比为 68%;螺距/横摆控制:自由;侧滚控制:自由。注意:如果 X3 子装配体和草图 S1 的配合应用正确,则会有两个可能的解决方案。请确保拥有不会出现如图 8-2-32(d)所示干涉的解决方案。

测量 RA 主装配体相对于之前创建的坐标系 CS1 的重心。主装配体的重心是( )毫米。(填空)

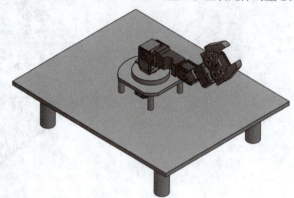

图 8-2-31　题 31

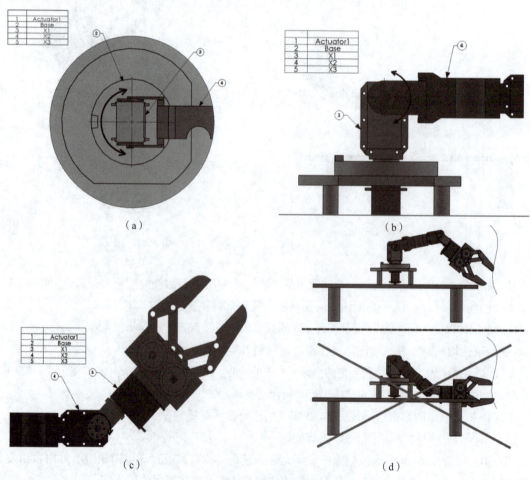

图 8-2-32　题 32

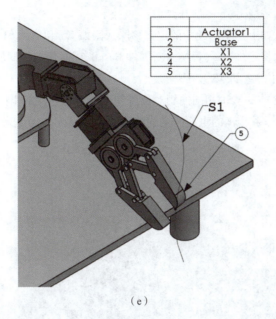

(e)

图 8-2-32 题 32(续)

33. 如图 8-2-33 所示,在 RA 主装配体中,如上一个问题中的定义修改 X3 和草图 S1 的配合,以使其拥有以下参数:从末端开始的距离百分比为 71%;螺距/横摆控制:自由;侧滚控制:自由。在 RA 主装配体的所有零部件上执行干涉检测分析。注意:不应将同步零部件视为干涉。

测量 X3 子装配体的 Base 和 Grip 零部件之间的干涉量(mm³)。X3 子装配体的 Base 和 Grip 零部件之间的干涉量是(   )mm³。(填空)

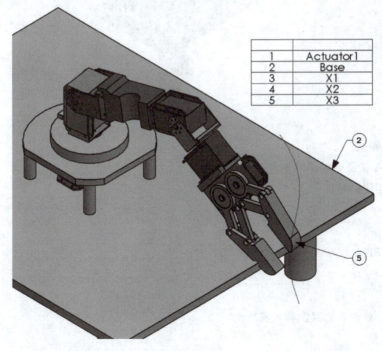

图 8-2-33 题 33

34. 如图 8-2-34 所示,替换 Base 零件。要求:
①在 RA 主装配体中,如上两个问题中的定义移除或隐藏 X3 和草图 S1 之间的配合。
②在 RA 主装配体中,将零件 Base 替换为新零件 BaseB,同时保留相同的配合。
③如图所示配合并定位 X2 和 X3 装配体。
④如果需要,按照与之前的 CS1 相同的相对位置和方向重新创建新坐标系 CS1。
测量装配体相对于坐标系 CS1 的重心。主装配体的重心是( )毫米。(填空)

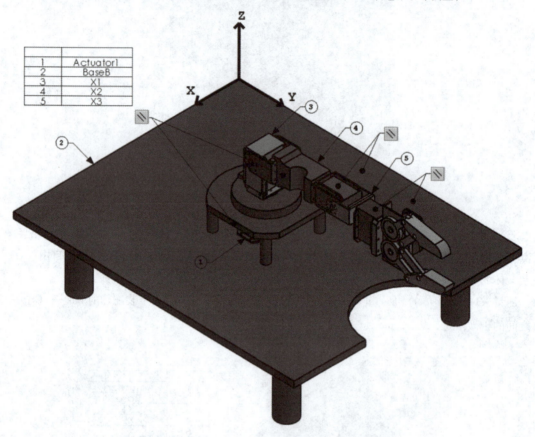

图 8-2-34　题 34

第 8 章参考答案

8.1　CAWA 认证参考题例参考答案

第一部分:工程图基础

1. D;2. B;

第二部分:建模

3. D;4. 644.81;5. B;6. 6907.63;7. A;8. 623.57;

第三部分:装配体

9. B;10. D;

8.2　CSWP 认证参考题例参考答案

第一部分建模

1. B; 2.1　253.45; 3.1　393.61; 4. C; 5.1　673.00; 6.1　738.41; 7. C; 8.1　411.13; 9.1　556.57;

10. 1 614.90;

第二部分修改模型

11. C；12. 125.59；13. 238.19；14. 247.64；15. B；16. 4 113.04；17. C；18. 5 201.72；19. D；20. 2 798.59；21. B,C,E,F,G；

第三部分装配

22. X=199.90,Y=249.86,Z=-10.50；23. X=214.24,Y=249.98,Z=24.05；24. X=218.27,Y=254.41,Z=44.18；25. X=209.92,Y=283.79,Z=78.28；26. 31.27°；27. X=16.33,Y=80.03,Z=33.97；28. 61.06°；29. X=13.57,Y=72.13,Z=-12.10；30. X=204.18,Y=345.46,Z=108.06；31. X=206.35,Y=309.47,Z=84.31；32. X=199.39,Y=279.34,Z=87.98；33. 652.59 mm^3；34. X=205.47,Y=297.27,Z=63.53。

参考文献

[1] 陈超祥,胡其登. SolidWorks 零件与装配体教程[M]. 北京:机械工业出版社,2021.
[2] 陈超祥,胡其登. SolidWorks 工程图教程[M]. 北京:机械工业出版社,2021.
[3] 邓劲莲. 机械产品三维建模图册[M]. 北京:机械工业出版社,2014.
[4] 罗广思,潘安霞. 使用 SolidWorks 软件的机械产品数字化设计项目教程[M]. 2 版. 北京:高等教育出版社,2015.
[5] 鲍仲辅,吴任和. SolidWorks 项目教程[M]. 北京:机械工业出版社,2016.
[6] 陶冶,邵立康,樊宁,等. 全国大学生先进成图技术与产品信息建模创新大赛命题解答汇编(1—10 届):机械类与建筑类[M]. 北京:中国农业大学出版社,2018.
[7] 刘伟,李学志,郑国磊. 工业产品类 CAD 技能等级考试试题集[M]. 北京:清华大学出版社,2015.